空中交通管理系列教材

U0297093

航空器系统与动力装置

（第 2 版）

主　编　黄传勇　赖安卿

副主编　刘国春　侯宽新

西南交通大学出版社

·成　都·

图书在版编目（CIP）数据

航空器系统与动力装置 / 黄传勇，赖安卿主编. —
2 版. —成都：西南交通大学出版社，2018.8（2023.8 重印）
空中交通管理系列教材
ISBN 978-7-5643-6350-5

Ⅰ. ①航… Ⅱ. ①黄… ②赖… Ⅲ. ①民用航空－航
空器－构造－高等学校－教材②民用航空－航空器－动力
装置－高等学校－教材 Ⅳ. ①V22

中国版本图书馆 CIP 数据核字（2018）第 189907 号

空中交通管理系列教材

航空器系统与动力装置

（第 2 版）

主编　黄传勇　赖安卿

责 任 编 辑	孟苏成
封 面 设 计	何东琳设计工作室
出 版 发 行	西南交通大学出版社
	（四川省成都市金牛区二环路北一段 111 号
	西南交通大学创新大厦 21 楼）
发行部电话	028-87600564　028-87600533
邮 政 编 码	610031
网　　　址	http://www.xnjdcbs.com
印　　　刷	四川森林印务有限责任公司
成 品 尺 寸	185 mm×260 mm
印　　　张	19.75
字　　　数	492 千
版　　　次	2018 年 8 月第 2 版
印　　　次	2023 年 8 月第 10 次
书　　　号	ISBN 978-7-5643-6350-5
定　　　价	56.00 元

总　序

　　民航是现代综合交通运输体系的有机组成部分，以其安全、快捷、通达、舒适等独特优势确立了独立的产业地位。同时，民航在国家参与经济全球化、推动老少边穷地区发展、维护国家统一和民族团结、保障国防和经济安全、加强与世界不同文明沟通、催生相关领域科技创新等方面都发挥着难以估量的作用。因此，民航业已成为国家经济社会发展的战略性先导性产业，其发达程度直接体现了国家的综合实力和现代化水平。

　　自改革开放以来，我国民航业快速发展，行业规模不断扩大，服务能力逐步提升，安全水平显著提高，为我国改革开放和社会主义现代化建设做出了突出贡献。可以说，我国已经成为名副其实的民航大国。站在新的历史起点上，在 2008 年的全国民航工作会议上，民航局提出了全面推进建设民航强国的战略构想，拉开了我国由民航大国迈向民航强国的序幕。

　　要实现民航大国向民航强国的转变，人才储备是最基本的先决条件。长期以来，我国民航业发展的基本矛盾是供给能力难以满足快速增长的市场需求。而其深层次的原因之一，便是人力资源的短缺，尤其是飞行、空管和机务等专业技术人员结构不合理，缺乏高级技术、管理和安全监管人才。有鉴于此，国务院在《关于促进民航业发展的若干意见》中明确指出，要强化科教和人才支撑，要实施重大人才工程，加大飞行、机务、空管等紧缺专业人才的培养力度。

　　正是在这样的大背景下，作为世界上最大的航空训练机构，作为中国民航培养飞行员和空中交通管制员的主力院校，中国民航飞行学院以中国民航可持续发展为己任，勇挑历史重担，结合自身的办学特色，整合优势资源，组织编写了这套"空中交通管理系列教材"，以解当下民航专业人才培养的燃眉之急。在这套教材的规划、组织和编写过程中，教材建设团队全面贯彻落实《国家中长期教育改革和发展规划纲要（2010—2020年）》，以培养适应民航业岗位需要的、具有"工匠精神"的应用型高素质人才为目标，创新人才培养模式，突出民航院校办学特色，坚持"以飞为主，协调发展"的方针，深化"产教融合、校企合作"，强化学生实践能力培养。同时，教材建设团队积极推进课程内容改革，在优化专业课程内容的基础上，加强包括职业道德、民航文化在内的人文素养教育。

由中国民航飞行学院编写的这套教材，高度契合民航局颁布的空中交通管制员执照理论考试大纲及知识点要求，对相应的内容体系进行了完善，从而满足了民航专业人才培养的新要求。可以说，本系列教材的出版恰逢其时，是一场不折不扣的"及时雨"。

由于空中交通管理专业涉及的知识点多，知识更新速度快，因此教材的编写是一项极其艰巨的任务。但令人欣喜的是，中国民航飞行学院的教师们凭借严谨的工作作风、深厚的学术造诣以及坚韧的精神品质，出色地完成了这一任务。尽管这套教材在模式创新方面尚存在瑕疵，但仍不失为当前民航人才培养领域的优秀教材，值得大力推广。我们相信，这套教材的出版必将为我国民航人才的培养做出贡献，为我国民航事业的发展做出贡献！

是为序。

中国民航飞行学院
教材编写委员会
2016 年 7 月 1 日

第 2 版前言

航空器系统与动力装置是空中交通运输、航空安全管理等专业的一门专业基础课程，根据中国民航对该类专业人才的素质要求和教学大纲的要求，本书全面介绍了航空器结构特点和各系统的的基本组成和工作原理，现代航空器动力装置的形式、工作与性能特点。本书是在钟长生、阎成鸿、黄传勇、付尧明等编写的《航空器系统与动力装置》教材基础上，充分吸纳授课教师多年来在航空器系统课程上的实践教学经验，广泛征集各航空运营管理部门对该类专业人员的素质与能力培养的需求，依据交通运输专业、辅修交通运输以及航空安全专业人才培养目标及教学大纲，全面结合民用航空器系统与动力装置的新发展趋势编写而成。

本书的编写力求阐述科学、结构严谨、知识先进、可读性好，注重理论联系实际。绪论中概要介绍航空器分类时，突出飞机的同时也广泛介绍其他航空器的特点以满足民航工作的需要；介绍航空器各系统及动力装置的功用、组成及工作原理时，避开设计、制造的理论分析，突出航空器系统及动力装置的适航应用问题；介绍航空器各系统及动力装置的共性知识的同时，尽量结合现代先进民用航空器实际机型。本书以波音 737 系列飞机，空客 A320 系列飞机为主要背景机型，同时也全面参考其他航空器相关信息，适当结合国内外飞行事故分析，突出交通运营、航空安全管理专门人才保证航空器正常与安全运营必备的相关知识。

本书的主要内容有：绪论，飞机载荷和与机体结构，飞机液压传动系统，飞机起落架系统，飞机飞行操纵系统，飞机燃油系统，飞机环境控制系统，飞机氧气、防/除冰及灭火系统，飞机电气系统，直升机基本构造与操纵系统，航空活塞动力装置，航空燃气涡轮动力装置。

本书绪论，第 1 章 ～ 第 7 章由刘国春编写，第 8 章、第 9 章由黄传勇编写，第 10 章由侯宽新编写，第 11 章由赖安卿编写。

由于编写时间仓促及编者水平所限，书中定有疏漏和不当之处，恳请广大读者批评指正。

编　者
2018 年 7 月

第 1 版前言

国际民航组织要求从事航空器飞行运行、飞行签派、航空安全监管的所有人员，都必须对其运营和管理的航空器有充分了解。航空器系统与动力装置是空中交通运输、航空安全等专业培养民航高级运营及管理人才的一门技术基础课。根据中国民航对该类专门人才的素质要求和培养目标，交通运输专业、辅修交通运输以及航空安全专业学生通过本课程的教学与考核，应了解现代航空技术在航空器系统及动力装置中的应用与发展，理解民用航空器结构特点与各系统的基本工作原理，掌握动力装置的形式、工作与性能特点，学会有关使用控制及处置典型故障的基本方法，为在校的后续专业课程学习以及将来从事飞行运行、飞行签派、安全监管等民航运营与管理奠定良好的理论与技能基础。

本书是在段维祥、郝劲松、李卫东、阎成鸿等编写的《航空器系统与动力装置》教材基础上，充分吸纳授课教师多年来在航空器系统与动力装置课程上的教学实践经验，广泛征集各航空运营管理部门对该专业人员的素质与能力培养的需求，依据交通运输专业、辅修交通运输以及航空安全专业人才培养目标及教学大纲，全面结合民用航空器系统与动力装置的新发展趋势编著而成。

本书的编写力求阐述科学、结构严谨、知识先进、可读性好，注重理论联系实际。绪论中概要介绍航空器分类时，突出飞机的同时也广泛介绍其他航空器的特点以满足民航工作的需要；介绍航空器各系统及动力装置的功用、组成及工作原理时，避开设计、制造的理论分析，突出航空器系统及动力装置的适航应用问题；介绍航空器各系统及动力装置的共性知识的同时，尽量结合现代先进民用航空器实际机型。本书以波音 737 系列飞机、空客 A320 系列飞机为主要背景机型，同时也全面参考其他航空器相关信息，适当结合国内外飞行事故分析，突出交通运营、航空安全管理专门人才保证航空器正常与安全运营必备的相关知识。

航空器系统及动力装置的内容除绪论外共分为 11 章叙述。绪论简要介绍航空器的发展、分类、飞行安全及本课程内容。第 1 章重点叙述飞机飞行载荷、载荷系数，机体结构形式，设计规范及航空器适航标准的有关概念。第 2 章说明飞机起落架系统的形式、起落架减震、收放、刹车及转弯系统。第 3 章主要阐述人工飞行操纵系统的功用、形式，主操纵系统、辅操纵系统的组成、工作与控制。第 4 章介绍飞机液压传动系统的组成、工作及供压与传动安全。第 5 章介绍飞机燃油系统的典型形式、基本组成及一般使用。第 6 章讲述飞机环境控制系统的基本要求、一般组成，座舱温度调节与控制系统、座舱压力调节与控制系统的组成、工作及使用。第 7 章介绍飞机氧气系统功用、组成及使用，侧重叙述飞机防/除冰系统、飞机灭火系统工作原理、基本组成及一般使用要求。第 8 章介绍飞机供电系统的功用、组成、基本形式，飞机电源系统典型装置、基本形式、控制与保护以及飞机典型用电设备的有关知识。

第 9 章主要介绍直升机的典型部件及功用、直升机飞机操纵系统的组成、功用与操纵原理。第 10 章介绍航空发动机的类型、一般要求以及发展概况,讲述航空活塞式发动机的分类、基本组成及工作,航空活塞式发动机的性能指标与常见工作状态,航空活塞式动力装置的附件系统。第 11 章介绍喷气发动机的特点及分类,阐述航空燃气涡轮发动机的工作与性能,涡桨、涡轴和涡扇发动机特性对比以及航空燃气涡轮动力装置的附件系统。

本书绪论、第 1 章、第 3 章、第 7 章、第 8 章、第 9 章由钟长生教授编写;第 10 章由阎成鸿副教授编写;第 2 章、第 4 章、第 5 章、第 6 章由黄传勇副教授编写;第 11 章由付尧明副教授编写。

全书的航空器系统部分承蒙中国民航飞行学院段维祥教授审阅;动力装置部分幸承中国民航飞行学院李平教授审阅。段维祥教授和李平教授多年来一直从事航空器与动力装置等课程的教学与相关课题研究,学识渊博、经验丰富。他们对书稿各章节进行了认真仔细地评阅,提出了许多宝贵的意见和建议。在此特向他们表示诚挚感谢!

本书的编写和出版,得到了中国民航飞行学院教务处、航空工程学院、空中交通管理学院、机务处、学校图书馆及飞机构造教研室和发动机教研室的老师们的大力支持,编者们在此表示衷心的感谢。

尽管编著者力求使本书科学、严谨、先进、易读、理论联系实际,但由于编写时间和编者的水平所限,搜集到的资料及信息不足等原因,书中的疏漏和不妥之处在所难免,欢迎广大读者批评指正。

中国民用航空飞行学院

编　者

2008 年 7 月

目　录

注：带*号为选修内容。

绪　论

本章简要叙述航空器、飞机的分类及发展，对旅客机的要求与航空安全，航空器的主要组成及其功用以及航空器系统与动力装置课程的主要内容。

0.1　航空器与飞机的分类

在地球大气层内或大气层之外的空间（含环地球空间、行星和行星际空间）飞行的器械通称飞行器。通常，飞行器可分为三大类：航空器、航天器、火箭和导弹。在大气层内飞行的飞行器称为航空器；主要在大气层之外的空间飞行的飞行器称为航天器（见图 0.1）；依靠制导系统控制其飞行轨迹的飞行武器称为导弹；靠火箭发动机提供推进力的飞行器称为火箭。

0.1.1　航空器的分类

任何航空器都需要产生升力克服自身重力才能升空飞行。按照产生升力的基本原理，可将航空器分为两大类（见图 0.2）：轻于空气的航空器（即靠空气静浮力升空飞行的航空器）和重于空气的航空器（靠航空器与空气相对运动产生空气动力升空飞行的航空器）。

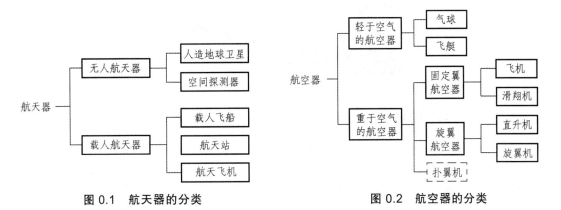

图 0.1　航天器的分类　　　　　　　　图 0.2　航空器的分类

1. 轻于空气的航空器

轻于空气的航空器包括气球和飞艇（见图 0.3、图 0.4）。它们的主体是气囊，里面充以密度小于外界空气的气体（如热空气、氢气或氦等）；由于气球所排开的空气重量大于气球本身的重量，故产生静浮力而使气球升空。气球没有动力装置，升空后只能随风飘动或被系留在固定位置上（见图 0.3）。按充入的小密度气体不同，气球又分为氢气球、氦气球与热气球。

气囊的材料有纸、麻布、丝绸、橡胶、尼龙和塑料等。球下挂有吊篮，可装人和仪器设备。气球可用于体育运动，训练航空和跳伞人员，进行气象观察和大气科学研究等。

（a）自由气球 （b）系留气球

图 0.3 气球

（a）软式飞艇

（b）"齐柏林伯爵号"硬式飞艇（长 236 m、高 34 m、宽 30.5 m）

图 0.4 飞艇

飞艇又称可操纵气球，靠推进系统辅以操纵面使之按要求的方向飞行。艇体呈流线型，上有安定面与操纵面。飞艇靠发动机和螺旋桨推动前进，操纵方向舵控制方向，水平安定面保持纵向稳定性。可通过改变充气量、抛掉压舱物、改变推力方向等方法，操纵飞艇垂直升降与水平运动。按照构造特点，飞艇可分为软式、半硬式与硬式 3 种。软式飞艇气囊无骨架[见图 0.4（a）]，硬式飞艇则为轻金属骨架[见图 0.4（b）]。飞艇椭圆形气囊下悬挂吊舱，可装人员、货物及仪器设备。

在历史上飞艇曾用于航空运输，图 0.4（b）所示的"齐柏林伯爵号"硬式飞艇为世界上最大、最著名的飞艇之一。现代飞艇借助高新技术再次悄然崛起：在军事上，研制了早期预警飞艇、巡逻勤务飞艇、海上扫雷飞艇、反潜飞艇等，它们在运送军用物资（尤其是送往无机场条件下的区域）方面，更显优势；又因为飞艇素有燃料消耗少、成本低、速度低、维修简便等特点，可用于地质勘探、鱼类资源保护、道路交通监控、空中特色旅游、商业广告或进行空中研究与试验、向无机场地区运送大型整体物件等。

2. 重于空气的航空器

重于空气的航空器是靠自身与空气相对运动产生的升力升空飞行的。这类航空器有飞机、滑翔机、直升机、旋翼机以及扑翼机、无人驾驶飞机、地面效应飞行器等。

飞机和滑翔机均由固定翼产生升力。有动力装置的称为飞机，它是目前应用范围最广泛的航空器：在民用航空器中，飞机的数量占到98%以上。滑翔机在飞行原理与构造形式上与飞机基本相同，只是它没有动力装置和推进装置，一般有4种方式升空：① 弹射器：将滑翔机架设在弹力绳并向后拉，由驾驶员给予信号后释放绳索而弹射出去。② 汽车拖曳：将滑翔机系绳于车上拖曳达适当高度后，驾驶员将绳索松开。③ 绞车拖曳：与汽车拖曳相似，只是利用固定在地上以马达驱动的绞车来拉滑翔机。④ 飞机拖曳：以另一部有动力的飞机拖至一定的高度后，滑翔机脱离而自由翱翔。在无风情况下，滑翔机在下滑飞行中依靠自身重力的分量获得前进动力，这种损失高度的无动力下滑飞行称滑翔。在上升气流中，滑翔机可像老鹰展翅那样平飞或升高，通常称为翱翔（见图0.5）。

（a）初级滑翔机　　　　　　　　　　　　　　　（b）高级滑翔机

图 0.5　滑翔机

旋翼航空器分为旋翼机与直升机（见图0.6）。旋翼机实际上是一种介于直升机和飞机之间的飞行器。它除去旋翼外，还带有一副螺旋桨以提供前进的动力，一般装有较小的机翼在飞行中提供部分升力。旋翼机与直升机的最大区别在于，旋翼机的旋翼不与发动机传动系统相连，发动机不以驱动旋翼的方式提供升力，而是在旋翼机飞行的过程中，由前方气流吹动旋翼旋转产生升力；而直升机的旋翼与发动机传动系统相连，既能产生升力，又能提供飞行的动力。由于旋翼机的旋翼为自转式，传递到机身上的扭矩很小，因此旋翼机无须设计单旋翼直升机那样的尾桨；但是它一般装有尾翼，以控制飞行。在飞行中，旋翼机同直升机最明显的区别在于直升机的旋翼面向前倾斜，而旋翼机的旋翼则是向后倾斜的。需要说明的是，有的旋翼机在起飞时，旋翼也可通过"离合器"同发动机联系，靠发动机带动旋转而产生升力。这样可以缩短起飞滑跑距离，几乎可以陡直地向上爬升，但它还不能垂直上升，也不能在空中不动（即"悬停"），升空后再松开离合器让旋翼在空中自由旋转。旋翼机飞行时，升力主要由旋翼产生，固定机翼仅提供部分升力。有的旋翼机甚至没有固定机翼，全部升力都靠旋翼产生。

（a）V-22"鱼鹰"倾斜旋翼机

（b）AS355"小松鼠"直升机

图 0.6　旋翼航空器

扑翼机是仿鸟类扑翼飞行的航空器，目前尚在研究中。无人驾驶飞机是一种靠无线电遥控或按某种程序自控的无驾驶员飞机，它在民用方面用以大地测量、气象观测、环境监测、人工降雨等。地面效应飞行器又叫地效器或"气垫"飞行器，类似气垫汽车，可在地面或水面上使用。

0.1.2　飞机的分类

作为使用最广泛、最具有代表性的航空器，飞机可按其用途、构造形式及性能特点等分类。

1. 按用途分类

飞机按用途可分为军用机与民用机，其中民用机包括旅客机、货机、农业与林业机、教练机与运动机等。旅客机、货机及客货两用机又称为民用运输机，其余的民用机则统称为通用机。

2. 按构造形式分类

飞机按构造形式分类如图 0.7 所示。它按不同的机翼、机身、尾翼、动力装置、起落架装置等又分为若干种形式。民用运输机多采用后掠下单翼，单机身与单垂尾（高或低平尾），涡桨式或涡扇式发动机吊装于机翼下或机身尾部，前三点轮式起落架装置。

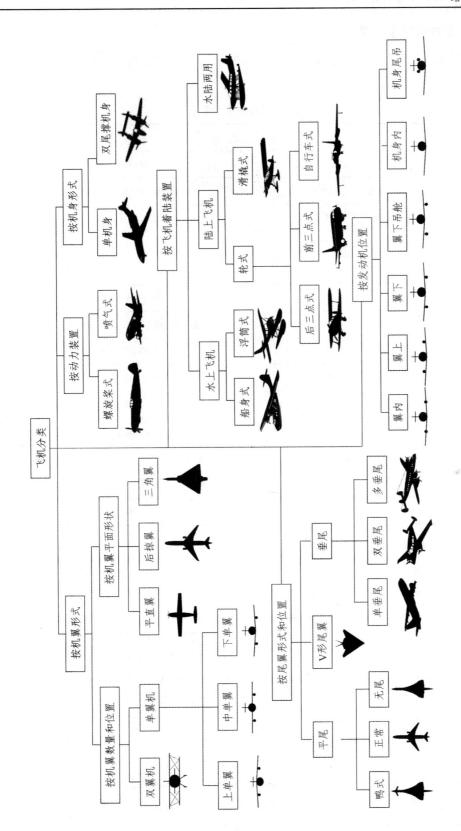

图 0.7　飞机按构造形式分类

3. 按主要性能特点分类

客机按主要性能特点分类见表0.1，需要说明的是，表中所列参数及划分范围目前并不完全统一。

表 0.1 旅客机按主要性能分类

性能款项	分 类	性能指标
巡航速度	低速客机	$Ma < 0.4$
	亚声速客机	$0.4 < Ma < 0.6$
	高亚声速客机	$0.6 < Ma < 1.0$
	超声速客机	$Ma > 1.0$
载重航程	短程客机	航程 2 500 km 以下
	中程客机	航程 2 500～5 000 km 以下
	远程客机	航程 6 000～10 000 km 以上
客座数量	小型客机	100 座以下
	中型客机	100～200 座
	大型客机	200～350 座以上
机身宽度	窄体客机	宽小于 4.1 m 或一排 6 座以下
	半宽体客机	宽 4.2～5.5 m 或一排 6～8 座
	宽体客机	宽 5.6～6.6 m 或一排 9～10 座以上
	双层宽体客机	宽 6 m 以上

4. 按进近速度分类

根据空中交通管制要求，在最大允许着陆重量下，仪表进近程序规定的进近速度是着陆形态下失速速度的 1.3 倍（也称为跑道入口速度）。据此又将航空器分为以下 5 类：

A 类：指示空速小于 169 km/h（91 kts）；

B 类：指示空速 169 km/h（91 kts）或以上，但小于 224 km/h（121 kts）；

C 类：指示空速 224 km/h（121 kts）或以上，但小于 261 km/h（141 kts）；

D 类：指示空速 261 km/h（141 kts）或以上，但小于 307 km/h（166 kts）；

E 类：指示空速 307 km/h（166 kts）或以上，但小于 391 km/h（211 kts）。

以上分类的界线根据目前客机发展水平而定，实际使用中常常综合飞机有关性能特点而划分。如波音 747-400 型为远程大型高亚声速涡扇式宽体干线客机，国产 Y7-100 则为小型短程低速涡桨式支线客机。干线客机与支线客机也按综合性能划分，并且不同发展时期有不同划分标准。现代干线客机一般指大中型、中远程、高亚声速、宽体或半宽体涡扇式喷气客机，主要在国际航线和国内大城市之间飞行。支线客机一般指小型、短程、低速、窄体、涡桨式或活塞式客机，主要在国内中等城市间或大城市间飞行。

0.2　航空器及飞机发展概述

自古以来人类就有飞行的愿望，这从许多关于腾云驾雾的神话传说中可以看出来。但是在社会生产力低下的年代，这种愿望是难以实现的。不过，许多先驱人物的勇敢探索，却为人类实现飞行提供了有益的经验和教训。

18 世纪的产业革命推动了科学技术的发展，从而为人类实现飞行提供了条件。

0.2.1　航空器发展简史

1. 轻于空气的航空器

利用空气静浮力升空，在技术上是较易实现的。中国在 10 世纪初期就有类似于热气球的"孔明灯"出现，升入空中作为战争中的联络信号。18 世纪末期，法国蒙哥尔费兄弟的热气球载上一些动物升空飞行了 8 min 后安全降落。1783 年 10 月 15 日，FP 罗奇埃乘热气球上升到 26 m 高度，飞行 4.5 min。同年 11 月 21 日，罗奇埃和达尔朗德又乘热气球在约 1 000 m 高度用 12 min 飞行了约 12 km。这是人类乘航空器首次飞行。随后，法国的物理学家查理制成了以丝绸作气囊充以氢气的气球，升空 915 m，飘行了约 25 km 后降落。后来他又制造了一只更大的气球，下系可以载人的吊篮。他和一位同伴乘这只气球在空中飘行 50 km，留空时间超过 2 h。气球的出现激起了人们对乘气球飞行的热情，并有人致力于飞艇的研究。经过多年的探索和试验，制成了带动力、可操纵的飞艇，并升空飞行。1900 年，德国的齐柏林制成了长 128 m，容积 11 300 m³ 的硬式飞艇，巡航速度为 60 km/h，并于 1910 年开辟了载客的定期航线（第一次世界大战期间，德国曾用这种飞艇轰炸伦敦）。第一次世界大战后，齐柏林又建造了两艘巨型飞艇，在欧洲到南美和美国的商业航线上飞行。这种飞艇长 245 m，容积 200 000 m³，速度 130 km/h，载客 75 名。1937 年从德国到美国的一次飞行中飞艇突然起火爆炸，旅客全部遇难，从此飞艇结束了商业飞行。20 世纪 70 年代以后，许多国家又应用新材料、新技术研制新的飞艇来执行巡逻任务和吊装大型设备等。

2. 重于空气的航空器

人类关于飞行的许多探索和试验是从模仿鸟类的飞行开始的。中外历史文献中都记载着用羽毛制成翅膀尝试飞行的记录，但这些尝试都没有获得成功。19 世纪初，英国的 G 凯利提出了重于空气的航空器的理论，阐明了利用固定机翼产生升力及利用不同翼面控制飞机的设计概念。他制造了第一架滑翔机进行试飞，以验证其理论的有效性，确立了现代飞机的基本构形。他的重要著作《关于空中的航行》为后来航空器的研制提供了重要理论基础和经验。

为了使飞机能够成功地飞行，必须解决升力、动力和稳定操纵问题。有些人利用蒸汽机作为动力装置进行了探索。随着 1893 年汽油内燃机（活塞发动机）的问世，美国科学家兰利在 20 世纪初制造了安装活塞发动机的飞机，在 1903 年进行了两次试飞均未成功，主要原因是未能解决飞机的稳定、操纵问题。

当时，有一些人沿着另一条道路对飞行进行探索：用滑翔机试验飞行，解决滑翔机的飞行稳定、操纵问题；然后再加上动力，作动力飞行。德国的李林达尔就是这方面的先驱者。他仔细研究了鸟类的飞行，并仿制成弓形翼剖面的滑翔机，于1891—1896年期间，进行了2 000多次滑翔飞行试验，最终解决了滑翔机飞行稳定和操纵问题，并积累了大量数据。他准备在滑翔机上装上发动机作动力飞行试验，但不幸在一次滑翔飞行中失事牺牲，使得这一愿望未能实现。美国的莱特兄弟在李林达尔滑翔飞行活动的鼓舞下，对航空产生了浓厚的兴趣。他们制造滑翔机进行飞行操纵试验；又自己设计制造了风洞，在风洞中试验不同的机翼模型，测定空气动力数据，再根据试验结果改进滑翔机。1902年秋季，他们进行了近千次滑翔飞行，取得了完全成功。1903年他们制造了"飞行者1号"飞机，装载8.8 kW的水冷4缸活塞发动机和螺旋桨，飞机总质量约340 kg（见图0.8）。1903年11月17日，莱特兄弟驾驶"飞行者"1号飞行了4次，其中第4次飞行距离最远，约260 m，留空59 s。这是人类最早的持续动力飞行。

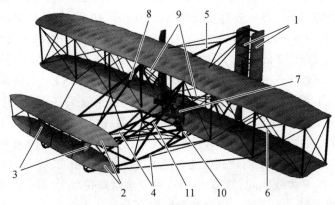

图0.8 莱特兄弟"飞行者1号"飞机

1—双方向舵；2—双翼式升降舵；3—前翼龙骨面固定片；4—着陆橇；5—方向舵尾撑；
6—外翼翼间张线；7—驾驶室；8—链条传动；9—翼尖扭曲操纵支架；
10—升降舵操纵器；11—机身加固杆

20世纪初，欧洲也有人从事飞机的研究工作。法国的桑托-杜蒙于1906年、法国的布莱里奥于1909年都成功地用他们自己设计的飞机完成了飞行。布莱里奥驾驶"布莱里奥"XI号单翼机于1909年首次飞越了英吉利海峡，全程40 km，飞行时间37 min。

1914年爆发了第一次世界大战，飞机开始用于军事目的，各国拥有的飞机已达数百架，在初期主要用于侦察和照相。后来由于战争的需要，又出现了带武器的"驱逐机"，其目的是"控制天空"，接下来又出现了轰炸机和强击机。

第一次世界大战肯定了飞机在战争中的作用，促进了航空科学技术和航空工业的发展。战后，许多国家采用举办民用航空运输的手段，以继续发展航空工业。1919年开始，已出现了几条定期的国际航线。20世纪20年代初，双翼机逐渐向单翼机过渡，到30年代初期，双翼机已趋于被淘汰的阶段，此时出现了可收放起落架、封闭驾驶舱、发动机加装整流罩等一系列提高空气动力效率的构造形式。飞机结构材料也由木材、层板、亚麻布等逐渐改为铝合金，提高了结构强度，降低了飞行阻力。科学技术新成就大量应用于飞机设计中，飞机性能有了很大提高。1937 年苏联的"安特 25"从莫斯科直飞美国，1938 年飞机升限纪录为 17 094 m，1939 年创 755.09 km/h 的飞行速度纪录。

第二次世界大战中，飞机得到广泛的应用，飞机性能迅速提高，参战飞机数量大，种类多，出现了总质量 62.5 t 的轰炸机和速度达 784 km/h 的战斗机。1944 年盟军对德国的轰炸中，曾一天内出动 1 000 架轰炸机和 900 架护航战斗机。当时所用的飞机，几乎全是用活塞式发动机和螺旋桨推进的，最大速度 700 km/h 以上，可以说已接近活塞式发动机飞机的速度极限。当飞机速度接近声速时，气动阻力急剧增大，活塞式发动机和螺旋桨已难以提供足够的推力（或拉力）；同时，由于机翼上气动压力中心的变化，引发了飞机稳定性和操纵性方面的一些新问题，从而为进一步提高飞行速度带来了障碍，这种情况被人们称之为"音障"。要突破"音障"，首先要发动机提供足够的推进力以克服急剧增加的阻力，活塞发动机和螺旋桨已无能为力，而涡轮喷气发动机的出现，解决了这一问题。1939 年第一架装有涡轮喷气发动机的飞机——德国的 He-178 试飞成功。随后，美、英、苏联都先后发展了装有喷气发动机的战斗机和轰炸机。第二次世界大战后，军用飞机基本喷气化。通过空气动力学对跨声速、超声速流动特点的研究和气动弹性力学的研究，解决了超声速飞机设计的一系列问题。在 20 世纪 50 年代初期出现了超声速的军用飞机；到 60 年代，有些战斗机的最大速度已达声速的 3 倍左右。这时，又遇到所谓"热障"问题，即由于长时间高速飞行产生的气动加热而导致结构材料性能下降的问题，其解决途径主要是研制质量轻、耐高温的新材料和应用新型结构。

民航飞机使用喷气发动机较晚。1952 年第一架装涡轮喷气发动机的民航飞机"彗星"号投入航线运行，但由于它在结构设计时未考虑疲劳断裂问题，在 1953—1954 年之间连续 3 次失事。吸取了"彗星"号失事的教训，改进了结构设计之后，20 世纪 50 年代末期出现了多种型号的喷气式旅客机。1968 年底，苏联首先试飞了超声速旅客机图-144；1969 年初，英法合作研制的"协和"号客机试飞，并于 1976 年用于航线飞行。上述两种超声速飞机的最大速度略大于声速的两倍。但是超声速客机噪声大、耗油率高，加上超声速飞行时产生的"声爆"对地面有不利影响，最终都限制了它的应用和发展。

无论是作为战争的武器，还是作为空中运输的工具，都对速度有要求，不断提高飞行速度一度成为飞机发展的主要努力方向。改善飞机气动性能，增大升力、减小阻力，确保操纵性与稳定性以及提高动力装置的功率，则成为飞机发展的主要途径。

改善气动性能主要是减小阻力、增大升力，由此飞机外形发生了一系列演变（见图 0.9）。外形的改变与动力装置的不断改进，使飞行速度呈现指数曲线上升。图 0.10 显示了从 1910 年到 2010 年期间的典型民用运输机巡航速度发展趋势。军用飞机的飞行速度发展更为迅速，20 世纪 60 年代飞行速度纪录已超过了 3 000 km/h，某些验证机的飞行速度已达到一个很高的水平，比如 X-15 飞机在 1967 年 10 月创下 $6.7Ma$ 的纪录，2005 年 11 月 X-43A 无人机的试飞速度达 $9.7Ma$。

直升机的飞行稳定问题和操纵问题比较复杂，所以直到 1936 年才成功地试飞了第一架载人直升机。直升机具有灵活、方便和不需要固定机场设施等优点，在民用航空运输、军事和救护等方面得到广泛应用，并在第二次世界大战后得到了较快发展。20 世纪 50 年代直升机速度为 100～200 km/h，目前已提高到 300～400 km/h。

1487 年达·芬奇画出的人力扑翼机草图

19 世纪末德国人制造的带人滑翔机

1903 年 12 月 17 日莱特兄弟试飞成功的
世界第一架带动力可控飞机"飞行者 1 号"

1909 年法国制造的双翼机
获 74 km/h 的飞机速度冠军

1919 年法国改装的可载 12 人客机

1925 年波音公司生产的邮政飞机

第一种真正现代意义上的客机：
1931 年美国生产的 B-247

世界最著名飞机之一：1936 年生产的 DC-3

洛克希德的"星座"四发客机

1952 年生产的四发喷气客机"彗星号"

美国生产的一流客机康维尔 340

20 世纪 60 年代苏联生产的洲际客机图-114

第一代成功喷气客机 B-707

20 世纪 70 年代投入商业运营的
"空中骄子"协和超音速客机

图 0.9   运输机外形的演变

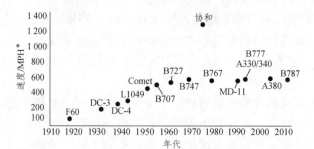

图 0.10   典型民用运输机巡航速度发展趋势

0.2.2　现代干线运输机的发展与现状概述

干线运输机一般指客座大于 100、满载航程大于 3 000 km 以上的大、中型客货运输机。按航程划分，现在常把满载航程大于 6 000 ~ 7 000 km 的称为中/远程干线运输机，航行于国际航线上的多是这类飞机；把满载航程在 5 000 km 以下的称为中/近程干线运输机，航行于国内各大城市之间的多是这类飞机，所以又常被称为国内干线飞机。

1. 五代干线运输机的发展

自 20 世纪 50 年代初喷气客机问世以来，差不多每隔 10 年就出现一批具有不同技术特点的干线运输机，所以人们常说喷气式干线飞机已发展了 5 代。

20 世纪 50 年代开始投入航线运营的以美国的波音 707、DC-8，苏联的图-104 为代表的客机是第一代喷气式干线运输机。其主要技术特点是采用涡轮喷气发动机作动力装置和使用带后掠角的机翼代替以往的活塞式发动机和直机翼，从而大大提高了飞机的巡航高度和客运量，使航运公司的运营效率也大为提高。

20 世纪 60 年代开始投入航线的以美国的波音 727、波音 737、DC-9，英国的"三叉戟"，苏联的图-154 等为代表的一批飞机被认为是第二代干线运输机。其主要的技术特点是采用低涵道比涡轮风扇式喷气发动机，降低了油耗，提高了中近程运营的经济性。其不同座位数的家族系列型号覆盖了从 100 座至 180 座的各个档次，满足了中近程航线的客货运输需求。

20 世纪 70 年代开始投入使用的以美国的波音 747、DC-10、L-1011，欧洲的 A300B，苏联的伊尔-86 等为代表的宽机身飞机为第三代干线运输机。它们的主要特点是采用高涵道比大推力涡扇发动机和双过道客舱的宽体机身，载客量为 300 ~ 500 人。通过降低耗油量，加大载客量降低了直接使用成本（DOC）。这类飞机主要用于中远程国际航线和客流密集的国内航线，缓解客运拥挤问题。

20 世纪 80 年代开始投入航线运营的以美国的波音 757、波音 767，欧洲的 A310，苏联的图-204 等为代表的一批 200 座级的客货运输机被称为第四代干线运输机。它们开始研制时间多数是 20 世纪 70 年代。当时正是"石油危机"时期，油价飞涨，干线飞机的燃料费从原先占飞机直接使用成本（DOC）的 20% 猛增到 50%。所以这一代飞机的技术特点是除了采用改进的高涵道比涡扇发动机使油耗改善 5% 以上外，还通过采用临界翼型、减小机翼相对厚度等措施以改善飞机的巡航气动效率，并采用新的铝合金材料以减轻结构质量。这些措施有效地降低了飞机的直接使用成本，提高了运营效率。此外，在 20 世纪 80 年代，为了竞争 20 世纪 60 年代投入使用的波音 727、波音 737 早期型（100 和 200 型）、DC-9 等一批 150 座级的中短程老龄飞机退役而空出来的市场，美国的波音和麦道飞机公司分别在早期的波音 737-200 和 DC-9-50 基础上利用新技术推出波音 737-300、波音 737-400、波音 737-500 和 MD-81、MD-82、MD-83、MD-87、MD-88 等型别；欧洲空中客车工业公司则以新研制出在民机上首次采用电传操纵等一系列新技术的 A320 参加这一市场的竞争。这批 20 世纪 80 年代出现的 150 座级的新干线飞机也具有前述第四代干线运输机的技术特点，也应属于第四代干线运输机的范畴。

进入 20 世纪 90 年代，以美国的波音 777、欧洲的 A330/A340 及俄罗斯的伊尔-96 为代表的第五代干线运输机已经陆续投入航线使用。这一代飞机采用宽体机身以增加载客量；机翼在上一代飞机的基础上进一步加大展弦比或加装翼梢小翼来提高巡航效率；在动力装置上采用推力大、耗油率低、停车率低、排气污染少、噪声低的涵道比高达 7 ~ 9 的先进高涵道比涡扇发动机；在机体结构上广泛采用轻型结构材料，加大复合材料用量，波音 777 的复合材料用量占总结构质量的 10%，远高于过去的 3%，这可以较大幅度地减少飞机的结构质量；客机布局宽敞舒适，驾驶舱仍采用在第四代飞机上已广泛采用的双人制驾驶舱，使用电传操纵系统对所有的操纵面进行操纵，用先进的液晶平板显示器代替第四代飞机上的阴极射线管显示器，所有主要的飞行、导航及发动机信息数据都显示在 6 块大型屏幕上，大大减轻了飞行员的工作负担。

2. 技术上的进步

现代喷气式干线运输机自 20 世纪 50 年代投入航线使用以来，虽然在飞行速度上没有很大提高，最大巡航速度一般为 900 km/h 以下的高亚声速或亚声速，它们粗看起来外形变化也不大，一般都是大展弦比、小后翼角梯形机翼，圆形或椭圆形机身，翼吊或尾部安装发动机短舱，但是从前述的五代飞机的技术特征来看，干线运输机在近 50 年的发展过程中取得了很大的技术进步。

在气动外形方面发展了翼吊和尾吊两种发动机短舱布局，研制出带双缝或三缝后缘襟翼及前缘缝翼的大展弦比细长机翼。机翼翼型由第一代飞机的层流平顶翼型发展到第二、三代飞机的尖峰翼型和修形尖峰翼型，再到第四、五代飞机的超临界翼型和高效亚声速翼型等。

在结构设计方面，主要是通过改进结构设计和充分挖掘材料潜力来达到减轻结构质量的目的。据论证，干线飞机结构质量每减轻 1%，飞机可节油 0.4%，直接使用成本可下降 0.2%，为此干线飞机结构设计准则不断改进和提高：第一代飞机应用安全寿命设计准则；第二代飞机采用安全寿命与破损安全相结合的设计准则；第三代飞机采用破损安全设计准则；第四代飞机采用结构损伤容限设计准则。干线运输机结构设计准则的进步不但有效地降低了飞机的结构质量，而且大大延长了飞机的结构寿命。如第二代飞机的寿命一般为 30 000 飞行小时，到第四代飞机则一般达到 60 000 飞行小时。

在结构材料方面则是通过不断采用优质金属材料和加大非金属复合材料的用量，从而减轻飞机结构质量。如波音公司在波音 767 上因采用优质金属材料和先进的复合材料分别使结构减重 363 kg 和 450 kg，波音 777 因在平尾和垂尾上采用先进的复合材料而减重 680 kg，波音 787 的复合材料用量比重达到了惊人的 50%。

在动力装置方面，不断采用先进发动机来降低油耗，提高飞机性能，减少使用维修时间，降低噪声，减少环境污染，降低运营成本。第二代干线运输机采用的低涵道比涡扇发动机的巡航耗油率比第一代飞机所采用的涡喷发动机下降了 30% 左右，首翻期提高到约 3 000 飞行小时，是后者的 3 倍。第三代干线运输机所采用的高涵道比涡扇发动机巡航耗油率比上一代下降 20% 以上，首翻期提高到 4 000 ~ 6 000 飞行小时。第四代干线运输机所采用的改进的高涵道比涡扇发动机巡航耗油率比上一代降低 5%，采用单元体结构的高涵道比发动机的首翻期可提高到 8 000 ~ 10 000 飞行小时。第五代干线运输机所采用的先进高涵道比涡扇发动机，是涡扇发动机的第三代，其各项性能指标比第二代涡扇发动机（即高涵道比涡扇发动机）又高一筹。发动机是干线运输机划"代"的重要标志。

在机载航电设备和驾驶舱布局方面，各代飞机也有明显的差别。第一、二代飞机的航电设备大部分是模拟式的，综合化程度低，系统质量大；驾驶舱仪表板布局以机电仪表为主，仪表数量多，驾驶员负担重，多采用5人驾驶体制；第三代飞机航电设备开始采用总线技术，数字化、综合化程度提高，系统的体积比上一代小，质量轻，维修性和可靠性提高，仪表板以电子显示为主体，辅以机电仪表，多采用3人驾驶制；多数第四代干线飞机的航电设备信号传输采用总线技术，实现了综合化、数字化，驾驶舱设计达到先进水平，仪表板采用电子屏幕综合显示，驾驶员工作负担大为减轻，使用双人驾驶制。第五代干线飞机的航电系统在第四代干线飞机的基础上加以改进，主要是引入电传操纵系统，并以液晶平板显示代替驾驶舱的阴极射线管显示。

表0.2概括了20世纪干线客机大约每10年为一代的技术标志和这一代飞机的设计思路，并列出了主要飞机公司在各代中的代表型号。

表0.2　20世纪干线客机的发展

项目	50年代	60年代	70年代	80年代	90年代
技术标志	喷气时代	涡扇时代（低涵道比）	宽体机时代	节油涡扇时代（高涵道比）	主动控制技术和"玻璃"座舱时代
设计思路	从飞行速度和载客量着手提高运营效率	从降低油耗着手提高中短程客机运营的经济性	从提高载客量着手增大洲际空运的效率	主要从降低油耗着手达到直接使用成本最小的目标	主动控制飞机的状态以达到飞行更安全，费用更节省，感觉更舒适
空客公司代表型号			A300B	A310 A300-600	A320/321/319 A340　A330
波音公司代表型号	B707	B727 B737-100 B737-200	B747	B757、B767 B737-300/-400 B737-500	B747-400 B777 B737-700/-800/-900
其他公司代表型号	DC-8 图-104	DC-9 三叉戟 图-154	DC-10 L-1011 伊尔-86	MD-81/82/83/87/88 图-204	MD-11 伊尔-96

3. 发展现状和趋势

据统计，截至2015年，全世界各个航线上运营的各类干线运输机总共有35 000多架，从第一代到第四代都在使用。第一、二代飞机随着使用寿命的到期正在逐渐退出航线，它们空出来的市场由现在正在进行生产的第三、四代飞机取代。现在航线上使用的干线运输机多数是由美国的波音和欧洲的空中客车工业公司生产的，有少量是俄罗斯的伊留申和图波列夫设计局研制的。俄罗斯研制的干线飞机主要供本国使用，只有少量出口到东欧等国家。现在干线飞机的国际市场主要由波音和空中客车两家公司分享。

在第五代干线飞机投入使用以后，150座级的波音737（后期型）、MD-80、A320、图-154等飞机系列（即它们的拉长和缩短型，下同），200座级的波音757、767、A321、图-204等飞机系列，300座级的MD-11、A330/A340、波音777、伊尔86等飞机系列，500座级的波音747、空客380系列，将基本上能满足100~500座之间的各个不同座位档次的需求。由于研制一个全新的干线运输机需要几十亿美元的巨额资金，各民用飞机公司一般不会轻易上马研制全新型号，500座以下的干线飞机的发展将主要是在原有型号的基础上进行改装：拉长或缩短机身以满足不同座级的需求；更换性能更好的发动机以满足对推力变化的需要和降低耗油率，提高可靠性，减少环境污染；改装先进的航电设备，采用先进驾驶舱布局以减轻驾驶员负担和提高安全性；在气动外形上不会有太大的动作，而在结构上主要是增加复合材料的用量。比如空客 320 系列、波音 737 系列、波音 777 系列、波音 747-400 系列飞机的发展都是这种模式。空中客车公司创造性的"套裁"客机发展，也是很成功的。空客公司的 A330/A340 两种机型采用相同的机翼，同样的机身，仅长度稍有不同，A330 装 2 台发动机，A340 装 4 台发动机，两种飞机 85% 的零部件可以互相通用。A330 和 A340 又各自发展了自己的系列型号，比如 A340-200（260 座）、A340-300（295 座）、A340-500（313 座）、A340-600（380 座）。

部分民用客机主要尺寸及性能数据见表 0.3。

表 0.3　部分民用客机主要尺寸及性能数据

飞机型号	机长/m	机高/m	翼展/m	最大巡航速度/（km/h）	跑道入口速度/（km/h）	最大起飞重量/kg	最大客座数/座	满载最大航程/km
B737-300	33.40	11.15	28.28	829	246	61 234	149	2 826
B737-800	39.50	12.55	34.31	885	249	70 553	189	3 565
B757-200	47.33	13.74	38.06	870	246	108 862	200	4 445
B767-300	53.70	15.85	47.60	916	263	163 293	290	7 964
B747-400P	68.50	19.41	64.30	1 002	287	385 557	550	12 964
B777-200A	63.73	18.50	60.90	880	256	229 517	440	9 300
A320-214	37.57	11.76	34.10	917	250	77 000	179	5 185
A310-300	45.66	15.81	43.90	896	268	149 960	265	9 600
A330-300	63.70	16.90	60.30	926	250	257 000	328	12 416
A340-200	59.40	16.80	60.30	915	268	257 000	335	13 806
A380-800	73	24.1	79.8	945	255	560 690	853	15 000
MD82	45.96	9.04	32.87	933	244	67 812	172	5 522
DC10-30	55.20	17.70	50.42	945	272	263 636	380	7 413
MD-11P	61.20	17.60	51.70	945	278	285 990	405	12 000
IL86	59.54	15.81	48.06	948	274	206 000	350	3 600
IL96-300	55.40	17.60	57.40	889	220	216 000	235	7 500
TU204	48.00	13.88	42.00	848	211	93 500	196	2 900
YAK42	40.38	9.80	36.25	800	268	63 000	120	2 180
Bae146	26.20	8.61	26.21	795	207	38 102	82	3 002
Y7-100	24.22	8.53	29.67	476	182	21 800	48	1 100

未来干线客机需要朝巨型化和高速化方向发展。空中客车公司的超大型客机 A380 的研制于 2000 年 12 月 19 日宣布正式启动，2005 年 4 月 27 日成功首飞，于 2007 年投入使用。

A380 是目前唯一采用全机身长度双层客舱的民航客机，按典型的 3 级客舱布局能容纳 555 名乘客。A380 的新技术主要表现在材料、系统和工艺等方面。在 A380 上扩大了碳纤维增强复合材料（CFRP）的使用，并且首次使用碳纤维中央翼盒。垂直尾翼盒和方向舵、水平尾翼和升降舵也采用统一的 CFRP 设计。A380 的上部机身外壳采用一种铝材和玻璃纤维交替黏合的层制材料（GLARE）制造。A380 将配置 5000PSI 的高压型液压系统，这种系统用在民用飞机尚属首次。以上的创新技术使 A380 的净重减少到 240 t 左右，比采用 B747 技术制造的近似尺寸的飞机轻 10～15 t。A380 采用两种不同构型的 4 个独立的主飞行控制系统，其中两个采用传统的液压驱动系统，另外两个则是带有用于操纵面的局部电-液动作器系统。4 套系统中的任何一套都可以用来对飞机进行控制，这使 A380 的飞行控制在系统独立性和裕度上达到了新的水平。在工艺上，A380 选用了几项创新的制造技术，例如用激光焊接技术取代传统铆接方法来连接机身壳体，使机身质量进一步减轻，并且可消除腐蚀和疲劳裂纹的主要来源。

　　20 世纪 70 年代英、法两国联合研究出的"协和"以及苏联图波列夫设计局研制的图-144 两种巡航速度 $Ma2.0$ 级客机，被称为第一代超声速运输机。这两种飞机由于耗油率高、噪声大、载客少、航程短、经济性差、航线运营亏损，各生产 10 多架后便停产了。"协和"于 2003 年 10 月 24 日告别蓝天，第一代超声速客机在没有任何更先进的替代机型出现之前就"退役"，这在世界航空史上还是第一次。当然，在高速化方面，不少专家对超声速客机仍持乐观态度，第二代超声速客机已有若干种方案。新一代超声速客机的研制，关键在于环境保护、噪声污染和经济效益三大难点上。由于还有一些关键技术没有解决，新一代超声速客机目前仍处于理论研究阶段，还没有到具体进行型号研制的时候。美国航天航空局预计新一代超声速客机将比现有飞机快 1 倍以上，可容纳 300 名旅客。

0.3　对旅客机的要求与航空安全

0.3.1　对旅客机的要求

　　飞机的种类及用途虽然各异，但都有其基本要求与专门要求。旅客机和各类飞机都应满足以下基本要求：良好的气动外形；保证结构完整性及最小质量；使用维修方便；制造工艺性与经济性好。气动外形要求主要与气动阻力和升力特性有关，必须保证飞机在气动力作用下具有良好稳定性与操纵性。结构完整性及最小质量要求是指设计的飞机结构应保证在承受各种规定的载荷下具有足够的强度，不产生不允许的残余变形，具有足够的刚度和采取其他措施以避免出现不允许的气动弹性问题与振动问题，具有足够的寿命和损伤容限以及高的可靠性等。使用维修方便主要涉及一些内部容积的安排、窗门设计、设计分离面和检修口盖的设置以及寿命、高可靠性要求，以确保飞机各个部分能正常安全可靠地工作，能在规定的周期进行检查、维修和修理。飞机结构的工艺性要好，要便于加工、装配。对复合材料结构，还应重视材料、结构的制作和结构修理的工艺性。经济性不只是生产和使用成本，而应是全寿命成本。减少生产费用最根本的是结构设计的合理性，影响使用和保障费用的关键是可靠性和可维修性。

　　专门要求一般针对飞机具体用途与性能而提出，对旅客机的专门要求包括：安全、快速、经济、舒适、环保，而目前最为看重的基本要求是：安全、经济、舒适。对干线客机完善程度的判定指标是：飞机的产出率（吨·千米/航班或座·千米/航班），运输成本与耗油率，驻停条件及对环境的影响，旅客的舒适性与人、机的安全性等。

现代客机从采用半宽与宽机身到座舱自动调温、程序增压，从缩短空中飞行时间到现代服务、娱乐设施，大大改善了座舱乘员的生活与工作环境。

经济性是世界各民用航空公司运行的主要指标。现代客机为提高经济性采用了一系列措施：进一步加大单机载客量，将出现 500～1 000 座的新客机；进一步降低油耗，采用油耗低、噪声小、排污少的大涵道比或超大涵道比的大推力涡扇发动机；采用翼剖面增厚的大展弦比超临界翼型提高升阻比与巡航 Ma 数等。

应当肯定，在世界范围内，大型喷气运输机的飞行事故率基本呈下降趋势，特别是与喷气飞机投入商业飞行的最初几年相比。飞机技术的进步使年事故率由每百万飞行架次 27，在短短的 5 年内下降至每百万飞行架次 5 以下；从 1967 年至今，基本保持了比较低的事故率，每百万飞行架次在 1.5～3 之间（见图 0.11）。事故率不是事故的次数，统计时也没有说明在空难中遇难的人数。航空界，特别是商业航空界绝不能满足于保持一个已有的低事故率，或者有稍微下降的事故率。我们必须进一步搞好航空安全，使事故率下降到能使飞行事故数量下降的水平。

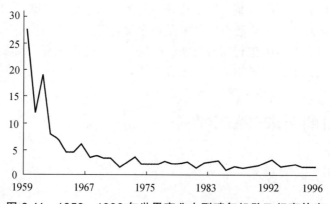

图 0.11　1959—1996 年世界商业大型喷气机队飞行事故率

（注：不包括军事活动和故意破坏）

航空安全对旅客机尤为重要，是民用运输的生命线，航线营运的永恒主题。世界上严重摔飞机的事故多次发生，不仅会摔垮制造商，也可摔垮航空公司。飞行安全总是与飞行事故密切相关，事故率低则飞行安全性好，防止飞行事故发生则保证了飞行安全。飞行事故是飞机发生灾难、遇险和破损情况的总称。灾难为机毁人亡的一等事故；遇险则为机损人伤的二等事故；破损则为飞机局部严重损坏的三等事故。

0.3.2　航空事故的主要原因

航空飞行事故的影响因素很多，航空安全是一个复杂的系统工程。导致航空事故的主要原因可分为 3 类：人、航空器和飞行环境。

飞行环境主要是指飞行周围上下左右的客观条件，包括自然条件和人工条件，也称自然环境和人工环境。飞行的自然环境，主要指飞行地带和空域、航路及其周围的地形、地貌、山丘、河川以及飞行区域的大气物理现象等气象条件；飞行的人工环境，主要指飞行场所的机场、航路、通信、导航、灯光、标志以及保障飞行安全生产的各种固定设施和物体；管理体制、运行机制、规章制度，也属人工环境，又称社会环境，或称软环境。航空器所处的自然环境是客观存在而不能消除的，只有采取有效措施、限制或回避，才能保证航空器在恶劣环境下的飞行安全。

航空器的安全性是航空器在飞行期间，结构、设备处于良好工作状态，保证连续完成任务而无失效故障的特性。航空器的安全性对于保证飞行安全，提高服务质量，增加经济效益，具有极其重要的作用。只有提供完善的设计、优质的制造和有效的维修并符合国家适航标准的航空器，才能保证民用航空活动安全正常地运行。民用航空器既是保证正常生产的前提，也是保证安全的物质基础。

飞行事故的人为原因主要包括机组、维修、空管、气象等与航空器营运相关人员的影响。飞行安全性主要指上述人员严格按规定使用航空器，防止事故状态发生，正确处置特殊情况、危急状态，保证机上人员安全脱险的各种特性的总和。

国外研究人员曾从全世界几十年商业喷气飞机失事分析中鉴别出 182 个重要促成因素。飞机失事的重要促成因素分布如图 0.12 所示，单一重要促成因素导致的失事占 28%，双因素的失事占 54%，两个以上的占 18%。从事故因素分析得出的最重要结论是，每一个重要促成因素都有一个补救的方法以化险为夷。然而，由于机组为首的相关人未能完全采取及时有效的措施而引发了事故。事实上，绝大多数飞行事故都可追溯到人的失误原因，都直接或间接与人有关，因此人是飞行事故的最主要原因，也是飞行安全的决定因素。

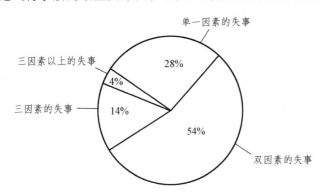

图 0.12　飞机失事的重要促成因素百分比

0.3.3　商业航空安全的关注重点

使商业航空安全更上一层楼的关注重点在以下 4 个方面。

1. 人为因素

航空界飞行事故居首位的原因是人为因素。根据某网站对 1960 年至 2015 年的已知原因的 1 104 例航空事故进行的统计分析，发现目前引发航空事故的主要原因是人的因素和飞机，如图 0.13 所示。机组和飞机原因是超过 7 成的飞行事故的主要原因，其中，机组又是影响飞行安全的主要因素。

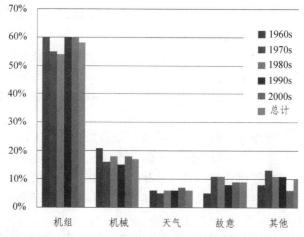

图 0.13　1960—2015 年飞行事故的主要原因统计

（该统计去除了原因未明、乘客数量小于 10、死亡人数小于 1 人的事故。）

2. 进近和着陆

飞机起飞、着陆是事故的多发阶段。根据波音公司 2015 年发布的统计报告，飞机发生的重大事故绝大部分发生在起飞、爬升、进近和着陆阶段，如图 0.14 所示。针对起飞、着陆阶段多发事故的情况，现代客机加强了飞行前的检查，机组人员必须详细掌握空中交通管制中心提供的起飞信息，包括飞机起飞重量、场高、气温、风向及离地临界速度等，以降低起飞阶段的事故率。与此同时，飞机上安装进近警告及引导系统，机场安装辅助装置，向机组提供着陆信息，引导飞机安全降落，以降低着陆阶段的事故率。

3. 可控飞行撞地（CFIT）

许多最后飞行阶段的事故发生是属可控飞行撞地类的。此类事故的定义是，一架可用的飞机在飞行机组的控制之下，非故意地飞向地面（形）、障碍物或水面，通常机组没有逼近相撞的预先的意识。

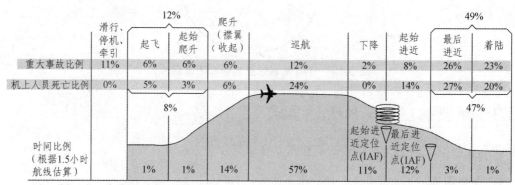

（由于数据取整，总百分比可能不为100%。）

图 0.14　世界范围内商用喷气式飞机重大事故统计（2006—2015）

4. 失去对飞机的控制

失去控制事故是指飞机失去了空气动力安定性和控制没能被飞行机组给予恢复。飞行事故调查员相信，此类事故中的一部分，如果飞行员经过对非正常状态恢复训练的话，恢复是应该存在可能的。

我们能为减少飞机事故做些什么呢？这里有 4 个领域，经过努力会对改善航空安全有益：① 飞机；② 系统；③ 地面设施、设备；④ 营运人。

安全可防止事故、减少伤亡、保全设备，从而降低运营成本。无事故是航空运输业的奋斗目标，面对新形势带来的风险，迫使民用航空努力寻找事故率继续下降的有效途径。国际民航组织根据各方面的研究成果，全面分析航空安全信息，结合世界各航空公司的经验教训，提出了进一步改善航空安全记录的建议：安全优先，事故预防为有效策略；完善安全法规和系统管理；设计、适航与使用部门真诚合作；关键是通过培训，全面提高人-机-环境系统相关人的素质等。同时进一步指出，要在飞行安全上取得大的改善，必须更好地处理人的失误。飞机驾驶舱是所有谋求安全努力的焦点，飞机设计采用新技术提高安全性，法规、条例、程序、检查单与运营政策制定，飞行员选拔与训练，导航设备与空管等，所有方法与途径都通向最终共同之路——机组对驾驶舱可用资源的管理能力，一切安全措施都由此决定其成功与失败。

0.4　航空器的主要组成及其功用以及本课程的主要内容

飞机是使用最为广泛、最具代表性的航空器，其主要组成部分有：机体、起落装置、飞行操纵系统、动力装置与机载设备等，图 0.15 所示为运输机基本组成部件。

1. 机　体

机体包括机身、机翼与尾翼，属飞机承力结构。机身主要装载人员、货物与设备，连接机翼、尾翼等部件为一整体；机翼主要产生升力，装载燃油、安装发动机、起落架等；尾翼连同机翼操纵面主要保证飞机的安定性与操纵性。

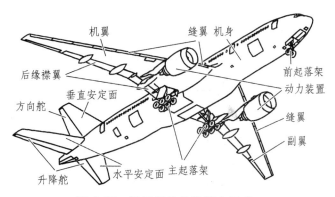

图 0.15　民用运输机的基本组成

2. 起落装置

起落装置包括起落架系统与增升、减速装置。起落架系统的主要功能是，支持飞机停放，保证飞机在地面灵活运动，减小飞机着陆撞击，滑跑刹车减速与起落架的收放等。起飞着陆增升、减速装置包括前、后缘襟翼与前缘缝翼，减速板与发动机反推装置等，主要功能是改善飞机起飞、着陆性能，缩短起飞、着陆滑跑距离，从而保证飞行安全。

3. 操纵系统

操纵系统包括主操纵系统与辅助操纵系统。主操纵系统主要操纵飞机副翼、升降舵、方向舵的偏转，改变飞机横侧、俯仰与方向姿态；辅助操纵系统主要操纵气动补偿装置减小操纵力，操纵襟翼、缝翼与减速板等，改善飞机起飞、着陆性能。

4. 动力装置

动力装置包括发动机与燃油、滑油等工作系统，操纵控制与显示仪表等，其功能主要是将燃料的热能转变为机械能，产生拉力或推力，确保飞机飞行的速度性能。

5. 机载设备

机载设备包括飞行仪表、电气、通信、导航等特种设备，以及液压、空调、氧气、防冰、灭火等工作系统。其功能主要是保证飞机的可靠控制与安全。

不同类别航空器的构成情况有所不同，如滑翔机没有动力装置；飞艇由静浮力提供升力，而直升机由旋翼提供升力，因此它们均无机翼。但总体上讲，其组成是类似的。

本课程主要介绍民用飞机机体的形式、组成及功用，所受载荷特点与使用限制；起落架系统的功能与组成，减震、收放、刹车与地面转弯操纵工作及控制等；飞机飞行操纵系统的基本组成及功用，主操纵形式与辅助操纵特点等；飞机燃油、液压传动、座舱空调、飞机防冰、氧气与灭火、飞机电气等系统的功能、组成、工作原理与控制以及航空动力装置的形式、工作及性能特点，重点介绍基本使用控制。在介绍民用飞机有关共性知识的同时适当结合现代客机系统的工作特点及使用。此外，也简要介绍直升机构造与飞行操纵的有关知识。通过本课程的学习，为民航交通运输空中交通管理、航空运行管理、航行情报服务等专业学生学习专业课程奠定基础，为将来取得专业技术执照及对航空器运营中的安全管理做好坚实理论准备。

复 习 题

0-1　试述航空器的分类及各类航空器的主要特点。

0-2　简述客机按构造与性能的分类。

0-3　简述飞机发展的主要努力方向与途径。第一架世界公认的飞机何时试飞成功？

0-4　简述五代干线运输机的技术特点和代表机型。

0-5　简述对旅客机的基本要求与专门要求。

0-6　简述航空飞行事故的影响因素及进一步提高商业航空安全的关注重点。

0-7　为进一步改善航空安全记录，国际民航组织提出了哪些主要建议？

0-8　简述运输机的主要组成及其功用。

第 1 章　飞机载荷与机体结构

飞机载荷是指飞机在滑行、起飞、着陆和飞行中所受到的气动力、重力、推（拉）力和地面反作用力等外力的总称。飞机的载荷按使用情况可分为飞行载荷、地面载荷与座舱增压载荷。飞机空中飞行时所受的外载荷称为飞行载荷，它包括升力、阻力、侧力、重力、推力或拉力；地面载荷包括飞机着陆接地、滑跑、滑行与停放时所受到的地面反作用力；座舱增压载荷是气密座舱的内外气压差对座舱壁所形成的作用力。飞机载荷的大小取决于飞机的重量、飞行性能、外形的气动力特性、起落架的减震特性与操纵控制等多种因素。飞机载荷主要由机体及起落架结构承受。机体结构载荷分析是确定机体结构件的布置、选择各结构件的剖面尺寸的基础。机体结构必须满足气动要求，使用、维修要求，工艺性与经济性要求，结构完整性及最小重量要求。机体结构完整性与最小重量是飞机结构设计的主要要求。结构完整性保证机体结构在承受各种规定的载荷下具有足够的强度，不产生不允许的残余变形；具有足够的刚度，或采取其他措施以避免出现不允许的气动弹性问题与振动问题；具有足够的寿命和损伤容限以及高的可靠性等。结构的完整性是机体结构安全、可靠使用的基础。减轻结构重量对提高飞机性能、改善经济性有重要意义。

本章主要介绍飞机飞行载荷及载荷系数，机体载荷及结构形式，设计规范及航空器适航标准的有关概念及知识。

1.1　飞机载荷与载荷系数

在分析飞机飞行性能等问题时，常将飞机简化为一个质点模型来研究。这样，飞行中作用于飞机的载荷有总空气动力分量升力 Y、阻力 X、侧力 Z，地球对飞机的引力——重力 G 和动力装置产生的推力（或拉力）P。

升力、阻力、侧力可表达为

$$Y = C_Y \cdot \frac{1}{2}\rho v^2 \cdot S$$

$$X = C_X \cdot \frac{1}{2}\rho v^2 \cdot S$$

$$Z = C_Z \cdot \frac{1}{2}\rho v^2 \cdot S$$

式中，C_Y、C_X、C_Z 分别为升力系数、阻力系数、侧力系数，ρ 为空气密度，v 为相对气流速度，S 为机翼面积。

升力系数及其他空气动力系数都是反映飞机气动特性的基本参数，它与飞机外形、气动布局、飞机姿态、飞行马赫数等因素有关。对于一架具体的亚声速飞机在给定构形下，其 C_Y 基本上只与迎角 α 有关，即 $C_Y = C_Y(\alpha)$。在一定迎角范围内，可以认为 C_Y 与 α 呈线性关系，如图1.1所示。

飞行状态改变或受到不稳定气流的影响时，飞机的气动力可能发生很大变化。重力 G 包括飞机结构、装载与设备的重量；推力或拉力 P 由发动机功率决定。从结构安全使用的角度，有必要了解载荷变化的影响因素及其控制。

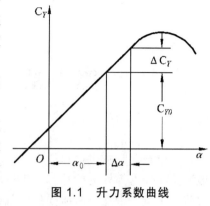

图 1.1　升力系数曲线

1.1.1　几种典型飞行状态下的载荷

飞行载荷随飞行状态及气流条件变化，下面介绍平飞、曲线飞行与紊流载荷。

1. 平飞载荷与机翼蒙皮受力

平飞指飞机在其对称面内作等速水平直线飞行，是运输机的主要巡航飞行状态。设飞机所受升力、重力、推力（或拉力）、阻力均通过飞机重心（见图1.2），平飞的受力条件则为 $Y = G$，$P = X$。

由平飞时 $Y = C_Y(\alpha) \cdot \dfrac{1}{2}\rho v^2 \cdot S = G$，得出平飞速

度 $v_0 = \sqrt{\dfrac{2G}{C_Y(\alpha)\rho S}}$，注意到在一定范围内升力系数与迎

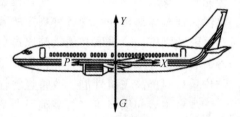

图 1.2　等速平飞时飞机受力图

角呈线性关系（见图1.1），可知飞机平飞中飞行速度 v_0 与迎角 α 有对应关系：大速度时以小迎角平飞；小速度时则需以大迎角平飞。平飞状态的升力大小虽然总是与飞机的重力相等，但由于速度与迎角改变引起气动力分布发生了改变。飞机以小速度平飞时，迎角较大，机翼上蒙皮受吸力，下蒙皮受压力，这时的局部气动载荷并不大，如图1.3（a）所示；而当飞机以大速度平飞时，迎角小，对双凸型翼型机翼来说，除了前缘要受到很大压力外，机翼上、下蒙皮均受很大吸力，如图1.3（b）所示。翼型越接近对称形，机翼上下表面的局部气动载

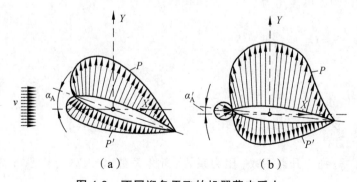

（a）　　　　　　　　　　（b）

图 1.3　不同迎角平飞的机翼蒙皮受力

荷就越大。当蒙皮刚度不足则可能发生蒙皮鼓胀与前缘下陷，导致气动性能变坏。运输机总是尽可能以大速度巡航来提高经济性，飞行中应严格控制不同条件下的最大平飞速度与飞机俯仰姿态。

2. 铅垂平面曲线飞行时的载荷

飞机在垂直平面内曲线飞行的受载如图 1.4 所示。飞机仍受升力、重力、推力和阻力的作用，但这 4 个力不再平衡。取航迹上任一位置（a），此时纵轴线与水平面夹角为 θ。

根据牛顿定律有

$$ma_{n} = \frac{G}{g} \frac{v^2}{R} = Y - G\cos\theta$$

由此得出升力

$$Y = G\cos\theta + \frac{G}{g} \cdot \frac{v^2}{R}$$

在航迹最低位置（$\theta = 0$）的升力为

$$Y_{max} = G + \frac{Gv^2}{gR} = G\left(1 + \frac{v^2}{gR}\right)$$

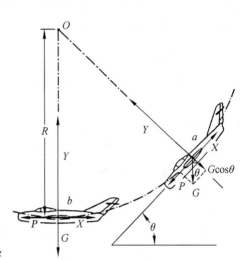

由此得出：飞机在垂直平面内作曲线飞行时，升力为航迹曲率半径 R、飞行速度 v 及飞机重量 G 的函数，往往比平飞时大得多。在航迹最低点处升力达到最大值，严重时可能比平飞升力大许多倍。

图 1.4　飞机在垂直平面内曲线飞行载荷

例如，若 $v = 720$ km/h，$R = 1$ km，则航迹最低点处升力 $Y = 5G$。

民用运输机一般不必在垂直平面内作剧烈机动飞行。运输机在退出紧急下降过程中，如果速度过大，拉杆（盘）过多与过急，升力也可能增加许多。因此，应在到达预定退出紧急下降最大高度前，柔和带杆并适当加油门，切不可动作粗猛。

3. 水平平面曲线飞行时的载荷

民用运输机曲线飞行主要是在水平面内转弯或盘旋。飞机水平转弯时，飞机具有一定的倾斜角，称为坡度，记为 γ，其受力如图 1.5 所示。

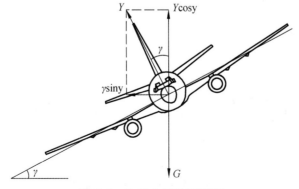

图 1.5　飞机水平转弯载荷

升力的水平分量 $Y\sin\gamma$ 就是飞机转弯时的向心力；升力的垂直分量与飞机重力平衡。从而可知水平平面曲线飞行时飞机所需升力为

$$Y = \frac{G}{\cos\gamma}$$

由此可见，飞机水平转弯时，所需升力随坡度增大而增大，控制坡度则可减小结构受力。升力大则要求发动机功率大、机翼临界迎角大和结构承载能力大。飞行中任意压大坡度转弯会导致失速而失事，这是多次飞行事故的教训。对不允许作特技飞行的通用机、运输机，使用中转弯坡度一般限制在 $20° \sim 40°$。

4. 突风载荷

突风是方向、大小变化的不稳定气流，又称为紊流。突风载荷是飞机在不稳定气流中飞行时所承受的载荷。突风可分为水平突风、垂直突风与侧向突风。

水平突风（逆风或顺风）又称航向突风，它只改变飞机相对气流的速度，使升力或阻力变化。由于水平突风速度比一般飞机的平飞速度小得多，此条件下的突风载荷不大，因此结构强度设计时不考虑。但飞机在起飞、着陆时，不能忽视顺风产生的负升力增量，它可能导致飞机下俯着地。

垂直突风不仅改变相对气流速度的大小，而且改变相对气流方向影响迎角变化，故升力改变量大。如图 1.6 所示，飞机以 v_0 速度平飞遇到速度为 w 的向上突风作用时，相对气流大小及方向均发生改变，从而引起升力 Y 的增加量 ΔY 为

$$\Delta Y \approx \mathrm{d}Y = \frac{\partial Y}{\partial v}\Delta v + \frac{\partial Y}{\partial \alpha}\Delta\alpha$$

注意到 $w \ll v_0$，$\Delta\alpha \approx \tan\Delta\alpha = \dfrac{w}{v_0}$，$\Delta v = 0$，$\dfrac{\partial Y}{\partial \alpha} = C_Y^\alpha \cdot \dfrac{1}{2}\rho v_0^2 S$

$$\Delta Y = \frac{1}{2}C_Y^\alpha \rho w v_0 S$$

当飞机平飞遇垂直向下的突风时，产生负迎角增量使升力减小 ΔY。因此飞机平飞遇垂直突风的升力为

$$Y = Y_0 \pm \frac{1}{2}C_Y^\alpha \rho w v_0 S \quad (\text{上突风取 "+"、下突风取 "−"})$$

式中，C_Y^α 为升力系数曲线斜率。

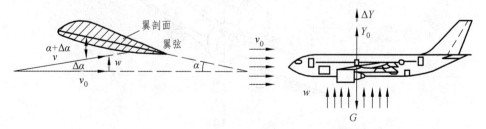

图 1.6　飞机平飞遇垂直上突风

侧向突风将使飞机产生侧滑，从而使飞机承受侧风载荷。

飞机在大气紊流区飞行时，常常是垂直、水平与侧向突风作用同时存在，导致飞机的剧烈颠簸。

1.1.2　载荷系数及其意义

对飞行载荷的讨论表明：飞机飞行中所受载荷随飞行状态及不稳定气流的作用而变化。为了衡量飞机在某飞行状态下所受载荷的严重程度，在此引入载荷系数（或称载荷因数，也称为过载）这一概念并说明其实用意义。

1. 飞机重心载荷系数的大小与正负

某飞行状态下，作用于飞机某方向的除重力外的载荷与飞机重量之比值，称为该方向的飞机重心载荷系数，用 n 表示。飞机飞行中，在机体坐标系（见图 1.7）y 轴方向的载荷系数等于飞机升力 Y 与飞机重量 G 的比值。它往往比其他方向的载荷系数大，是飞机结构设计中的主要参量，飞机的结构强度主要取决于 y 方向的载荷系数。为此，在简化分析时，就直接称 y 轴方向的载荷系数为飞机重心载荷系数（简称飞机载荷系数）。所以通常说的飞机载荷系数 n 定义为飞机在某飞行状态的升力与重力的比值，即

$$n = \frac{Y}{G}$$

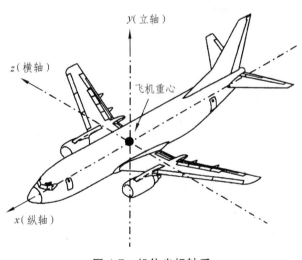

图 1.7　机体坐标轴系

在不同的飞行状态下，飞机重心载荷系数 n 的大小往往不一样，其值可能大于 1、小于 1、等于 1、等于零甚至是负值。n 的大小决定于升力的大小；n 的正负与升力的正负一致（升力与轴正向一致为正、反之为负）。飞机在几种典型飞行状态下的载荷系数值为

飞机平飞：$n = 1$；

飞机在垂直平面内曲线飞行：$n = \cos\theta + \dfrac{v^2}{gR}$；

飞机在水平面内曲线飞行：$n = \dfrac{1}{\cos \gamma}$；

飞机平飞遇垂直突风：$n = 1 \pm \dfrac{1}{2} C_Y^\alpha \rho w v_0 S / G$

2. 限制载荷系数、极限载荷系数

飞机正常使用中允许承受的最大载荷系数称为限制载荷系数（也称使用载荷系数），用 $n_{使用}$ 表示。FAR25 部和 CCAR25 部规定飞机结构必须承受由 $n_{使用}$ 所确定的限制载荷而无有害的永久变形，在直到此限制载荷的任何载荷作用下，变形不得妨碍安全运行。

飞机结构设计时规定的结构最大载荷系数值称为极限载荷系数（也称设计载荷系数），可用 $n_{设计}$ 表示。FAR25 部和 CCAR25 部规定飞机结构必须承受 $n_{设计}$ 确定的极限载荷至少 3 s 而不破坏。

飞机载荷系数、限制载荷系数、极限载荷系数的关系是：$n \leqslant n_{使用} < n_{设计}$。

3. 载荷系数的实用意义

飞机载荷系数是飞机安全使用、维修、设计的基本参数，其实用意义有：

（1）n 的大小表明飞机实际承受载荷的情况。知道了飞机重心处的 n 值，结合对应此 n 值的其他飞行参数（如高度、重量、速度、气动力分布等）就能求得飞机结构各部分所受的实际载荷大小及它们的作用方向。

（2）$n_{设计}$ 与 $n_{使用}$ 表明飞机机动性好坏与总体承载能力。飞机改变速度大小与方向的能力称为机动性。机动性主要表现为曲线飞行的快速灵活性。由飞机曲线飞行载荷系数公式得出，飞机 $n_{设计}$ 或 $n_{使用}$ 值大，则可承受垂直平面内大速度小半径的曲线飞行，水平盘旋则可压大坡度转小弯。在设计飞机结构强度时，选取的 $n_{设计}$ 值越大，相应 $n_{使用}$ 值也大，据此设计制造出的飞机在使用寿命期内其允许承受的最大载荷也越大，飞机结构承受外载荷的能力也就越强。

运输机 $n_{设计}$ 或 $n_{使用}$ 大小表明其经受强突风的能力。运输机受强突风作用时的过载往往比水平转弯时大。由突风载荷系数公式得出，在其他条件不变时，$n_{设计}$ 或 $n_{使用}$ 值大，能经受的突风速度 w 也大，飞机结构经受突风能力则强。

（3）$n_{使用}$ 表明飞行中的受载限制。各型飞机的飞行手册中一般规定了 $n_{使用}$。飞行中应严格按规定的速度、坡度等性能限制柔和操纵飞机，一般不允许 n 超过 $n_{使用}$，即必须遵守飞机受载使用限制：$n \leqslant n_{使用} < n_{设计}$。

4. 运输机突风载荷系数影响因素

民用运输机不做特技飞行，其使用载荷系数主要根据飞机在不稳定气流中飞行时产生的最大载荷系数（即突风载荷系数，其 $n_{使用}$ 值为 $-1.5 \sim +3.5$）确定，为此必须弄清突风过载的影响因素及控制附加过载的方法。

由突风载荷系数公式可知，升力系数曲线斜率 C_Y^α、空气密度 ρ、突风速度 w、飞行速度 v_0 及机翼载荷 G/S（机翼单位面积分担的飞机重力）都是突风载荷系数的影响因素。

展弦比大的飞机 C_Y^α 较大，小展弦比飞机突风载荷系数可减小，对已定型的飞机在亚声速区飞行时 C_Y^α 基本不变，属于飞行中无法控制的因素。

突风速度 w 是难以控制的自然因素。现代运输机设计结构强度时，规定最大垂直向上突风为 20 m/s（66 ft/s），事实证明飞行中遇到超过此速度突风的可能性极小。

现代客机飞行高度大，空气密度较小，增大高度须增大升力，因此以增大高度减小 ρ 来减小突风过载是不可取的。

增大飞机机翼载荷 G/S 可减小突风载荷系数，减弱飞机在不稳定气流中的颠簸，但 G 增大相应的总升力也需增大。

在强紊流中保持大速度飞行时，可能使载荷系数超过限制值而使飞机结构受力过大而损坏；以小速度飞行需增大迎角可能超过临界迎角而失速。为此，选择适当的飞行速度则成为保证突风中飞行安全的首要问题。运输机的飞行手册中都对强突风飞行速度做了明确规定，建议采用穿越颠簸有利速度——这是一个比正常情况减小的飞行速度。飞行中遇垂直向上突风作用时，适当减小飞行速度是运输机减小突风载荷系数的有效方法。

1.1.3　载荷、变形、应力、强度和刚度

1. 载荷及其分类

任何结构和结构中的各个构件，在工作过程中都会受到其他物体对它的作用力，这种作用力通常叫作载荷（或外部载荷）。例如，飞行中机翼上的空气动力、起落架等部件的重力都是作用于机翼上的载荷。

按作用点特征，载荷主要分为集中载荷和分布载荷。集中载荷是指集中作用于一点上的载荷；分布载荷是指作用在一个面积或长度上的载荷。如果分布载荷的作用面积相对较小，可以把它近似看作是集中载荷，这样在实际中可使问题简化。例如吊装在机翼上的发动机对机翼的载荷可认为是集中载荷。

根据载荷作用于构件的过程特征，载荷可分为静载荷、动载荷和疲劳载荷。

大小和方向不变或以缓慢变化的方式施加的载荷为静载荷。如升力、推力、道面支持力、部件重力等。

以非常迅速的方式施加的载荷称为动载荷。动载荷通常在几分之一秒时间内由零增大到最大值。冲击载荷、振动载荷是两种常见结构动载荷。如飞机着陆时起落架所受到的地面撞击力，飞机着陆滑跑因为跑道不平，使各部分承受的力都是动载荷。

多次重复、反复变化的载荷为疲劳载荷。飞机一般寿命为几千至几万飞行小时，飞机在使用过程中，作用于机体上的静载荷、低应力动载荷，都是多次重复和反复变化的，形成对机体结构的疲劳载荷。疲劳载荷的特点：交变、低应力水平、多次重复作用。作用于机体结构的典型疲劳载荷有多种，如：飞机机翼"地-空-地"循环载荷；增压式飞机座舱增压对机身结构施加的重复载荷；着陆撞击重复载荷；突风重复载荷。从大量的飞机结构失效故障分析表明，机体结构失效主要是疲劳破坏。

2. 载荷作用下的变形

构件在载荷作用下，其尺寸和形状的改变叫作变形。当载荷去掉后即能消失的变形叫弹性变形；当载荷去掉后不能消失的变形叫永久变形（或残余变形）。

构件承受载荷的情况不同，它所产生的变形形式也不一样，但其基本变形为拉伸（或压

缩）、剪切、扭转和弯曲4种（见图1.8）。实际上，飞机结构受力时，各构件的变形往往是比较复杂的，常常是几种变形的组合，称为复合变形。

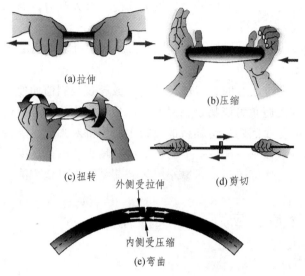

(a)拉伸

(b)压缩

(c)扭转

(d)剪切

外侧受拉伸

内侧受压缩

(e)弯曲

图 1.8　结构的基本变形

3. 内力和应力的概念

由外力引起的构件内部相连两部分之间的相互作用力叫内力。相应4种基本变形的内力有轴力、剪力、扭矩、弯矩等。构件受力变形时所产生的内力可利用截面法求得。

内力在截面上分布的密集程度叫作应力。如果内力是均匀分布的，则构件截面上的应力等于截面上的总内力除以横截面面积。应力可分成垂直于所取截面和平行于所取截面的两个分量。垂直于横截面的应力称为正应力，平行于横截面的应力称为切应力（或剪应力）。

4. 强度和刚度的概念

构件在传力过程中，横截面上的应力随着载荷的增加而增大。对于一定材料制成的构件来说，当截面上的应力增大到一定限度后，构件就会破坏（产生显著的永久变形或断裂）。构件抵抗破坏的能力叫作构件的强度。构件的强度越大，表示它开始破坏时所受的载荷越大。为了使构件在规定的载荷作用下工作可靠，应保证它具有足够的强度。

构件即使强度足够，但在载荷作用下还可能由于变形量过大而影响工作。因此，构件还应具有足够的抵抗变形的能力。构件抵抗变形的能力称为构件的刚度。构件的刚度越大，在一定的载荷作用下产生的变形越小。

构件在外力作用下保持其原有平衡形式的能力称为构件的稳定性。细长杆和薄壁结构受压后易突然失去原有的平衡形式，这种现象叫作失去稳定性，简称失稳。飞机蒙皮在受压后会产生皱褶的现象，就是由于蒙皮受压失稳造成的。

构件的强度、刚度和稳定性是保证构件有正常工作承载能力的基本要素。构件的强度、刚度、稳定性与其材料的性质、截面尺寸和形状有关。另外，构件的强度和刚度还与使用和维修的条件有关。例如，构件装配不当，或受到划伤或腐蚀等，强度和刚度就会减弱。因此，在维修和使用过程中，应根据构件的性质和受力特点等，注意保持其强度和刚度。

1.2　机翼载荷与机翼、尾翼结构

机翼、尾翼都是飞机机体的重要部件。机体包括机身、机翼与尾翼，是飞机的主要受力结构。现代运输机的机体都是骨架加蒙皮、以骨架为基础的薄壁结构，其强度高、刚度大、质量轻。

现代运输机机体所用材料主要有两大类，一类是金属材料，大量采用的是铝合金与镁合金，其强度、刚度高，质量轻；高温区采用不锈钢与钛合金；高承力结构则使用合金钢。第二类是复合材料——纤维作增强体、树脂为基体的层状结构材料，具有强度、刚度高，介电性好，损伤扩展慢，比铝合金约轻 70% 等特点。不断加大先进复合材料在机体结构中的使用量是现代干线运输机结构的重要特点。

机体结构的破坏主要与外载荷及结构损伤有关。正确操纵飞机，不超过规定的载荷；严格按规定精心维修，防止人为损伤与腐蚀，则是机体结构使用安全的保证。

1.2.1　机翼功用与布置

机翼是飞机的一个重要部件，其主要功用是产生和增加升力，并使飞机获得横侧操纵性、稳定性以及装载燃油、安装起落架与发动机等。具有上反角的机翼，可为飞机提供一定的横侧稳定性。在机翼后缘布置有副翼和后缘襟翼；在其前缘布置有前缘襟翼、缝翼；在其上表面布置有扰流板，以提高飞机的起飞着陆性能或机动性能。另外，很多飞机的发动机和主起落架安装于机翼结构上，机翼的内部空间常用来收藏主起落架和储存燃油。图 1.9 所示为某飞机机翼布置。

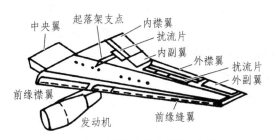

图 1.9　民用运输机机翼布置

1.2.2　机翼载荷、变形及结构布置特点

在对机翼进行结构与安全使用分析时，把机翼分成两半，并与机身在左右两侧相连时，可把左、右机翼视为支持在机身上的悬臂梁；若左右机翼连成一个整体时，则可把它视为支持在机身上的双支点外伸梁。

1. 机翼外载荷

飞行中，作用于机翼的外部载荷有空气动力、机翼结构质量力和部件等传递的集中力、机身反力，如图 1.10 所示。

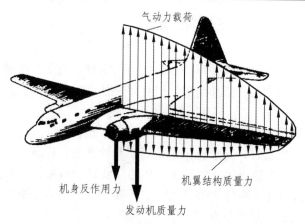

图 1.10　机翼所受的各种载荷

1）空气动力载荷

空气动力载荷 $q_{气动}$ 是分布载荷，一般变化规律是从翼尖到翼根逐渐增大。$q_{气动}$ 作用于压力中心线上，它形成机翼升力和阻力，其中升力是机翼最主要载荷。

2）机翼结构质量力

机翼本身结构的质量力为分布载荷 $q_{机翼}$，作用于重心线上，大小与分布取决于机翼结构质量的大小与分布规律。其数值比气动力载荷要小得多。在工程计算中，它的分布规律可近似认为与弦长成正比。

3）其他部件、装载传来的集中力

机翼上连接有发动机、起落架等其他部件，并布置有副翼、襟翼等各类附翼以及机翼内油箱等装载。由于这些部件、装载一般都是以有限的连接点与机翼主体结构相连，因此，不论是起落架传来的地面撞击力或副翼等翼面上的气动载荷，还是机翼上各部件、装载本身的质量力（包括重力和惯性力），都通过接头以集中载荷的形式传给机翼（机翼整体油箱的燃油载荷则为分布载荷）。例如图 1.10 中的发动机质量力为集中载荷。

4）机身支反力

机翼通常以有限个接头与机身相连接，因此，机身对机翼的支反力是集中载荷，如图 1.10 中的机身反作用力。

2. 机翼变形及总体结构布置特点

由于机翼剖面形状特别，其翼型的压力中心、重心一般都与刚心不重合，因而机翼的压力中心线、重心线及刚心线不重合（见图 1.11），而且机翼其他部件、装载传来的集中力作用线通常也不通过刚心线。因此，机翼在上述载荷作用下既发生弯曲、剪切变形，也发生扭转变形。对应这些变形，在机翼各剖面内有弯矩、剪力、扭矩等。

为保证机翼对其外载荷的承载能力，其总体结构布置特点有：

（1）从翼尖到翼根气动力逐渐增大，在机翼气动力、结构质量力作用下机翼剖面剪力、弯矩、扭矩也逐渐增大，因此机翼外形则从翼尖到翼根逐渐变宽、增厚，内部结构逐渐增强。

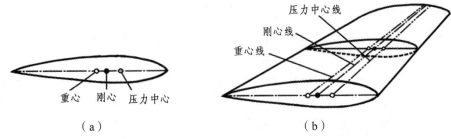

图 1.11　翼剖面的三心及机翼的压力中心线、重心线及刚心线

（2）机翼结构在有集中力作用的位置根据其载荷大小及作用形式进行加强。

（3）在机翼上装载燃油、在适当位置安装设备、部件等，飞行中可减小机翼在翼根的最大剪力、弯矩及扭矩值，这相当于减小机翼载荷，故称之为卸载作用。

1.2.3　机翼结构基本组成构件及机翼结构形式

1. 机翼结构基本组成构件

机翼、尾翼结构及其构件的组成是完全一致的，故通称为翼面结构。翼面结构的典型结构构件包括翼梁、长桁（桁条）、墙（腹板）、翼肋（普通肋和加强肋）、蒙皮及对接接头等（见图 1.12），翼梁、桁条、翼肋、蒙皮是最基本的组成构件。

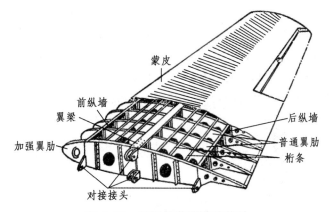

图 1.12　机翼的典型结构构件

2. 机翼典型结构形式

机翼按蒙皮参与总体受力的情况分为布质蒙皮机翼和金属蒙皮（及复合材料层压蒙皮）机翼。早期的小型、低速飞机使用布质蒙皮机翼，布质蒙皮只承受气动力产生的张力，不参与总体受力。

目前有少数飞机采用复合材料层压蒙皮机翼，如 A320 垂尾和平尾，B777 垂尾和平尾，"航行者"全复合材料机翼等。

现代飞机普遍采用金属蒙皮机翼，其典型形式有：梁式、单块式、多墙式、混合式和夹层与整体结构等。下面列举几种典型机翼结构的构造特点。

1）梁式（也称薄蒙皮梁式）

梁式机翼（见图1.13）主要的构造特点是蒙皮薄，常用轻质铝合金制作。纵向翼梁很强（有单梁、双梁或多梁等布置）；纵向长桁较少且弱，梁缘条的剖面与长桁相比要大得多。当布置有一根纵梁时，还要同时布置有一根以上的纵墙（参见图1.12）。该形式的机翼通常不作为一个整体，而是分成左、右两个机翼，用数个梁（墙）根部的对接接头与机身连接。梁式机翼结构常用于早期的低速飞机或现代农用飞机、运动飞机中，这些飞机的机翼结构高度较大。梁作为唯一传递总体弯矩的构件，在截面高度较大处布置较强的梁，从效率上看还是适宜的。

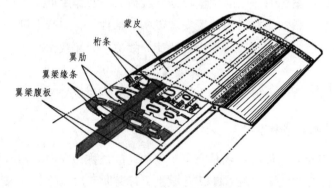

图 1.13　双梁式机翼

2）单块式机翼

单块式机翼主要构件有桁条、蒙皮、翼肋及纵墙（双墙或多墙）。单块式机翼的构造特点是：蒙皮较厚；桁条较多而且较强；纵墙与翼梁相似，但纵墙的缘条弱（见图1.14）。有的单块式机翼还用波形板来代替桁条。这种机翼的蒙皮，不仅具有良好的抗剪稳定性，而且有较好的抗压稳定性。由于这种机翼结构是由蒙皮、桁条和缘条组成一个壁板，所以叫作单块式。

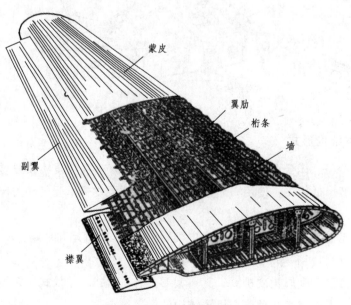

图 1.14　单块式机翼

单块式机翼的优点是：① 较好地保持翼型；② 抗弯、扭刚度较大；③ 受力构件分散。缺点是：① 不便于开大舱口；② 不便于承受集中载荷；③ 接头连接复杂。

3）多墙式

多墙式（多腹板式）机翼布置了较多的纵墙（一般多于 5 个）；蒙皮厚（可从几毫米到十几毫米）；无长桁；有少肋、多肋两种，但结合受集中力的需要，至少每侧机翼上要布置 3 ~ 5 个加强翼肋，如图 1.15 所示。

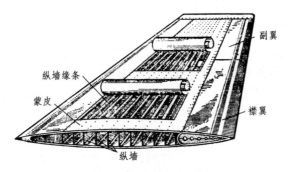

图 1.15 多墙式机翼

多墙式较多应用于小展弦比高速薄翼飞机上，在超声速后掠机翼的薄翼中也常应用。

从现代飞机的机翼结构来看，薄蒙皮梁式结构已很少采用；大型高亚声速的现代运输机和有些超声速战斗机采用多梁单块式机翼结构；而超声速战斗机很多采用多墙（或多梁）式机翼结构，间或采用混合式结构形式。

4）混合式

双梁-单块式、多梁-单块式或梁式-多腹板式都是混合式。从构造上看，梁式-单块式机翼（见图 1.16）蒙皮较厚，与长桁、翼梁缘条组成可受轴力的壁板；纵向长桁布置较密，长桁截面积与梁的横截面比较接近或略小。

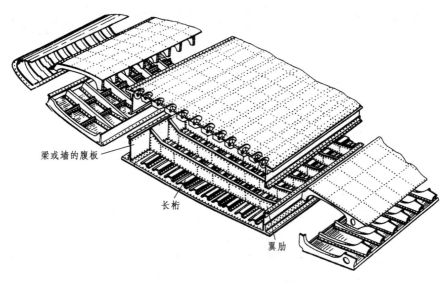

图 1.16 多梁-单块式机翼

采用这种结构形式易于将前后梁和上下壁板组成的翼箱密封构造成油箱安置燃油，便于安排机翼主起落架的连接和收藏，可利用蒙皮板弦向分块并加强蒙皮纵向对缝结构元件或采用三梁布置多传力通道以满足破损安全（损伤容限）设计要求、结构刚度和结构效率高，等等。

高亚声速的大、中型运输机的机翼结构，一般采用双梁或三梁单块式翼箱结构形式。比如 A310、MD-82、B737、B747、Y-8 采用双梁单块式翼箱结构机翼；A300、伊尔-96 采用外翼段双梁、内翼段三梁整体蒙皮板结构机翼；伊尔-62、图-154 采用三梁单块式机翼。

5）夹层与整体壁板结构

夹层结构机翼（见图 1.17）在较大的局部空气动力作用下，仍能精确地保持翼型；在翼型较薄的条件下，可以得到必要的强度和刚度。夹层结构机翼采用了夹层壁板来做蒙皮和其他构件。夹层壁板由内外两层薄金属板和夹芯组成。夹芯层有的是用轻金属箔制成的蜂窝状结构，有的是一层泡沫塑料或轻质金属波形板。夹芯层与内外层金属板胶接或焊接在一起。目前应用较广泛的是蜂窝夹层壁板。

夹层结构的最大优点是能够承受较大的局部空气动力而不致发生鼓胀、下陷现象；能够更好地承受弯矩引起的轴向压力而不易失去稳定性。因此，蜂窝结构机翼能够在大速度飞行时很好地保持外形，同时结构质量也较轻。

蜂窝结构有一些缺点，例如，很难在蜂窝壁板上开舱口，不便于承受大的集中载荷，损坏后不容易修补，各部分连接比较复杂。

现代大型客机的尾翼与操纵面一般采用夹层结构。

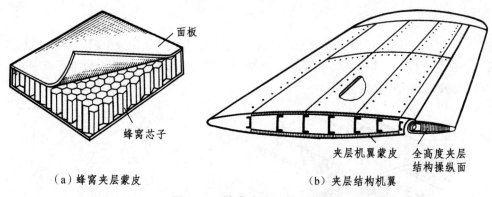

（a）蜂窝夹层蒙皮　　　　　　　（b）夹层结构机翼

图 1.17　蜂窝夹层结构机翼

整体壁板是一种有效的质量轻、强度高的结构。蒙皮和加强筋（长桁、肋缘条等）合为一体，由同样的材料整体加工而成。对于承受大载荷的长板来说，最普遍采用的是挤压成型或机械加工的整体构件，此外也可用化学铣切、精密铸造等方法制作整体壁板。整体壁板的平面布置和加强筋的形式较多，如图 1.18 所示。

整体壁板有如下优点：① 在结构上便于按等强度分布材料；② 结构的总体和局部刚度好；③ 由于减少了连接铆钉的数量，且蒙皮不易失稳，因此机翼表面更加光滑；④ 大大减少了连接件数量，因此可减少装配工作量，同时也减少了应力集中和钉孔对壁板截面积的削弱，还减轻了连接件本身的质量；⑤ 便于密封，减少了密封材料的用量，为整体油箱设计提供了很有利的条件。其缺点是在装配时，可能会产生残余应力，易引起应力腐蚀，并对裂纹扩展比较敏感。

随着飞行速度进一步提高及飞机结构制造水平的提高，一些现代飞机采用了整体结构机翼（见图 1.18），例如 MD82 采用了变厚度蒙皮块，安 124、安 225 采用整体挤压蒙皮板。整体结构机翼由整块铝或镁合金板材加工而成的蒙皮、桁条、缘条的合并体再与纵墙连接，其强度、刚度大，表面光滑，还能承受较高气动热，但整体结构机翼加工困难，材料损耗大，成本较高。

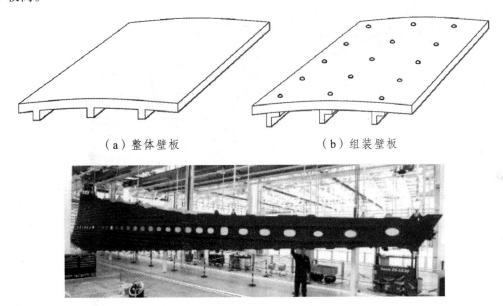

（a）整体壁板　　　　　　　　　（b）组装壁板

（c）A350 机翼壁板

图 1.18　整体壁板、整体结构机翼

1.2.4　副翼形式及特点

副翼是铰接于机翼外侧后缘的操纵面，主要保证飞机的横侧操纵性。

1. 配置形式

民用飞机副翼配置的常见形式有单副翼、内外副翼、襟副翼和内外混合副翼等。

小型飞机一般在左、右机翼各布置一块副翼构成单副翼。有的飞机在左、右翼上各设置内、外各两块副翼（各速度上均同时使用）为内外副翼配置。为了增强飞机起飞、着陆放襟翼的增升效应，使两边副翼随襟翼放下一定角度（如 Y5、A320 等），这种能同时起襟翼作用的副翼称为襟副翼。大、中型飞机左、右机翼一般各有内、外两块副翼，飞机低速飞行时操纵内、外副翼同时偏转；当飞行速度达到一定马赫数时外副翼锁定，具有这种工作特性的副翼为内、外混合副翼。外副翼又称低速副翼、内副翼称为全速副翼。大、中型飞机采用内、外混合副翼配置可防止大速度巡航飞行时，气动力引起机翼结构扭转变形过大而导致副翼反操纵。

有的三角翼飞机襟翼与副翼合并也称襟副翼。在个别高速三角翼飞机上还采用了翼尖副翼。对不装水平尾翼的三角翼飞机，还将升降舵与副翼合并为升降副翼。

2. 特　点

副翼结构主要承受分布气动力，与机翼相比有以下特点：

（1）副翼一般为梁式且翼型薄（见图 1.19），后缘为夹层，质量轻，强度、刚度较小，易变形。

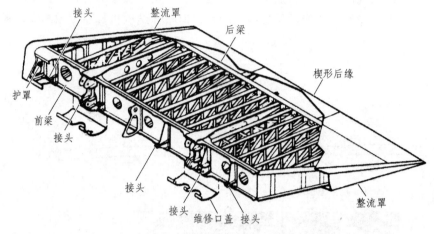

图 1.19　典型副翼结构

（2）副翼以转动接头连于机翼后缘，机翼弯曲变形使转动轴线变弯可能引起卡阻，故一般翼展较大的飞机采用分段副翼双接头。

（3）飞行速度过大，副翼偏转时机翼发生显著扭转变形，迎角改变产生的附加升力与副翼偏转产生的附加升力相反，可能导致飞机向操纵的反方向滚转，出现反操纵现象。

1.2.5　增升装置简介

装于机翼后缘的襟翼与前缘缝翼（有的飞机也装前缘襟翼）都属于增升装置，主要用于改善起飞和着陆性能。

现代客机的前缘增升装置一般由液压传动（见图 1.20），前缘襟翼由液压作动筒伸开或收回，前缘缝翼沿滑轨放出或收回。

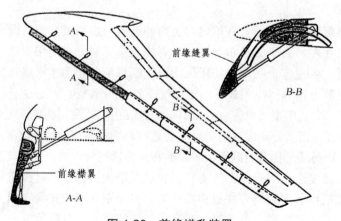

图 1.20　前缘增升装置

后缘襟翼的典型形式有简单襟翼、分裂式襟翼、富勒后退式襟翼和后退开缝式襟翼（双开缝襟翼与三开缝襟翼），如图 1.21 所示。简单襟翼用于低速小型飞机，按操纵偏转一定角度。双开缝与三开缝襟翼则在放下不同角度时，在机翼后缘分别形成一道、两道或三道气流缝隙，如图 1.22 所示。

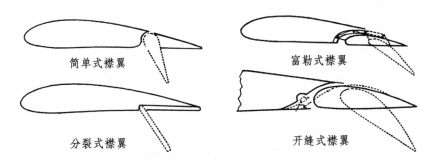

简单式襟翼　　　　　　　　　　富勒式襟翼

分裂式襟翼　　　　　　　　　　开缝式襟翼

图 1.21　后缘襟翼的典型形式

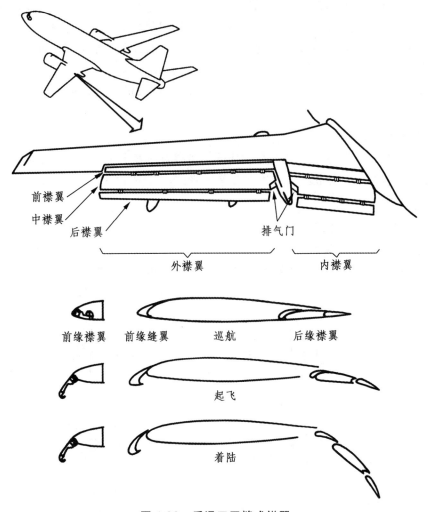

图 1.22　后退三开缝式襟翼

1.2.6 尾翼结构

1. 尾翼组成和功用

现代飞机典型尾翼包括垂直尾翼与水平尾翼，垂直尾翼由垂直安定面和方向舵组成，水平尾翼由水平安定面和升降舵组成（见图1.23）。

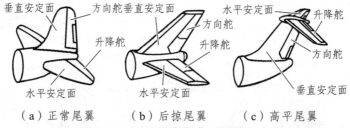

（a）正常尾翼　　　（b）后掠尾翼　　　（c）高平尾翼

图 1.23　民用机尾翼典型配置形式

一般飞机垂尾方向舵为一块，有的大型客机方向舵由上下两段组成，主要目的是减小垂直安定面变形引起的偏转卡阻。一般飞机平尾升降舵为左右各一块，某些大型客机升降舵为左右各两块，目的是减小变形提高俯仰操纵效率。早期和小型飞机的水平安定面是不能运动的。现代干线飞机多采用可变安装角的水平安定面，可通过改变水平安定面的安装角来达到纵向配平的目的。

尾翼的功用是：① 保持飞机纵向和方向平衡；② 使飞机具有纵向和方向稳定性；③ 实现飞机纵向和方向操纵。

2. 尾翼配置形式

根据机翼与发动机位置、气动性与结构受力等要求，各类飞机尾翼有不同的配置形式，旅客机一般有后掠尾翼、正常尾翼与高平尾翼等形式，如图1.23所示。

3. 全动平尾

对于尾翼尺寸较小的低速飞机和超声速飞机，为了提高飞机的俯仰操纵性和局部激波产生时的俯仰操纵效率，使水平安定面和升降舵合二为一，整个平尾绕某一轴线偏转。水平安定面和升降舵合二为一，同时起升降舵与安定面作用的水平尾翼称为全动平尾。全动平尾的转轴有直轴与斜轴两种，按转轴连接方式则可分为定轴式与转轴式两种，如图1.24所示。

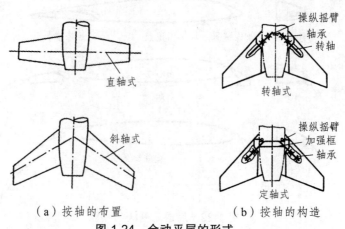

（a）按轴的布置　　　　　（b）按轴的构造

图 1.24　全动平尾的形式

1.3　机身载荷、结构形式与布置

机身是飞机机体结构的主体部件。飞行中，机身的阻力要占整个飞机阻力的较大部分，因此，要求机身具有良好的流线型、光滑的表面、合理的截面形状以及尽可能小的横截面面积。因此机身为细长流线体，干线飞机机身剖面一般为圆形或由圆弧段构成卵形或双水泡形，剖面高度尺寸与宽度尺寸相差不多。在飞行和着陆过程中，机身不仅要承受作用于其表面的局部空气动力、机身装载载荷，而且还要承受起落架和机身上其他部件传来的集中载荷，所以机身结构必须具有足够的强度和刚度。

1.3.1　机身功用

机身是飞机的一个重要部件，它的主要功用是：

（1）装载人员（机组人员、乘客）、货物、燃油及安装各种设备等。

（2）把机翼、尾翼、起落架及发动机等部件通过固定在机身上的接头连接在一起，形成一架完整的飞机。因此，机身是机体结构的主体部件。

1.3.2　机身载荷及特点

1. 机身载荷

机身主要用于装载和连接各部件，因此其主要载荷有：

（1）装载及结构质量力。各种装载及机身结构本身都会产生质量力，其中装载影响更大。质量力大小与载荷系数直接相关。它们有的为集中力（当装载通过集中接头连到机身结构时），有的则为分布力（如客舱、货舱内载重质量力）。

（2）飞机其他部件传给机身的力。机身的主要载荷是由与机身相连的飞机其他部件（机翼、尾翼、动力装置、起落架等）传给机身的集中力。

（3）增压载荷及气动力。增压载荷在机身增压舱部分基本自身平衡，对机身的总体受力影响很小。但对气密舱而言是一个重要的疲劳载荷。

机身基本上为对称流线体，分布气动力在升力方向的合力很小，除局部区的气动载荷较大外，对机身的总体内力基本没有影响。

机身上的全部主动载荷在与机翼连接处得到平衡，因此，可把机身看成是支持在机翼上的双支点或多支点外伸梁。图 1.25 示出了机身在垂直面内的受载情况。

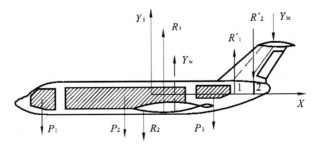

图 1.25　机身在垂直面内的载荷

2. 相对机翼的载荷特点

（1）机翼承受的载荷主要是分布在其上的空气动力，而机身承受的载荷主要是各个部件传来的集中载荷。

这是因为在飞行中机身表面虽然也要承受局部空气动力，但与机翼相比，机身的大部分表面承受的局部空气动力较小，并且局部空气动力是沿横截面周缘大致对称分布的，基本上能自相平衡而不再传给机身的其他部分。因而可认为局部空气动力只对结构中局部构件的受力有一定影响（如一些突出部分），而不会影响到整个机身的结构受力。此外，机身结构本身的质量力也相对较小，通常是把它附加到各个集中载荷上去考虑。因此，分析机身受力时只考虑集中载荷作用。

（2）机翼沿水平方向的抗弯刚度很大而载荷较小。

在研究机翼的受力时，可以不考虑水平载荷的作用；但在研究机身的受力时，就必须考虑侧向水平载荷。因为，一方面机身的截面形状大多是圆形或接近圆形的，它沿水平方向和垂直方向的抗弯刚度相差不多；另一方面，机身承受的侧向水平载荷和垂直载荷也相差不大，而且在承受侧向水平载荷时，往往还要受到扭转作用。

3. 对称及非对称载荷

作用于机身上的载荷通常可以分为对称载荷与不对称载荷两种。

1）对称载荷

作用于机身纵向对称面内或对称面两边近似相等的载荷称为对称载荷。飞机平飞和在垂直平面内曲线飞行时，由机翼和水平尾翼的固定接头传给机身的载荷（见图 1.26），还有当飞机以 3 点或两点（两主轮）接地时，传到机身上的地面撞击力等，都属于对称载荷。在对称载荷作用下，机身要受到对称面内的剪切和弯曲作用。一般在机身与机翼连接点处，机身承受的剪力和弯矩最大。

2）不对称载荷

作用于机身纵向对称面两边不相等的载荷称为不对称载荷。

机身的不对称载荷主要有以下形式：① 水平尾翼不对称载荷（见图 1.27），当水平尾翼的升力不对称时，水平尾翼形成不对称载荷。② 垂直尾翼侧向水平载荷（见图 1.28）。③ 一个主轮接地时的撞击力。④ 飞机作急转弯或侧滑等飞行动作时，机身上的部件产生的侧向惯性力。

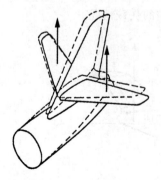

图 1.26　机身对称载荷

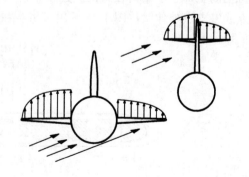

图 1.27　侧滑时水平尾翼引起机身不对称载荷

在不对称载荷作用下，机身除产生剪切、弯曲外，还要产生扭转变形（见图 1.29）。

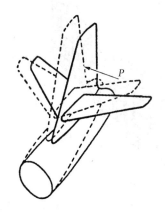

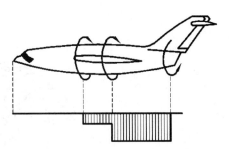

图 1.28　垂直尾翼侧向水平载荷引起机身不对称载荷　　　图 1.29　不对称载荷下的机身扭转

1.3.3　薄壳式机身结构形式

在早期的低速飞机和现在的小型、低速活塞式飞机和直升机上。机身的承力结构是一个空间桁架，由两个垂直的（侧面的）和两个水平的（上面和下面的）平面桁架组成；桁架的构件（杆）承受拉压，而蒙皮承受局部气动载荷，称为构架式机身（见图 1.30）。现代飞机机身则普遍采用骨架加蒙皮以骨架为基础的薄壁结构，故称为薄壳式机身。按结构与受力特点，薄壳式机身分为桁梁式、桁条式与蒙皮式。

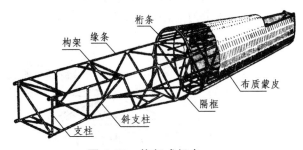

图 1.30　构架式机身

1. 机身结构基本组成构件

现代飞机的机身结构由沿机身轴向方向的纵向元件——桁条、桁梁和垂直机身纵轴的横向元件（隔框）以及蒙皮组合而成（见图 1.31）。机身结构各元件的功用与机翼结构中的桁条、翼肋、蒙皮的功用基本相同。

2. 薄壳式机身结构形式

1）桁梁式机身

桁梁式机身的结构特点在于由较强的几根（如 4 根）桁梁，数量较少且较弱的桁条、较薄的蒙皮与隔框铆接而成（见图 1.31）。和机翼翼梁比较，机身桁梁没有较大高度的腹板，桁梁本身就是用模压或锻造方法制造的横截面相当大的桁条。

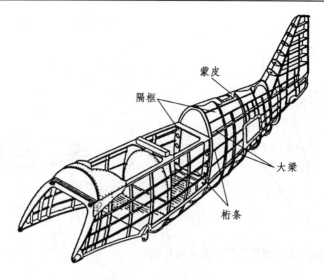

图 1.31　桁梁式机身

2）桁条式机身

桁条式机身的结构特点是，局部弱梁或无梁，周向桁条较多、较强，与较厚蒙皮构成壁板，再与隔框连接而成。桁条式机身与桁梁式相比，抗弯、扭刚度（尤其是扭转刚度）大。由于蒙皮较厚，在空气动力作用下，蒙皮的局部变形也小，有利于改善气动性能。

桁条式和桁梁式也统称为半硬壳式机身。现代飞机绝大部分采用半硬壳式结构。由于桁条式的优点，高亚声速飞机大量采用桁条式结构形式。现代客机机身结构以桁条式为基础，增加承载能力强的地板。图 1.32 所示为某客机机身中段，地板下部为机翼骨架与机翼上蒙皮，地板上安装座椅。

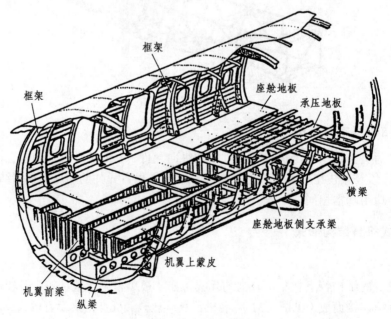

图 1.32　某客机机身中段

3）硬壳式机身

硬壳式（也称蒙皮式）主要由蒙皮与少数隔框组成（见图 1.33）。其特点是没有纵向构件、蒙皮厚。蒙皮承受全部弯曲轴向力、剪力与扭矩，隔框支持蒙皮并承受、传递集中力。这种形式的机身实际上用得很少，目前只用于小型高速飞机或其他飞机的头部、机头罩、尾锥等局部区域。

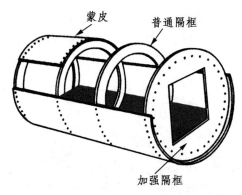

图 1.33　硬壳式机身

1.3.4　干线客机机身内部布置

1. 舱位总体布置

目前使用的大、中型客机除个别飞机（如 B747、A380）的机身分 3 层布置外，其余飞机均分两层布置：地板上部为驾驶舱和客舱，地板下部为货舱、设备舱与起落架舱。沿机身纵向，一般由机头段、机身中段、机尾段组成。比如机头段一般包括机身雷达天线、驾驶舱；机身中段一般即为前、后客舱及厨房、盥洗间等，机尾段主要安装尾翼、部分设备如 APU 等（见图 1.34）。

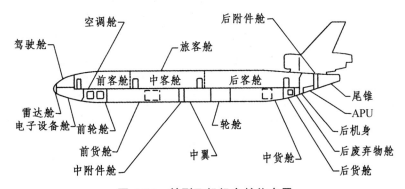

图 1.34　某型飞机机身舱位布置

2. 客舱布置

客舱在机身中段，一般分为前客舱（或头等舱）、中客舱和后客舱以及厨房、盥洗间与衣帽间等。有的飞机设顶舱可载人或供机组休息。普通客机客舱为单通道，宽体客机客舱为双通道（见图 1.35）。

图 1.35　某宽体客机客舱布置

3. 驾驶舱布置

驾驶舱在机身前段，舱内布置有左、中、右仪表板，前、后电子板，中央操纵台与舱顶板等（见图 1.36）。驾驶舱后部还有配电板、照明、防冰等控制器以及灭火瓶、氧气瓶、电瓶与观察员座位等。

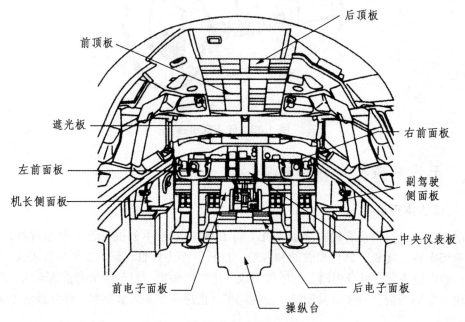

图 1.36　波音 737 飞机驾驶舱布置

1.3.5　舱门、应急出口、滑梯/筏的布置及使用

鉴于使用、维修的需要，大、中型飞机机身开有座舱舱门、起落架舱门、观察窗口及各类检查舱口，机身是一个多开口结构。舱门、应急出口供乘员进出飞机、装载食品、行李、货物及应急撤离。座舱地板高出地面 2 m 或以上的登机门及勤务门等必须安装滑梯或类似的设备，远程越洋飞机要配滑梯/筏供应急撤离之用。

1. 舱门、应急出口

旅客机舱门包括登机门、勤务门、货舱门等。除了登机门、勤务门可作为应急出口外，还设有专用应急出口，如特定舷窗、翼上应急出口、滑动式风挡、尾锥出口。登机门、勤务门及其他应急出口总体能力必须保证陆地上在 90 s 内让全部乘员撤离飞机。

供旅客正常上、下飞机的登机门布置在机身左侧；供上食品、维修等用的勤务门及货舱门布置在机身右侧。通常在机翼上方的客舱窗户处布置翼上盖板式应急出口，在驾驶舱布置有滑动式风挡供驾驶舱成员用作应急撤离出口等。翼上应急出口既可从飞机内部，也可从飞机外部打开（空中飞行时不得打开应急出口）。滑动式风挡应急出口上方隔舱里设逃离绳或卷索轴帮助飞行员撤离飞机。旅客机舱门、应急出口的配置数量、类型取决于飞机类别和旅客座位数量。图 1.37 所示为 A340 飞机的舱门、应急出口布置。

舱门、应急出口等的形态和状况在驾驶舱的显示方式有舱门信号灯、页面显示等。例如，B737 飞机当任何前/后登机门、勤务门、货舱门未关好时，由遮光板 DOORS 门警告灯及主警戒灯亮显示；A320 舱门用 ECAM 页面显示。

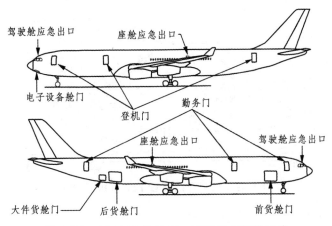

图 1.37　A340 飞机舱门、应急出口布置示意

2. 滑梯、滑梯/筏

滑梯、滑梯/筏是可充气的橡皮/尼龙装置。滑梯（Slides）供已着地飞机的机上乘员在紧急情况下撤离飞机使用。滑梯/筏（Rafts）具有滑梯和筏两项功能，供迫降水上的机上乘员撤离飞机、并作为水上漂载设备用。A340、A380、MDll、B747 等越洋远程客机，均配有滑梯-筏（大约可载乘 60 人，通常不在水上远程航线飞行的客机则可能带有单独收藏在客舱里的便携式救生筏）。登机门、勤务门处的滑梯、滑梯/筏存放在门内侧下方箱内（见图 1.38）；翼上应急出口滑梯（亦称滑道），储存在机身外侧存放箱内。

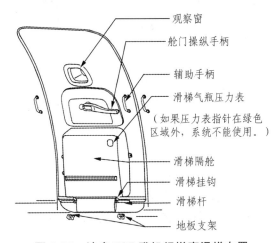

图 1.38　波音 737 登机门撤离滑梯布置

典型滑梯设备有收藏箱、充气装置、预位及解除装置、充气滑梯和分离装置等。适当充气的滑梯可漂浮，可用作旅客在水上的漂浮装置（如 B737 的滑梯）。在水中，如果认为展开的滑梯有可能阻挡出口的话，利用靠近滑梯顶部的快速释放手柄可使撤离滑梯与飞机分离（见图 1.39），滑梯从门槛上分离后靠一根绳子与门槛固定。

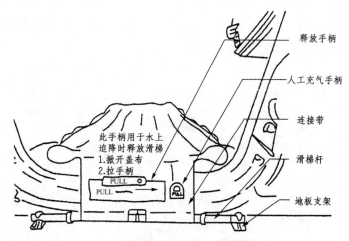

图 1.39　已展开的波音 737 登机门滑梯

所有滑梯-筏都配有一套救生器材。救生器材包括：信号装置（如应急定位信标、两个曳光筒、反光镜、信号灯、汽笛）；修理和救护设备（如金属钳、手摇泵、海锚、救生绳）；遮篷（桅杆、篷）。图 1.40 示出了 B777 飞机滑梯-筏及救生器材配置。

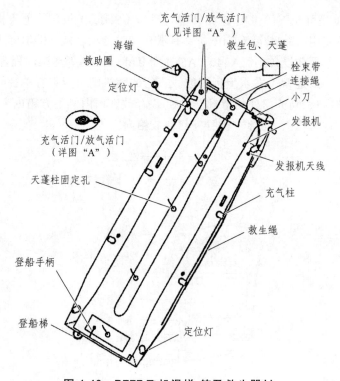

图 1.40　B777 飞机滑梯-筏及救生器材

每次运营前即必须将滑梯和滑梯-筏预位；乘客正常离机开门之前，必须解除预位。水上紧急撤离时滑梯-筏的分离要点是：① 全部人员撤离飞机后立即分离；② 掀开盖布并拉快速释放手柄；③ 割断系留绳。

1.4　设计规范、适航标准

保证飞机机体结构安全使用是一个系统工程，良好的结构设计是飞机结构安全的基础。飞机的设计规范包括飞机强度、刚度和适航性规范等，它们是飞机结构设计、制造、试验、验收、使用和维修的通用性、指令性技术文件。适航标准是为保证实现民用航空器的适航性而制定的最低安全标准，是一类特殊的法规性技术标准：它不等同于设计规范，但设计规范必定覆盖适航标准的要求。

1.4.1　飞机设计规范

飞机设计规范和适航性条例是在飞机设计实践过程中逐步形成的，最初并没有什么规范和条例。飞机设计工作具有一定的盲目性，设计出的飞机时有毁坏，因此不得不在飞机强度方面做出某些限制和规定，于是首先出现了强度计算手册、强度设计指南和强度规范等指令性文件。但是，仅有强度规范还不能保证不发生飞行事故，还需要更全面地考虑如何保证所设计的飞机在飞行使用过程中的安全性。随着飞机设计思想的不断发展，经多年努力，规范演变成目前对飞机设计和研制给出全面要求的指令性技术文件，这种技术文件通常是由国家最权威的部门制定和颁发的。但由于目前设计机种的用途和设计要求的多样化，一些规范较多地属于指导性文件。

飞机设计经历了静强度设计、刚度设计、疲劳设计、安全寿命加损伤容限设计以及耐久性加损伤容限设计这几个发展阶段。与这些设计思想相对应，飞机强度规范不断发展和完善。我国在积累了多年飞机设计和飞行使用的经验和许多科学试验的基础上，已经由有关部门陆续拟订出了一些这方面的技术文件，供飞机设计使用。例如，由原航空工业部颁发出版的《军用飞机强度规范》《军用飞机疲劳、损伤容限、耐久性设计手册》《飞机设计员手册》《航空气动力手册》以及民航局颁发的《民用飞机适航性条例》等。当然，我国在这方面的工作还不够完善。随着航空技术的不断发展，以及飞机设计和飞行使用实践经验的不断丰富，飞机的设计规范和适航性条例也在随之变化和发展。

下面简略地介绍飞机设计规范的部分内容：

飞机设计规范和适航性条例是指导飞机设计工作的通用性技术文件，对各类飞机做了许多指令性规定，包括设计情况、安全系数、载荷系数、重量极限、重心位置、重量分配、操纵性、稳定性、配平、飞行载荷、飞行包线、突风载荷、着陆与起飞、强度和变形、结构试验、飞行试验、飞行品质、使用极限、起落装置、动力装置、飞机设备、操纵系统和安全预防措施等。在进行飞机设计时，必须遵守有关的规定，才能保证设计的成功。

1. 设计情况

飞机全部使用过程经历许多不同情况，在各种情况下飞机所受载荷种类不同，性质也不同。不同状态下，每种载荷的大小、方向、分布又不相同，因此对结构不同部位造成的受力严重程度不同。从各种可能出现的使用情况中，总结归纳出一些具有代表性的最严重的情况。这些最严重的情况称为设计情况。

全机的设计情况如何规定，怎样保证飞机结构设计的质量、加快设计进度、简化设计工作，这是设计规范的主要内容之一。

设计规范不但要明确规定哪些是设计情况，并且还要指明与该情况相应的具体载荷（如飞行姿态、载荷分布、载荷系数及安全系数等），以指导结构设计、计算校验和试验分析。

2. 规定了飞机的分类

各国规范都根据本国的实际情况对飞机进行分类，并对不同类型的飞机提出不同的要求，一般依据飞机的任务和技术要求，或使用技术要求而定，并规定了它们的使用载荷系数极限。这些规范是飞机结构分析和设计的基本出发点。

3. 规定了用于结构设计的重量的取法

由关系式 $Y = nG$ 可见，飞机重量对飞机的载荷将发生影响。最大的飞机重量是起飞重量，即飞机进入起飞线开始滑跑时的重量。飞行中，消耗性载重（燃料等）使 G 不断减小，用最大的飞机重量来计算飞机做机动飞行时的外载荷及强度，不仅会使结构重量增大，而且毫无意义。因为飞机起飞爬升阶段不可能做剧烈的机动动作，所以不能用起飞重量来确定机动飞行时的外载荷，以免使设计出来的飞机结构重量增大，这样就产生了强度计算所用的设计飞行重量的取法问题。规范中按不同类型飞机对受载情况所采用的重量做了规定，设计重量适用于结构各受载情况下按照规定的重量分布可能达到的所有可能装载方案。民航飞机用于结构设计的重量要求涉及：最大设计滑行重量（MTW）、最大设计零油重量（MZFW）、最大设计起飞重量（MTOW）、最大设计着陆重量（MLW）及重心限制等。

4. 规定了飞行包线

飞行包线是以飞行速度、飞行高度、飞机载荷系数为坐标，以满足规定限制条件的最大速度、最小速度、升限、最大载荷系数为边界所画出的几何图形。飞行包线可用以表明飞机在特定的飞行能力或品质下的飞行使用范围，也可用以表示在指定的飞行范围下应具有的飞机特性。

在分析研究了飞机的全部飞行使用情况后，规范中给出了飞机的飞行包线图。

飞行包线是根据飞机的飞行性能、操纵性、稳定性、技术要求以及结构强度要求来确定的。设计飞行包线准则的目标是为在包线内和包线上的任一飞行状态提供一个可接受的强度水平。

常见的 v-n 机动飞行包线、v-n 突风飞行包线、速度-高度包线都是民用运输机设计规范必须提供的典型飞行包线。

5. 限制载荷（也称使用载荷）、极限载荷（也称设计载荷）与安全系数

飞机使用中实际应承受的最大载荷称为限制载荷或称为使用载荷，可标示为 $P_{使用}$。飞机结构必须能够承受限制载荷而无有害的永久变形。在直到限制载荷的任何载荷作用下，变形

不得妨碍安全运行。

为了保证一定的安全裕度，飞机结构通常按能承受高于限制载荷的载荷进行设计，设计的结构所能承受而不被破坏的最大载荷称为极限载荷或设计载荷，可标示为 $P_{设计}$。

安全系数是指设计载荷与使用载荷之比，表示为

$$f = \frac{P_{设计}}{P_{使用}}$$

由载荷、载荷系数与飞机重量的关系：$P_{设计} = n_{设计} \cdot G$，$P_{使用} = n_{使用} \cdot G$，安全系数可表示为设计载荷系数与使用载荷系数之比

$$f = \frac{n_{设计}}{n_{使用}}$$

结构安全系数确定的基本原则是，既保证结构有足够的强度、刚度又使质量最轻。一般地，全机的安全系数取 1.5。这主要是因为：目前飞机结构上用得比较多的材料是铝合金和合金钢，它们的强度极限为弹性极限的 1.5 倍左右。受重复载荷作用时间短的结构取 1.65 ~ 1.8，受重复载荷作用时间长的结构取 2，故飞机结构安全系数一般为 1.5 ~ 2。

机体结构的连接接头有特殊重要性，并且接头上应力分布十分复杂，其安全系数要在上面安全系数基础上再乘以一个附加安全系数，比如美国联邦航空局要求对于配置接头的结构，其强度未经设计载荷试验证实时，需要采用附加安全系数 1.15，或者对某些接头采用特别安全系数，如，用硬度较低材料制造的操纵面铰链（除滚珠和滚柱轴承外）的挤压强度应有一个不小于 6.67 的特别安全系数；对于推拉操纵系统中转动的操纵系统接头（除滚球、滚柱轴承外）的软材料轴承，则采用一个不小于 3.3 的特别安全系数。

6. 规定了刚度要求

飞机结构应有足够的刚度，以保持飞机的空气动力外形、稳定性、操纵性及抗振要求。

设计规范规定了各操纵面的有效性指标、各种翼面的许可挠度值和扭角值。对结构刚度的基本要求是，结构必须能承受限制载荷而无有害的永久变形。在直到限制载荷的任何载荷下，变形不得妨害安全运行。结构刚度要求包括：

（1）对结构的整体刚度要求。比如机翼某剖面挠度、转角，机身某截面挠度、转角限制，必须避免因结构刚度不足导致颤振、操纵反效、静态发散。

（2）对局部刚度要求。比如对机身、机翼、尾翼蒙皮应保证在所有规定的设计情况下直到限制载荷以前，不出现肉眼可见的残余变形；在直至限制载荷时，结构应具有足够刚度以保证操纵机构不被卡塞。

（3）对操纵及其操纵系统的刚度要求。比如当中央操纵机构固定不动，副翼、方向舵、升降舵在扭矩作用下的最大偏转角限制。

（4）在某些情况下，还可能对结构刚度分布提出要求。

7. 规定了应进行的各种试验及其要求

设计规范一般都明确要求飞机要进行：

（1）静力和动力试验。

（2）耐久性、损伤容限和疲劳寿命试验。

（3）地面操作试验。

（4）飞行试验（包括气动试验及飞行载荷试验、动力装置试验及各系统和设备功能可靠性试验等）。

规范还规定了各种试验所应记录的数据、分析的项目、提供的报告及提供的日期期限等；规范还规定了对飞机结构的损伤容限、使用寿命、可靠性评定要求及结构完整性要求等。

总之，飞机设计所需要的一切主要依据均在规范中做了明确规定，它是飞机设计的主要法定文件，而规范的好坏将直接影响飞机的设计质量。现在世界各国甚至各大设计集团、各飞机公司等均有自己的一套飞机设计规范，并根据实际使用和发展情况的变化而不断增改，使其更加完善适用。

1.4.2 民用航空的适航管理

飞机在进行运输及其他航空作业时，须适应各种气象、地形、距离、载荷、飞行高度、空中交通规则程序等要求，才能安全、及时和经济地运送旅客、货邮或完成其他飞行作业。为了保证飞行安全，飞机首先要具备相应的适航性能，为此世界各国民航当局对飞机的设计、生产、使用和维修等都制定了适航标准，规定或审定发证以及实施检查监督。我国自 1987 年 6 月 1 日实施国务院发布的《中华人民共和国民用航空器适航管理条例》以来，也逐渐开展了航空器适航管理。

适航不但是一个从事民用航空的局内人，而且是相当一部分不从事这类工作的局外人都感兴趣的问题。适航意即适于飞行。航空器是否适于飞行，是适航管理部门是否对其颁发适航证的基础，而适航管理部门只有在对直接影响飞行安全的航空器设计、制造与维修等方面进行审查，并得出满意的结论之后，才能认为航空器适于飞行而对其颁发适航证。所以，适于飞行这一解释精辟地概括了适航工作的内容。

航空器的适航性，既不是凭适航管理部门一纸证书就能永远定案，也不是航空器设计与制造部门经过一番工作便可一劳永逸地建立的。即使是取得了适航证已投入正常使用的航空器，一旦不具备应有的适航水平时，便可能丧失已取得的适航证。所以，航空器的适航性不是一成不变的，适航管理也是一种动态管理。

什么样的航空器才算是"适航"的航空器呢？国际上比较普遍的看法是，倘若航空器同时满足下述各点，便是适航的航空器：

（1）航空器的型号设计应符合相应的适航标准并获得适航当局的批准。

（2）航空器由取得适航当局批准的单位制造，经过检查确认符合型号设计。

（3）航空器由持有合格证件的人员按照适航当局批准的大纲进行维修，贯彻执行了适航当局颁发的相应适航指令。

（4）航空器在上述检查、维修中没有发现重大故障，不需进行大的修理或调整。

以上 4 个方面是互相联系而不是孤立存在的。如果适航标准不充分，则航空器的设计也不会充分。例如，关于航空器抗疲劳的要求：在 20 世纪 50 年代之前，疲劳还未显露为一个问题，故而当时还没有关于抗疲劳要求的适航标准。那些按照当时应用的适航标准进行审定的某些型号，如鸽子、彗星、马丁 202 等，尽管当时都被认为是适航的，但以后却发生了灾难性事故。有的航空器虽然长时间存在某些缺陷，但由于没有相应的维修大纲要求，以致未能发现这些缺陷。1974 年在布鲁塞尔有一架先锋型飞机，其后部隔框由于被腐蚀而损坏，发生了严重事故，原因就是维修大纲没有关于对这些部位进行检查的要求，而该机在设计上也没有为这种检查提供条件。

由上述可知，要使航空器成为适航的航空器，至少要做到两点：一是适航标准和维修大纲要注意跟踪科学技术的发展，不断吸取事故教训，并加以完善；二是上述 4 个方面的每一个方面，都应能补充另外各个方面的不足之处，都要为另外各个方面尽量提供条件。比如，适航标准只有在维修大纲对其做了某些补充之后才能充分，维修大纲则需要适航标准为之提供条件之后才能适用等。

在设计—制造—维修这条锁链中，最主要的环节是设计。这是因为对于航空器及其各种系统与设备的种种构思，都密切地影响甚至决定着制造和维修这两个环节。比如，只有在设计航空器结构时努力排除任何部位可能隐藏的故障缺陷，或者给维修检查提供必要的接近通道或窗口，才能使维修符合规定的要求。虽然如此，即使是一架精心设计的符合适航标准的航空器，如果脱离开其他两个环节，也不可能成为适航的航空器。所以，航空器是否适航，取决于上述那条锁链的整体性。航空器的适航性不仅取决于对锁链中每个环节的重视程度和每个环节的有效工作，而且取决于对各个环节之间相互关系的深入研究与正确协调。特别是在航空器的复杂程度日益增加的情况下，环节与环节之间的"边界"问题也会增加，更需精心处理。为了做好每个环节的工作并协调好各环节之间的相互关系，必须采取一套科学而又切实的办法，或者说采用一套适当的程序，国际上有人把这种程序称为适航管理系统。

具体地讲，适航管理工作的主要内容有：

（1）制定各类适航标准和审定监督规则。即针对各类民用航空器制定相应的技术性适航标准，制定相应的管理性审定监督规则。

（2）民用航空器设计的型号合格审定。适航部门要根据反映最低安全水平的适航标准，按严格、详细的审定程序对民用航空器设计过程和有关的试验或试飞进行逐项审查和监督。只有取得了型号合格证的民用航空器，才具有投入生产和使用的资格。

（3）民用航空器制造的生产许可审定。适航部门必须对制造厂的质量保证系统和技术管理系统进行全面而详细的审定，实施制造符合检查。

（4）民用航空器的适航检查。航空器及其各种装置、设备均须处于适航状态，各类技术文件合格、齐全，并取得适航部门颁发的航空器适航证书，方可投入使用。

（5）民用航空器的持续适航管理。适航部门对民用航空器的使用者提出明确的要求和使用限制，并对其进行监督检查。适航部门还需对民用航空器的维修单位进行审查，对维修人员进行考核并发给执照。

适航管理工作具有很强的技术性，是一项复杂的系统工程。各国的做法与模式不尽相同，但却都有以下的共同特点：① 统一性。适航管理是按照符合最低安全水平的条例与标准来实施的，具有统一的要求。② 权威性。适航管理是代表国家执行航空法赋予的权力。③ 独立性。适航管理部门属于政府机构，在行政上、经济上既独立于设计和制造单位，又独立于使用、营运和维修部门。④ 国际性。现代航空运输早已跨越国界，适航管理工作也必须进行国际合作与交流。

1.4.3 民用航空器适航标准

适航标准是一类特殊的技术标准，它是为保证实现民用航空器的适航性而制定的最低安全标准。适航标准与其他标准不同，它是国家法规的一部分，必须严格执行。

适航标准是通过长期的科学研究和工作经验的积累，吸取了历次飞行事故的教训，经过必要的验证或论证及公开征求公众意见不断修订而成的。我国的适航标准有：《正常类、实用类、特技类和通勤类飞机适航标准》（CCAR—23）、《运输类飞机适航标准》（CCAR—25）、《一般类旋翼航空器适航标准》（CCAR—27）、《民用航空材料、零部件和机载设备技术标准规定》（CCAR—37）等。

目前，各国适航标准中较有影响的是美国的 FAR、英国的 BCAR、欧洲联合航空局的 JARH 和俄罗斯的 H.IIFC。我国主要参考国际上应用最广泛的美国适航标准，结合国情而制定，并作为《中国民用航空条例》（CCAR）的组成部分。

FAR 的 70 部中大多数是属于管理性质的，但其中有 8 部则是从最低安全要求出发，对航空器、发动机或螺旋桨的设计提出了具体的技术要求，FAA 将其进一步定名为"标准"，其中包括 7 部适航标准和 1 部噪声标准。这 8 部联邦航空条例对航空器、发动机或螺旋桨的设计至关重要。即：

（1）FAR23 适航标准：普通类、通用类、特技类和通勤类飞机。

（2）FAR25 适航标准：运输类飞机。

（3）FAR27 适航标准：普通类旋翼机。

（4）FAR29 适航标准：运输类旋翼机。

（5）FAR31 适航标准：载人自由气球。

（6）FAR33 适航标准：航空发动机。

（7）FAR35 适航标准：螺旋桨。

（8）FAR36 噪声标准：航空器型号和适航合格审定。

FAR23 部和 25 部均适用于固定翼飞机，其中 FAR23 部适用于 9 座或 9 座以下，最大审定起飞重量为 12 500 lb 或 12 500 lb 以下的普通类、通用类和特技类飞机，以及 19 座或 19 座以下，最大审定起飞重量为 19 000 lb 或 19 000 lb 以下的通勤类飞机。FAR25 部适用于运输类飞机。FAR27 部和 29 部适用于旋翼机，其中 FAR27 部适用于最大起飞重量为 6 000 lb 或 6 000 lb 以下的普通类旋翼机，而 FAR29 部则适用于运输类旋翼机。这 4 部适航标准均包括 7 个分部：A 分部是总论，规定了适用范围；B 分部是飞行，规定了航空器性能和操纵性、稳定性方面的要求；C 分部是结构，规定了载荷和强度方面的要求；D 分部是设计与构造，规定了结构、布置等方面的要求；E 分部是动力装置，规定了发动机及其各系统的安装要求；F 分部是设备，规定了各种机载设备的安装要求；G 分部是使用限制和资料，规定了必须确定的使用限制和对飞行手册内容的要求。

对于适航标准，我们还要强调的是：

（1）适航标准是适航当局根据航空法颁布的法规性文件，具有法律效应，有关人员和单位必须遵守。

（2）适航标准是最低安全标准，不同于用来指导设计工作的设计规范，也不同于工业部门拟订的各类标准，其目的和用途不完全相同。但用于指导设计的各种技术文件必须覆盖适航标准的要求。

（3）适航标准的要求不是越高越好，而应考虑到合理的社会经济负担和技术上的可行性，因此适航标准体现了安全、经济和技术三者的平衡关系。

（4）满足适航标准固然是设计优良民用航空器的必要条件，但不是充分条件。因为一架出色的航空器还必须在经济性、舒适性和性能上满足更为广泛的要求，也只有这样才能进入市场，开展竞争。

（5）适航标准来自航空实践，而不是处于静态和一成不变。随着航空科学技术的不断进步，以及通过各种实践，包括事故经验教训的取得，适航标准也在不断地得到改进和提高，反过来又促进了航空实践。

（6）FAA 充分吸取了各国航空实践的经验，不断改进 FAR 的内容。世界各国航空界也密切注意 FAR 的动向并加以仿效。因此美国联邦航空局的适航标准，具有一定的国际权威性。

总之，适航标准对航空器的飞行性能、操纵与稳定特性、飞行载荷、地面载荷、操纵系统载荷、应急着陆情况等都做了详细规定；对飞机结构、操纵面、操纵系统、起落架及各种设施（载人和装货设施、应急设施、通风和加温设施、增压设施、防火设施等）的设计与构造提出了要求；对动力装置的燃油系统、滑油系统、冷却和进气系统、排气系统、动力装置的防火系统等提出了具体指标及要求；对设备，包括仪表安装、电气系统和设备、警告装置、安全设备给出了具体规定，并提出了使用限制要求。

综上所述，设计制造的飞机只有满足适航标准所规定的这些要求后，才能被认为适合航行而被批准放飞、载客营业。

1.4.4　机体结构安全使用限制

飞机使用中不超过其承载能力才能保证机体结构安全使用。机体结构的强度、刚度和稳定性是机体结构承载力的三要素。由前面的讨论，我们可以得到确保机体结构安全使用的一些典型限制要素如下：

1. 总重与重心位置

飞机的总重量及重量分布情况均对机体结构载荷产生很大影响。

各型飞机飞行手册（AFM）都对使用总重及重心位置提出明确要求。总重量限制指标包括最大起飞重量、最大着陆重量等。重心位置必须在重心包线范围内。

2. 载荷系数

飞机某状态下的载荷系数是一个以重量来表示实际所受载荷的倍数，它标志着飞机总体所受实际载荷的严重程度。适航审定部门根据飞机用途和性能要求，用 $n_{限制}$（或 $n_{使用}$）和 $n_{极限}$（或 $n_{设计}$）来规定飞机结构应具有的强度要求，并以此审定飞机是否满足所要求的强度。航空公司的营运管理部门及飞机操纵者必须在 $n_{限制}$（即 $n_{使用}$）及 $n_{极限}$（即 $n_{设计}$）的限定强度以内来操纵使用飞机，确保飞机的使用安全，乃至飞行安全：

$$n \leqslant n_{使用} < n_{设计}$$

3. 最大使用限制速度

最大使用限制速度 v_{Mo} 是在任何飞行状态（爬升、巡航、下降）下，都不得故意超过的速度。FAR 和 CCAR 对 v_{Mo} 的确定有明确规定，比如运输机在低于某一特定高度 H_0 以下的平飞最大速度就是由飞机结构强度、刚度设计参量——限制速压 q_{max} 确定的（由关系式 $q = \frac{1}{2}\rho v^2$ 所确定的物理量 q 称为速压，也称动压）。在飞机结构设计过程中，通常规定某一高度 H_0 处的速压为飞机结构正常使用限制速压，用 q_{max} 表示。q_{max} 的值一旦选定，在高度 H_0 及 H_0 以下各高度层上飞机受结构强度限制速压限制的最大平飞速度 v_H 就由公式 $q_{max} = \frac{\rho H v_H^2}{2}$ 算出。

保证结构动强度也必须限制飞行速度。结构动强度包括与振动、气动弹性、动态响应等相关的问题。动强度问题又往往是与刚度要求有关的，气动弹性问题通常是结构动强度的基本问题。一般来说，动强度的基本准则是飞机最大飞行速度小于等于由规定颤振、机翼发散与副翼失效临界速度经扩大适当安全系数后所确定的气动弹性设计临界速度。

4. 结构疲劳寿命、疲劳强度与损伤容限的使用控制

飞机结构失效故障的表现形式多数是构件裂纹的产生、扩展导致的破损，国内外运输机结构失效引发飞行事故的主要原因是疲劳破坏。波音公司对疲劳破坏的定义是：构件出现可检裂纹就看作是一种破坏，构件从无裂纹到形成可检裂纹的这段时间就是构件的疲劳寿命。构件抵抗疲劳载荷破坏的能力为构件疲劳强度。机体结构在给定的不做修理的使用期内，抵抗因结构存在缺陷、裂纹或其他损伤而引起破坏的能力即为损伤容限。

影响飞机结构疲劳寿命、疲劳强度和损伤容限的因素很多，与使用控制密切相关的主要方面有：

（1）严格按规定使用飞机，控制不同飞行条件下的最大速度、高度、坡度等，使速压、过载、迎角不超过 q_{max}、$n_{使用}$、$\alpha_{临界}$，即不增大结构的疲劳载荷值，或使损伤结构在两次检查的间隔内可能承受的最大载荷、实际载荷不超过损伤容限载荷。

（2）飞机着陆避免不正常接地。训练飞行中不正常接地的概率增大，可能影响疲劳寿命、剩余强度，应加强检查或缩短损伤容限结构的检修周期。

（3）保持结构良好的表面质量，避免划伤、刻痕等人为损伤以免引起应力集中而产生疲劳裂纹，修复表面损伤时应尽量圆滑过渡。

（4）载荷频率对不同材料的疲劳寿命也有影响，对于训练飞行的飞机，因起降频繁使交变载荷频率增大，可能使一些结构的疲劳寿命缩短。

（5）结构材料的腐蚀、运动接触件擦伤也可产生疲劳裂纹、应力腐蚀开裂和加速腐蚀疲劳。腐蚀是金属构件内部或表面受水、盐、碱或空气中氧的侵蚀产生氧化物、氢氧化物或盐类的变质损坏。腐蚀直接影响到结构寿命，是国内外航空界特别重视的问题。

复 习 题

1-1　什么是飞机载荷？什么是静载荷、动载荷和疲劳载荷？什么是飞机结构的强度与刚度？

1-2　说明大速度和小速度平飞时双凸翼型分布气动力的特点。

1-3　简述曲线飞行、平飞遇垂直突风的飞行载荷及其变化。简述限制飞机坡度的基本因素。

1-4　什么是飞机载荷系数、设计载荷系数、使用载荷系数？简述其实用意义。

1-5　简述运输机突风过载的影响因素与控制。

1-6　简述飞机机体结构组成部件及总体结构特点。

1-7　说明机翼的功用，简述机翼外载荷的种类以及机翼结构总体布置特点。

1-8　简述机翼基本组成构件和金属蒙皮机翼典型结构形式。

1-9　简述民用飞机副翼、增升装置的形式和副翼特点。

1-10　说明尾翼的功用、组成、民用飞机尾翼的典型配置。说明全动平尾概念及形式。

1-11　举例说明机身对称载荷与不对称载荷的产生。

1-12　简述机身结构典型构件及机身结构典型形式。

1-13　简述现代大型客机的舱位分布及驾驶舱前面板的配置。

1-14　举例说明现代客机的舱门及应急出口配置。

1-15　简述现代客机的滑梯、滑梯-筏的配置与一般使用，以及滑梯-筏的救生器材配置。

1-16　什么是飞机设计规范？简述其主要内容。

1-17　说明使用载荷、设计载荷与安全系数概念，简述对飞机结构的刚度要求。

1-18　说明适航的航空器必须满足的基本条件、航空适航管理的主要内容。

1-19　何谓适航标准？我国民航有哪些适航标准？如何正确认识适航标准？

1-20　简述机体结构安全使用典型限制要素。

第2章 飞机液压传动系统

　　飞机操纵控制动力源包括人力、电力、液压及压缩空气等。由于通过液压来操纵飞机具有许多优点，如质量轻、效率高（几乎达 100%）、可实现直线或转动传动、自润滑、快速换向以及传动速度和功率可无级控制等，所以被广泛应用于现代飞机上，用来传动起落架、飞行操纵面、减速板、增升装置、前轮转弯、主轮刹车以及货舱门和登机梯等部件。液压系统本身也由单液压源系统发展到多液压源、多通道控制，大大提高了飞机操纵的安全性和可靠性。

　　本章主要介绍飞机液压系统的基本组成和一般工作情况。

2.1 飞机液压系统的基本组成

2.1.1 飞机液压系统的传动原理与工作介质

1. 液压传动原理

　　液压系统工作利用液体介质的两个基本性质：① 液体的不可压缩性，可以利用它将动力从一处传递至另一处；② 液体可将压力等量正向转递至密闭容器的各壁面，即帕斯卡定律，如图 2.1（a）所示。基于帕斯卡定律，可以制成如图 2.1（b）所示的液压省力装置，大、小活塞的面积分别为 A_2、A_1，因为密闭容器内的液体压强处处相等，而大活塞面积大于小活塞面积，因此只需要在小活塞上施加较小的力 F_1，就可以在大活塞上支持较大的负载 F_2，作用于大、小活塞上的力比取决于大、小活塞的面积比。所以，如果系统中有许多通道，则通过液体介质就可把压力分别传送到各处需要传动的装置。因此，飞机液压传动就是利用密闭管路（容器）内液体能传递压力做功的特性传动部件。

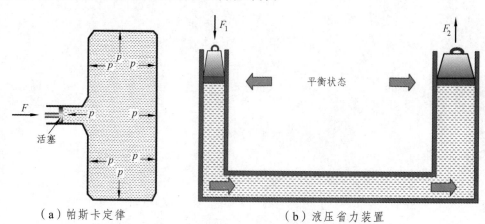

（a）帕斯卡定律　　　　　　　　　　（b）液压省力装置

图 2.1　液压传动原理

　　从能量角度分析，液压系统是能量转换装置。首先利用液压泵将机械能转换成液体的压力能，再通过液压管路将压力传递至传动装置，最后由传动装置将压力能转换成以直线或转动方式输出的机械能去传动部件。

　　液压系统可分为 3 个部分，即供压部分、控制部分和传动部分。图 2.2 所示为基本液压系统，油泵吸油加压经管路传到方向控制活门，按操纵控制改变进入作动筒的进油与回油方向，从而使作动筒传动部件的运动与操纵对应。当管路压力过高时，安全活门打开回油。

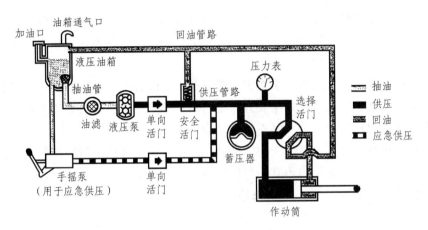

图 2.2　基本液压系统

2. 液压系统工作介质

　　在民用飞机上采用的液压油有 3 种类型：① 用蓖麻油和酒精配制而成的植物基液压油（蓝色），用于较早的飞机；② 从石油中提炼出的矿物基液压油（红色）；③ 磷酸酯基液压油（紫色或绿色）。

　　前两者属于易燃液体，所以逐渐被防火液压油所取代。磷酸酯基液压油就属于防火液压油（即使是 3 000 ℃ 的火焰也不能将其引燃），且具有良好的低温与抗腐蚀性，但它有强刺激性，一旦接触应立即以大量清水冲洗。

　　液压油除了具有流体的一般属性外，还有一些影响液压传动工作的特性，简述如下：

　　（1）压力损失。流动液体因自身黏性产生内摩擦及与管壁摩擦造成能量损失，流速和流向的突变也会导致能耗，这都会引起传递压力的降低，即压力损失。

　　（2）泄流损失。因传动管路的外漏和内漏造成工作油量不足，压力下降。外漏是管路破裂或接头松动、密封装置失效导致油液向系统外部泄漏；内漏是压力油沿控制活门或传动装置的微小缝隙从高压端流向低压端的现象。

　　（3）气穴。在低压区油液中溶解的空气析出以及油液气化所形成的气泡，在高压区突然破裂造成的传动空穴，称为气穴。气穴不仅影响传动的稳定性和连续性，而且还会腐蚀管壁（气蚀）。气穴现象主要发生在油泵的进口低压区和出口高压区。

　　（4）液压撞击。传动管路气穴或控制活门的突然开、关引起管内油液压力高频振荡的现象称为液压撞击。液压撞击使管壁受胀、缩交变应力作用而易疲劳破损。

2.1.2　飞机液压系统的基本组成

如前所述，飞机液压系统由供压、控制和传动三大部分组成。供压与传动均按操纵工作，一个简单的液压系统由油箱、油滤、油泵、蓄压器、控制活门及传动装置等组成。系统必须形成回路，亦即有供压油路和回油路。

1. 液压油箱

液压油箱主要用于储存系统所需液压油，接收低压回油，并且补充系统的微小泄漏。小型飞机的液压油箱上部与大气或座舱空气相通，大、中型飞机的液压油箱则是密闭容器并被增压。

油箱增压的必要性在于给液压泵提供足够量的液压油，同时防止油液中产生泡沫和气囊，避免气穴现象。目前，油箱增压的主要方法是利用发动机压气机引气经压力调节后送至油箱上部。许多飞机规定在油箱未增压时不得启动液压系统。

油箱的正常供油口位置一般高于应急供油口，以便在正常供油管路破裂发生泄漏时有足够的油液用于应急供压。油箱内还有油量传感器，将油量信号传至驾驶舱，便于飞行员对液压油量进行监控。图 2.3 所示为 A320 液压油箱。

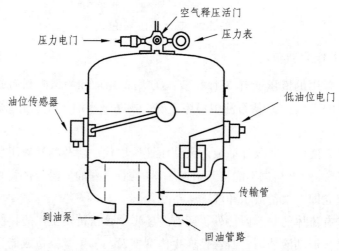

图 2.3　A320 液压油箱

2. 液压油泵

供压部分主要向传动部分提供具有一定压力和流量的油液，这一工作由液压泵完成。液压泵是将机械能转换为液体压力能的装置。在液压泵的挤压和管路阻止流动的反压共同作用下使油液压力提高。

液压泵均属于容积泵，即利用容积的变化吸油压油。按其结构及工作特点可分为齿轮泵和柱塞泵等；按其供油量又分为定量泵和变量泵。

1）齿轮泵

如图 2.4 所示，泵体内一对啮合齿轮反向转动，其中一个为主动齿轮，由发动机或电机驱动，另一个则为从动齿轮。两齿轮的轮齿脱开啮合一侧形成低压区，从油箱中抽油；另一侧两轮齿不断进入啮合，形成高压区将油液挤入系统；油液随两齿轮的转动由齿槽空间从低压区带入高压区而实现连续供油。

齿轮泵构造简单、体积小、质量轻、工作可靠，但供油量不可调、效率较低、噪声也大。小型飞机液压系统常采用它。

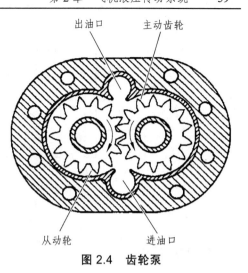

图 2.4　齿轮泵

2）柱塞泵

现代运输机液压系统几乎都采用柱塞泵，其种类较多，但基本工作原理是相同的。基本结构如图2.5所示，工作原理如图2.6所示。

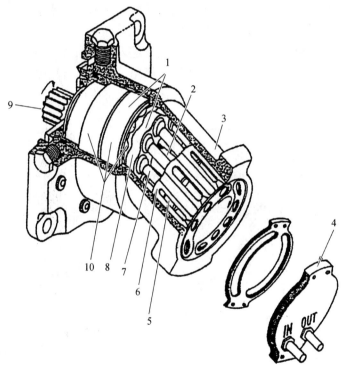

图 2.5　柱塞泵结构简图

1—活塞和驱动组件；2—万向连杆；3—泵体；4—活门板；5—活塞；6—缸筒体；
7—连杆；8—驱动轴组件；9—驱动轴；10—轴承

动力通过驱动轴输入，驱动组件带动缸体一同运转。由于缸体与驱动轴盘（斜盘）之间存在一定夹角，所以柱塞就一边随驱动轴转动，一边在油缸内往复直线运动，从油箱中抽油并向系统压油。每转一周，每个柱塞就完成一次抽、压过程，周向多个柱塞即可实现连续供油。泵体端部有进、出油口，由分油盘隔开。由图 2.6 还可看出，改变夹角大小即可调节输出油量。左图所示情况夹角为零，输出流量为零；右图所示夹角最大，输出流量最大。

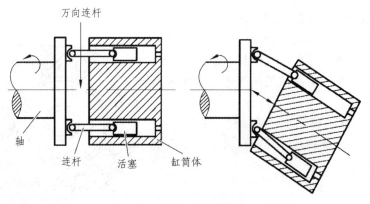

图2.6 柱塞泵工作原理

3. 液压油滤

液压系统的油液在使用过程中会因为外来污染或内部机件磨损和腐蚀等原因而含有杂质，如果不将这些杂质从油液中清除出去，则会导致系统内机件严重磨损或管路堵塞，甚至造成整个系统失效。油滤就是用来清洁油液的装置。

图2.7所示为一典型油滤的结构示意图。油液进入油滤通过滤芯再流出。滤芯由纸质、多孔金属或磁性物制成。万一滤芯因污染或结冰堵塞，进、出口压力差达到一定值时，油滤内有一旁通活门自动打开，使油液直接流过，保证系统供压连续。

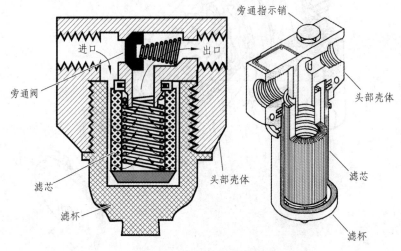

图2.7 液压油滤原理图

4. 蓄压器

蓄压器的主要功用是用来储存能量，以便在几个装置同时需要供压传动时向系统补充液压油而增大输出功率，且可消除系统压力波动；当油泵不工作，即系统失去压力时，可向某个液压传动装置（如刹车）提供有限次数的工作压力。

蓄压器的主要类型有隔膜式和活塞式两种，如图2.8所示。蓄压器被隔膜或活塞分隔成两个腔，其中一腔与系统压力油液相接，另一腔充有空气或氮气。系统压力增高时，通过隔膜或活塞压缩气体蓄能；系统压力降低时，气体膨胀将油液挤入系统辅助供压。

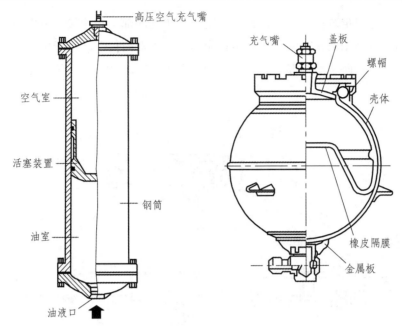

图 2.8　蓄压器

5. 传动装置

传动装置的功用是将油液压力能转换成机械能来传动部件，主要有液压马达和作动筒两类。

1）液压马达

液压马达的结构与柱塞泵类似，但输入的是液压，输出的是转动。液压油从压力入口进入，推动柱塞直线运动，而柱塞相对斜盘有一定倾角，形成切向力推动斜盘转动。液压马达主要用于驱动襟翼的收放或驱动液压泵（多液压源系统之间的动力转换）。

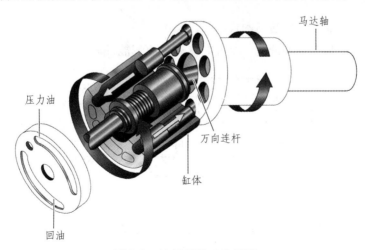

图 2.9　液压马达工作原理

2）作动筒

典型的作动筒包括缸筒、活塞、活塞杆及必要的密封件，如图 2.10 所示。缸筒或活塞杆两者中总有一个与固定结构相连接，另一个则与所传动的部件相连接。单作用式作动筒仅向一个方向传动，常用于刹车传动；双作用式作动筒则可双向传动，用于传动起落架收放、主操纵面偏转等需要双向运动的部件。

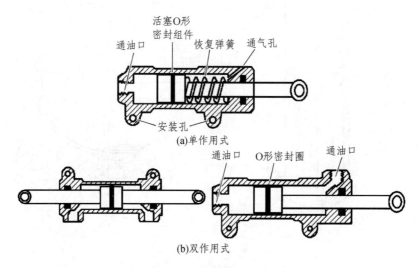

图 2.10　作动筒结构示意图

6. 控制活门（阀）

控制活门主要用来控制液压油的流动方向以及液压油的压力和流量，以此来控制部件的传动方向、压力和传动速度。按其功用分为方向控制活门、压力控制活门和流量控制活门 3 类。

1）方向控制活门

方向控制活门主要有单向活门和换向活门两种。

（1）单向活门：只允许油液向一个方向流动，而不能反向流动。其结构如图 2.11 所示。

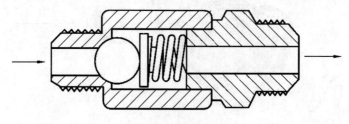

图 2.11　单向活门

（2）换向活门：又称为选择活门，通常用来控制传动装置的运动方向，即通过它来转换流向液压马达或作动筒的油液的流动方向，控制其输出运动的方向。图 2.12 为一典型的滑阀式换向活门的结构示意图。随着滑阀向左或右滑动，可将高压油液分别接至传动装置的某一侧，而另一侧的低压油液则通过活门回油。操纵滑阀的动力可以是人力（人工选择）、电磁致动或电磁液压致动几种。

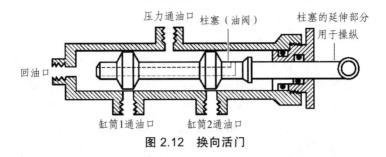

图 2.12　换向活门

2）压力控制活门

（1）释压活门：又称安全活门，用以防止系统压力过高。机械式安全活门主要利用压力与弹簧力的平衡关系控制系统极限压力。当系统压力超过正常值而达到一个较高值时，释压活门将泵的来油接至油箱而释压。

（2）调压活门：按输入的操纵量大小来控制输出压力。例如，刹车调压活门就是根据踩刹车力的轻重来调节到刹车装置液压油的压力大小。

（3）减压活门：根据输入压力的大小成比例地减小油液压力，或者输入压力在一定范围内变化时输出一个小于进口且恒定的压力。

3）流量控制活门

（1）节流活门：减小通油孔面积，限制油液流动速度，以此控制被传动部件的运动速度。例如，起落架收放作动筒收上端的节流活门可使起落架放下快到终点时，限制收上端的回油速度，进而减慢放下速度，防止刚性撞击。图 2.13 所示为两种常见的节流活门，左图是双向节流活门，右图是单向节流活门。

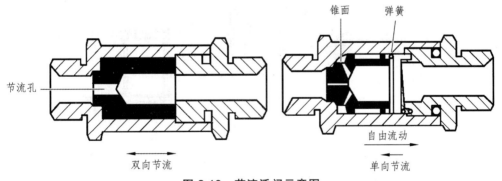

图 2.13　节流活门示意图

（2）流量调节活门：向传动装置提供恒定流量液压油的装置，它使液压马达或作动筒的运动速度恒定。

2.2　飞机液压系统工作概况

现代飞机大多采用液压系统作为其主要工作部件的传动动力。小型飞机液压系统的压力一般小于 2 000 PSI（磅/平方英寸，1 PSI = 0.006 895 MPa），大型运输机液压系统的正常工作压力则通常为 3 000 PSI 左右。

2.2.1 单液压源系统的工作特点

小型飞机通常采用单液压源系统，主要向起落架的收放供压，有的还用于襟翼的收放等。

图2.14为单液压源系统流程图。系统动力一般为一个或两个发动机驱动的齿轮泵。飞行员通过手柄或电门操纵选择（换向）活门，控制油液流动方向去收、放起落架或襟翼。

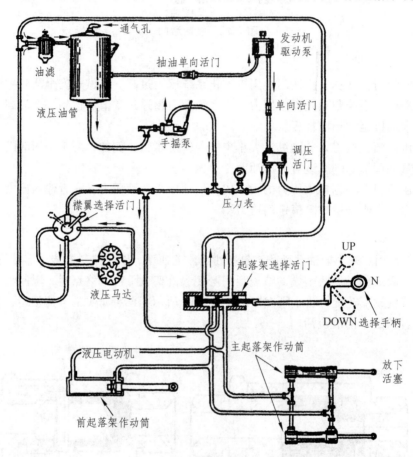

图2.14 单液压源系统流程

当发动机失效时，系统设有手摇泵或电动泵作为应急动力源去传动部件。驾驶舱中设有液压系统压力表和油量表以供飞行员对系统工作进行监控。

这种系统的缺点是只要发动机工作，泵就一直向系统供压。当传动装置不工作时，系统压力将不断升高，达到释压活门的释压压力。这不仅造成泵和管路的负荷长时间偏大，而且也过多地消耗了发动机的功率。解决这一问题的方法是在泵的出口与油箱之间设置一个卸荷活门，自动控制油泵的充压与卸荷，保持系统压力在一定范围内，以减小能量消耗。

2.2.2 多液压源系统的工作特点

现代飞机出于安全原因一般设置数个相对独立而几乎是平行工作的主供压系统，通常还有一个或多个备用（应急）供压系统。表2.1列出了几种飞机液压系统的数量、代号情况。

对于重要部件，如飞行主操纵面，采取多个主系统联合供压，以提高其工作的可靠性；对次要部件采取主、备用系统供压；而对一般部件则由各主系统分别供压。

表 2.1 飞机液压系统的数量、代号情况举例

飞　机	主系统数量	代　号	备用系统
B737	2	A，B	1
B747	4	1，2，3，4	—
DC-10	3	1，2，3	—
A300 A310 A320	3	黄、绿、蓝	—

为了使液压系统达到较高的安全裕度，每个主系统通常由两个液压泵供压，如 B737 飞机。两个泵中一个由发动机驱动（EDP），另一个由电机驱动（EMDP），而这两种动力源又分别来自不同的发动机。只要其中一个泵工作就能保证系统的正常供压。当一台发动机失效时，每个系统仍可由另一台正常工作发动机的发电机提供电源。有些飞机还设置有冲压空气涡轮泵作为备用动力。飞机在地面发动机停车期间，地面电源或飞机的辅助动力装置供电仍可使系统工作。

许多飞机的液压系统之间设置有动力转换组件（PTU），当一个主系统的液压泵失效时，利用另一个工作正常的主系统的压力驱动液压马达-液压泵组件，从失效系统的油箱中抽油加压，以对飞行安全有重要影响的部件（如增升装置）供压。

表 2.2 列出了几种飞机液压系统的动力安排情况。

表 2.2 飞机液压系统的动力安排情况举例

飞　机	发动机驱动泵（EDP）	电动泵（EMDP）	空气驱动泵（ADP）	动力转换组件（PTU）
B737	A、B 系统各一个	A、B 及备用系统各一个	—	一个，从 A 到 B
B747	1、2、3、4 系统各一个	4 号系统一个	1、2、3、4 系统各一个，发动机引气	—
A320	绿、黄系统各一个	蓝、黄系统各一个	蓝系统一个冲压涡轮泵	绿、黄系统之间一个，可逆
A300 A310	蓝、黄系统各一个 绿系统两个	绿系统两个	黄系统一个冲压涡轮泵	从绿到蓝一个 从绿到黄一个

2.2.3 现代运输机液压系统举例

下面以 B737-800 飞机液压系统为例介绍现代飞机液压系统的特点，如图 2.15 所示。

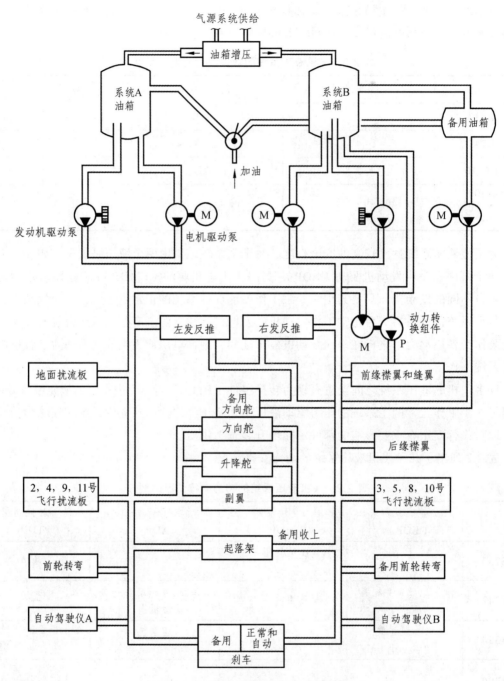

图 2.15　B737 飞机液压系统示意图

　　主供压为系统 A 和系统 B，有一个备用供压系统。3 个系统独立地平行工作，分别从各自的油箱中抽油加压。油箱由发动机引气增压。从安全裕度方面考虑，飞机的 3 个主操纵面均由系统 A 和 B 同时供压，任何一个主系统正常工作都能保证主舵面的全程操纵。其余部件由 A、B 系统分别供压。备用系统则向关系到起飞、进近和着陆安全的前缘增升装置、反推装置及方向舵应急供压。

系统 A 的两个液压泵为 1 号发动机驱动泵和由 2 号发电机供电的电动泵。每个泵在驾驶舱中有相应的电门控制其工作。它向 2，4，9，11 号飞行扰流板、备用刹车、3 个主舵面、地面扰流板、左发反推、自动驾驶仪舵机、起落架收放、前轮转弯等装置供压。

系统 B 的两个液压泵为 2 号发动机驱动泵和由 1 号发电机供电的电动泵。它向右发反推、前缘襟翼和缝翼、后缘襟翼、3 个主舵面，3，5，8，10 号飞行扰流板、自动驾驶仪舵机、正常刹车等装置供压。

备用系统只有一个电动泵，用于当系统 A 或系统 B 失效时，向方向舵、反推装置及前缘装置提供备用液压。

如果系统 B 的发动机驱动泵失效，为安全起见，动力转换组件可在一定条件下利用系统 A 的压力从系统 B 油箱中抽油向自动缝翼系统供压，保证起飞与着陆安全。

复习题

2-1 飞机液压系统传动的基本原理是什么？从能量角度分析，其原理又如何？

2-2 液压系统的基本组成是什么？它包括哪些基本附件？

2-3 液压油箱增压的必要性是什么？

2-4 液压油泵的基本功用和常见种类是什么？其工作特点又怎样？

2-5 液压油滤、蓄压器的功用是什么？

2-6 传动装置的功用和类型是什么？它们各有什么用途？

2-7 控制活门包括哪几大类？各种活门的功用如何？

2-8 飞机多液压源系统的动力源安排有什么特点？为什么要那样安排？

第3章 飞机起落架系统

起落架系统是飞机的一个重要系统，主要用来保证飞机在地面的灵活运动，减轻飞机着陆撞击与颠簸，滑跑刹车减速，停放和支持飞机。起飞、着陆是飞行事故多发阶段，起落架系统的良好工作则是保证安全的重要因素之一。因此，起落架除了满足强度大、刚度高、质量轻、使用维护方便的要求外，还应满足下列性能要求：

（1）保证飞机地面运动具有良好的稳定性、操纵性——滑行转弯半径小、灵活易控制，滑跑不偏向、倒立与侧翻，前轮不发生摆振。

（2）具有良好的减震性能——吸收、消耗撞击能量快。

（3）具有良好的刹车性能——滑跑刹车安全、效率高，停留刹车可靠。

（4）收放安全可靠——收放动作协调，到位锁住与信号显示等。

（5）多轮小车式起落架应保证刹车时机轮受力均匀，能减弱轮架的俯仰振动。

为了满足上述要求，现代大型客机前、主起落架分别安装有前轮转弯机构与中立机构、减震装置、收放机构、刹车与平衡结构、稳定减震器等，有的飞机还安装有轮架翻转装置。

本章主要介绍起落架配置与组成特点，前起落架结构特点及转弯控制，起落架的严重受载情况，收放控制与位置信号，刹车减速方法与刹车方式等。

3.1 飞机起落架的形式

飞机起落架的形式包括配置形式和结构形式。

3.1.1 起落架的配置形式

起落架的配置形式按飞机重心相对主起落架的位置而定。如图 3.1 所示，重心在主起落架之后称为后三点式，重心在主起落架之前称为前三点式，飞机重心在前、后主起落架之间称为自行车式；有的现代大型客机在前三点式基础上增加一个或两个机身主起落架，称为多点式起落架，如图 3.2 所示。

1. 后三点式起落架

它一般用于小型、低速飞机。后三点式起落架飞机地面运动方向稳定性较差，滑跑中受到相对重心的力矩作用而偏向时，两主轮受地面摩擦力对重心形成偏转力矩，使方向偏转加大，操纵不当可能产生"打地转"；后三点式纵向稳定性差，当滑跑刹车减速时，重心处的惯性作用产生前翻力矩，操纵不当可能使飞机倒立（拿大顶），为此应避免两点接地与粗猛刹车；

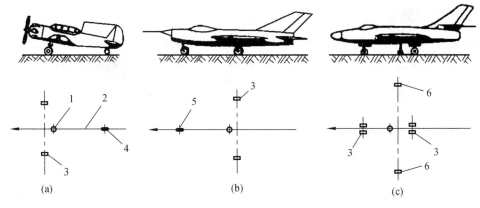

图 3.1　起落架的配置形式

1—重心；2—纵轴；3—主轮；4—尾轮；5—前轮；6—辅助轮

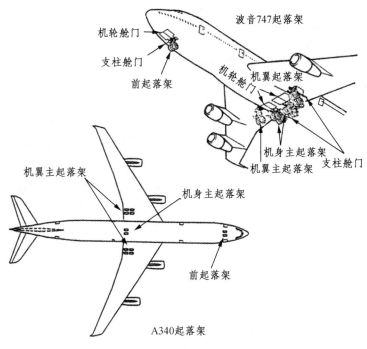

图 3.2　多点式起落架

由于后三点式方向稳定性不好，滑行中急转弯时可能"打地转"或侧翻，故侧向稳定性也不好。此外，保证后三点式飞机"轻三点"接地，抱杆压尾轮以及刹车都不好控制。后三点式飞机的主要优点是质量相对较轻。

2. 前三点式起落架

　　与后三点式起落架飞机比较，前三点式起落架飞机地面运动的方向稳定性、侧向稳定性均较好。因有前轮支撑，其纵向稳定性也较好。此外，飞机两点接地易控制，驾驶员前方视线好，滑跑起飞阻力小，喷气式发动机喷出的高温废气不会烧坏跑道。现代飞机主要采用前三点式起落架。

3. 多点式起落架

现代大型客机为了减小起落架对跑道的冲击力和分散过大的集中载荷，同时便于起落架的收放，起落架配置在前三点式起落架的基础上，增加一个或两个机身主起落架，称为多点式起落架。机身主起落架有的为四轮小车式，有的为双轮式。

4. 自行车式起落架

有的大型高速上单翼飞机，因机翼较薄不便收藏尺寸大的主起落架，故配置机身前、后主起落架。为了保证飞机滑行的侧向稳定性，在靠两翼尖部安装辅助机轮。自行车式起落架飞机在飞机起飞滑跑抬前轮及地面刹车转弯时都比较困难，因此目前民用客机一般不采用这种起落架配置形式。

3.1.2　起落架的结构形式及基本组成

1. 起落架的结构形式

按起落架的结构特点，其形式主要有构架式、支柱套筒式、摇臂式与小车式起落架。

构架式起落架由撑杆与减震支柱铰链连接而成的空间支架承力与减震（见图 3.3）。构架只承受拉、压轴向力，故结构简单、质量轻，一般用于低速、起落架不可收放的小型飞机。两撑杆下端的梳状接头及连接螺栓因传递交变载荷，易产生裂纹，使用中应加强检查。

支柱套筒式起落架的减震支柱由内、外筒组成，外筒一般上连机体，内筒则下挂机轮（见图 3.4）。支柱套筒式起落架受水平撞击时，减震支柱压缩量小，故减震效果差；地面摩擦力的反作用力不通过支柱轴线，故支柱上端承受弯矩较大，密封装置局部磨损加剧；但其结构简单，质量较轻，民用客机的起落架大都采用支柱套筒式起落架。

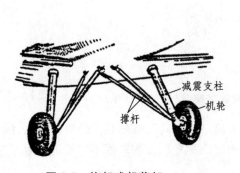

图 3.3　构架式起落架

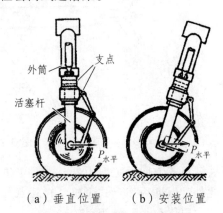

（a）垂直位置　　（b）安装位置

图 3.4　支柱套筒式起落架

摇臂式起落架的一端挂机轮，一端铰连于支柱，中部连减震器内筒。如图 3.5 所示，摇臂式分为减震器与受力支柱分开（a）、合并（b）与无受力支柱（c）3 种形式。（a）多用于主起落架，（b）多用于前起落架，（c）多用于尾起落架。与支柱套筒式起落架相比，摇臂式起落架受水平撞击的减震效果较好；支柱一般不受弯矩，密封装置磨损均匀；结构尺寸较小，但结构复杂且质量较大。一些小型高速飞机的前、主起落架采用这种形式。

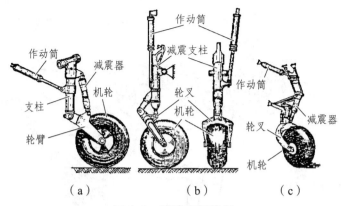

图 3.5　摇臂式起落架

随着飞机质量的不断增加和速度的不断提高，有的大型运输机采用小车式起落架。如图 3.6 所示，这种起落架降低了机轮对跑道的冲击力，另外还可以减小在机体内的收藏空间。轮架与支柱的连接采用铰接而不采用固接，轮架后部也能绕支柱转动。

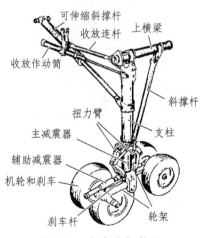

图 3.6　小车式起落架

2．起落架的基本组成

起落架结构主要承受起飞、着陆的地面载荷。基本组成包括减震支柱、扭力臂、轮轴、轮胎、收放机构、主轮刹车装置与前轮转弯机构等。大型客机采用小车式起落架（见图 3.7），除基本组成外，还包括侧撑杆、稳定减震器、刹车平衡机构、轮架翻转机构等。

起落架的主要组成和功用如下：

（1）减震支柱——与轮架及机体铰接，减震与受力。

（2）扭力臂——一臂连接支柱内筒，一臂连接支柱外筒，两臂铰接，主要承受、传递扭矩，防止内、外筒相对旋转。

（3）侧撑杆——减小支柱受力，有的与收放作动筒合用，有的则与撑杆式放下位置锁合用。

（4）稳定减震器——两端分别与轮架和支柱外筒相连，主要减弱轮架在不平跑道上的俯仰振动，如图 3.8 所示。

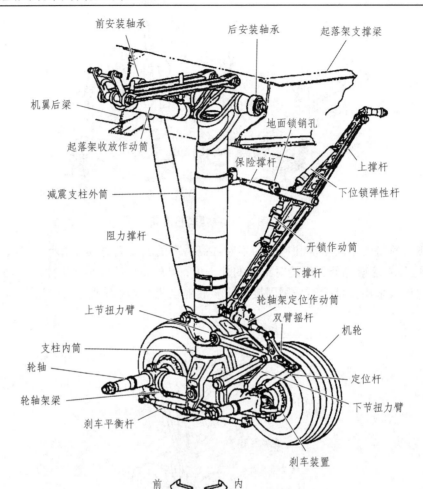

图 3.7　大型客机的主起落架

（5）收放机构——收放作动筒、位置锁及信号装置等，主要保证起落架收放安全、可靠。

（6）刹车平衡机构——保证四轮小车式起落架在刹车时前后轮受力均匀。

（7）轮架翻转机构——收上时翻转轮架以便收轮入舱，轮架定位作动筒保证着陆时放正轮架。

（8）机轮——保证飞机地面滑行和着陆滑跑，主轮一般安装有刹车装置。

3.1.3　前起落架结构特点与飞机地面转弯操纵

前起落架的功用及组成与主起落架有许多相似之处。不同点主要是，为了保证飞机地面灵活运动与滑跑方向控制，要求前起落架机轮能左右偏转。前轮的偏转带来了一系列问题：保

图 3.8　稳定减震器
在起落架上的安装

证机轮滑行转弯与稳定，必须有适当的稳定距；控制前轮偏转必须有转弯机构；为了使飞机离地后前轮回中立位必须有中立机构；为了避免前轮偏转引起内、外筒相对转动而加剧密封装置的磨损，内筒装旋转接头；为了防止滑跑时前轮产生摆振必须设置减摆装置等。满足前轮偏转的要求，解决前轮偏转产生的问题，便决定了前起落架的结构特点。

前轮稳定距是前轮接地点到偏转轴线的垂直距离 t（见图 3.9）。当前轮在滑行中偏转一个角度 θ 时，作用于前轮的侧向摩擦力因有稳定距而对支柱轴线形成恢复力矩，保证滑跑与滑行稳定；单刹车转弯两主轮摩擦力形成偏转力矩使飞机偏转时，前轮因稳定距作用随之偏转，保证转弯灵活性。

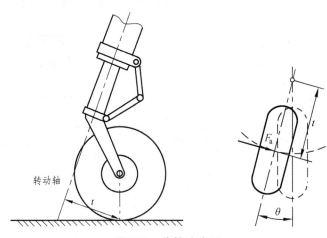

图 3.9　前轮稳定距

前轮减摆装置主要减弱与防止前轮摆振，保证飞机稳定滑跑和前起落架安全。飞机高速直线滑跑中，前轮受外界侧向作用偏离后，在结构弹性力与地面摩擦力交替作用下左右不停摇摆、形成 S 形曲线轨迹的高频自激振动称为前轮摆振。高频摆振不仅加剧了前轮的磨损与构件的疲劳损坏，引起仪表板剧烈振动，而且使滑跑方向难以控制。前轮摆振一般发生在着陆滑跑初期或起飞滑跑末期，此时前轮处于未控制的自由定位状态。

前轮中立机构保证飞机在离地时，前轮回到中立位置而有利于收轮入舱；着陆接地前使前轮中立有利于滑跑方向控制。大型飞机前轮中立机构多采用凸轮式，飞机离地支柱内筒向下，活塞上的凸轮进入与外筒相连的凸轮槽，促使内筒偏转带动前轮回中立，如图 3.10 所示。

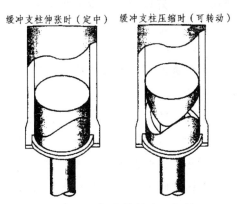

图 3.10　凸轮式前轮中立机构

前轮转弯机构操纵飞机地面转弯并修正滑跑方向。现代飞机转弯机构的传动有机械式和液压式两种。

机械式前轮转弯机构与脚蹬机构在地面相关联，蹬舵同时操纵前轮偏转，前轮、方向舵配合保证滑跑方向；飞机离地起落架收起时，转弯机构与脚蹬机构脱离，故空中蹬舵前轮不偏转。有的不可收放式起落架飞机，脚蹬机构始终与转弯机构相关联，空中蹬舵时前轮也偏转。机械式前轮转弯机构一般用于小型、低速飞机。

液压式前轮转弯机构一般由手轮或脚蹬机构操纵，液压作动筒驱动前轮转弯机构，控制前轮偏转。图3.11所示为大、中型运输机普遍采用的液压式前轮转弯机构。

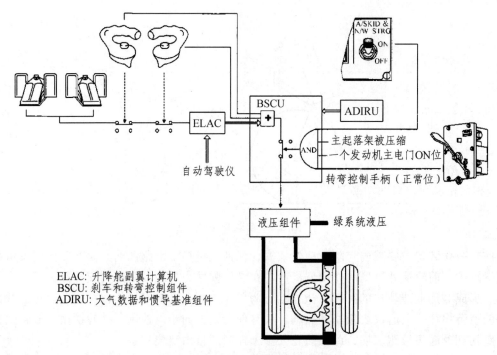

图3.11 A320飞机前轮转弯系统

现代飞机地面转弯有可操纵转弯机构、主轮单刹车和调节机翼两边发动机功率3种方式，滑行状态时发动机功率已经很小，不好调节，速度太小又不能用单刹车，故大、中型民用运输机主要操纵前轮转弯机构保证飞机地面灵活运动。前轮操纵及其工作状态有以下3种：

（1）前轮自由定位状态——转弯控制断开而使液压释压，前轮处于自由偏转状态，保证地面拖飞机；飞机离地后，前轮转弯断开，中立机构使前轮回中立。若转弯操纵未断开或中立机构失效，收轮时可能打坏轮舱。

（2）滑行手操纵状态——小速度转大弯。飞机滑行速度达一定值，转动手轮，可操纵前轮偏转较大角度。手轮的转动方向与前轮偏转方向一致，前轮偏转速度只取决于进入转弯作动筒的液压。为了减小支柱的扭矩和机轮的磨损，禁止刹住一边机轮原地转弯。

（3）滑跑脚操纵状态——大速度修正飞机滑跑方向。飞机起飞、着陆滑跑期间，蹬脚蹬控制方向舵的同时，可使前轮偏转较小角度，修正飞机滑跑方向。

3.1.4　轮式滑行装置的形式与轮胎

飞机的滑行装置有轮式、滑橇式与浮筒式等。一般陆上飞机主要采用轮式滑行装置。

1. 轮式滑行装置的形式

不同类型的飞机分别采用单轮式、双轮式与多轮式。单轮式又有半轴式、轮叉式与半轮叉式 3 种，前两种的轮轴与支柱都要承受侧向弯矩。中、小型飞机的主轮和大、中型客机的前轮多为双轮式，大型客机主轮则为双轮、四轮或六轮小车式。多数飞机的轮冠为弧形，也有的飞机采用平底轮开双槽。

2. 轮胎的形式与组成

轮式滑行装置主要由轮毂与轮胎组成。轮胎一般按充气压力与构造分类。

轮胎按充气压力分为低压轮胎——充气压力 2.5～3.5 kg/cm²，轮胎宽度大对地面压力小，可在松软的跑道上起降，用于低速小型飞机；中压轮胎——压力 3.5～6.5 kg/cm²，性能介于低、高压轮胎之间；高压轮胎——压力 6.5～10 kg/cm²，宽度较小对跑道压力大，用于速度较大的中、小型飞机；超高压轮胎——压力 10 kg/cm² 以上，宽度小，对跑道压力很大，多用于高速大、中型飞机。

轮胎按构造分为有内胎的轮胎和无内胎的轮胎两种。有内胎的轮胎主要由内、外胎组成。内胎是由优质软橡皮制成的密封环形囊，其上装气嘴且穿过轮毂，当充气压力不足导致轮胎与轮毂相对错动时，可能切断充气嘴而泄气，为此在轮毂和轮胎侧用红漆划一道标记线，以便检查有无相对错动。外胎由外表耐磨层、缓冲层、帘线层和胎圈组成（见图 3.12），帘线层是外胎的主要受力部分，损坏时可能引起爆胎；缓冲层可扩散轮胎的撞击，使帘线层受力均匀，且在受剪切时不脱开耐磨层；单面胎帘线层外有一层耐磨层，见帘线则需更换，双面胎两层耐磨层间夹有一层帘线，外面耐磨层损坏见帘线时还可酌情使用；胎圈由钢丝圈与胎口涂胶包边布组成，抗拉强、刚度大，并使外胎紧固于轮毂上。无内胎轮胎由轮胎内表气密层代替内胎，靠胎圈压紧轮缘齿槽上密封。此种轮胎耐高压、质量轻，寿命可延长 50%，刺破泄气慢，充气嘴不会因毂、胎错动而切断；缺点在于密封较难，应注意检查其气密性。

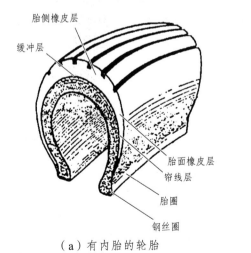

胎侧橡皮层

缓冲层

胎面橡皮层
帘线层
胎圈
钢丝圈

1

2
3
4

5

（a）有内胎的轮胎　　　　　　　（b）无内胎的轮胎

图 3.12　轮胎的结构形式

1—气密层；2—钢丝；3—密封齿扣；4—轮毂；5—充气嘴

轮毂主要由本体、轮缘等构成，铝镁合金制造。中小飞机轮毂本体为整体结构，大型飞机轮毂本体为两半对合而成。

3.2 起落架减震与收放系统

飞机着陆接地与地面运动时，起落架不仅受到地面的反作用力，而且还有能量的转化与消散。地面撞击力过大导致起落架及有关结构受损，能量消散过程中飞机将颠簸，也使起落架过载增大，直接影响飞机起飞、着陆安全。为此，飞机起落架安装有减震装置，以减小着陆撞击载荷，防止受载超规定。

3.2.1 飞机着陆减震原理与油气式减震支柱的工作原理

飞机着陆接地前具有一定的速度 v，其水平分量 v_x 具有的能量被地面与刹车摩擦热消耗；垂直分量 v_y 则在接地受撞击后减为零，其动能由减震装置吸收和消耗。由动量定理可知

$$Ft = m(0 - v_y) = -\frac{G}{g} \cdot v_y$$

要减小撞击力 F 则须控制着陆重量 G、接地速度 v_y 及其消失时间 t：G 小，v_y 小，t 大，则撞击力 F 小。

由弹性碰撞与能量的关系，碰撞时弹性变形大，吸收能量多，则撞击力减小，刚性碰撞则撞击力增大；弹性变形吸收的能量在撞击结束后放出，转变为弹性体升高的位能。

由此得出飞机着陆减震的原理是，延长 v_y 消失时间，吸收完接地动能，可减小地面撞击力，消耗吸收的能量则可减弱飞机的颠簸跳动。

按减震原理设置的飞机减震装置有起落架减震器和轮胎，现代飞机大都采用油气式减震支柱。如图 3.13 所示，油气式减震支柱由内筒（活塞杆）、外筒及密封装置、充灌接头等组成，外筒内灌充液压油和氮气。其工作包括压缩、伸张及其重复过程。

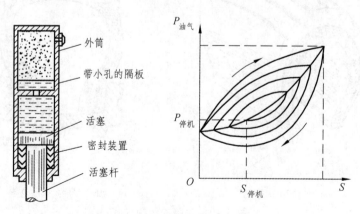

图 3.13 油气式减震支柱工作原理

（1）压缩行程——飞机着陆接地，地面反作用力经机轮压动活塞杆，迫使油液高速流过隔板小孔向上压缩气体，接地动能大部分转变为气体压缩能，一部分为克服油液与孔壁的摩擦力而以热的形式耗散。

（2）伸张过程——撞击压缩结束，气体膨胀使外筒上升顶起飞机，部分气体压缩能量转变为机体抬高的位能，同时迫使油液高速流过小孔向下，又将一部分能量以摩擦热的形式耗散。

（3）重复压缩、伸张行程——气体膨胀完毕，升高的机体受重力作用又向下压缩支柱，气体受压吸收能量的同时，又迫使油液流过小孔消耗部分能量，接着又伸张。以此重复若干次，接地动能被消耗完后，减震支柱保持停机压缩量，使飞机平稳滑跑。

由此得出油气式减震支柱的工作原理是，利用气体压缩吸收接地动能减小撞击力；利用油液高速流过小孔的摩擦热耗散能量减弱飞机的颠簸跳动。

减震性能的使用控制主要是控制充气压力与灌油量。减震支柱的充气压力与灌油量是按飞机减震要求确定的。如果充气压力过高或灌油过多，则相当于减震支柱变"硬"而难压缩，与正常灌充量相比，相同压缩量时受力增大，支柱疲劳载荷值增大，粗猛着陆时载荷可能超规定，导致起落架受力构件破坏；充气压力过低或灌油量太少，则相当于减震支柱变"软"而容易压缩，受力减小吸收能量也减小，达到最大压缩量时吸收不完接地撞击能量又不能压缩，则导致起落架刚性碰撞而损坏。支柱内的气体压力与灌油量不仅和充灌有关，而且与密封性及环境温度变化等因素有关，应加强检查与控制。

轮胎在飞机着陆及地面运动中也要吸收与散失能量。飞机着陆接地，轮胎压缩变形吸收部分撞击动能而减小撞击力。吸收的能量主要克服轮胎反抗压缩的作用力，包括气体作用力与轮胎橡胶变形力。两种力都与压缩量有关，压缩量又取决于着陆重量、充气压力与橡胶的变形。

轮胎的充气压力是根据停机载荷、重复载荷、接地速度范围、减震性能及磨损等因素综合确定的。充气压力过大，轮胎帘线层受力增大，粗猛着陆或越障受撞击时，可能导致帘线层断裂而爆胎；压力过大变形小吸收能量少，使有关构件受撞击力增大。充气压力过小变形量增大，重复载荷变化幅度随之增大，变形热增加，可能导致轮胎提前老化与疲劳破坏；充气压力过小还会引起胎侧接地磨损，轮毂与地面刚性撞击，轮胎与轮毂相对错动。轮胎的气体压力不仅与充气压力有关，而且与密封性及工作温度有关，维修中应注意检查与控制。

轮胎橡胶的变形力即弹性力，其大小随橡胶的老化程度而减小，因老化使橡胶变硬、变脆、弹性降低。橡胶老化的主要原因之一则是工作温度的升高。

轮胎过热是指工作温度过高，引起气压显著增大，橡胶抗拉与抗剪强度显著降低，导致脱层、剥离和爆破。工作温度升高的原因主要是轮胎变形热、地面摩擦热与刹车热。

变形热与充气压力有关，充气压力过小则反复变形量大，变形热增加。温度升高气压力增大可减小变形量，但又加大了轮胎受力和轮胎老化。

刹车热由刹车装置产生，经轮毂传给轮胎。当粗猛刹车引起热量过于集中时，可使轮胎温度显著升高。地面摩擦热与滑跑距离及使用刹车等因素有关。

为了防止轮胎过热，现代飞机充分利用迎面冲压气流散热，有的飞机采用通风式刹车盘和机轮风扇；有的飞机轮胎安装热熔塞，当温度升高到一定值时，塞栓熔化自动放气；有的飞机安装电子式刹车温度监控装置，以便根据轮胎温度情况适当控制刹车压力；有的飞机装安全活门释放过高压力。

夏季使用中，应尽量逆风起降减少刹车；起落航线飞行时可不收起落架，由迎面气流冷却。维护中应注意检查轮胎压力及磨损情况，不允许用放气的方法降低过热轮胎的气压，以免轮胎性能随温度下降而降低过多。

3.2.2　起落架严重受载情况与使用注意

起落架的载荷按使用状态主要有停机载荷、着陆与滑跑撞击载荷、刹车与滑行载荷。

停机载荷是起落架支持飞机停放所受的地面反作用力。

着陆撞击载荷是飞机着陆接地起落架受到的地面撞击力，包括垂直撞击与侧向撞击载荷。飞机前俯着地时前起落架受垂直撞击载荷增大。

滑跑冲击载荷是飞机滑跑时受到的迎面撞击力，主要与地面不平及障碍有关。

刹车载荷是飞机滑跑使用刹车时起落架受到的地面摩擦力，主要与操纵刹车及跑道状况有关。

起落架在着陆接地和地面运动所受的动载荷按其方向分为垂直载荷孔 P_y、水平载荷 P_x、侧向载荷 P_z。起落架的过载则是起落架某方向所受的载荷与停机载荷 P_0 的比值，分别表示为

$$n_x = \frac{P_x}{P_0}, \quad n_y = \frac{P_y}{P_0}, \quad n_z = \frac{P_z}{P_0}$$

起落架强度设计时，按各方向载荷的严重情况设计相应的强度与刚度。

垂直载荷的严重情况。飞机着陆接地起落架受到垂直载荷 P_y 可能达最大，影响 P_y 的因素有下沉速度、飞机接地姿态、着陆重量及减震装置的"软、硬"。

下沉速度 v_y 大，则使 v_y 变为 0 时受到的地面垂直反作用力 P_y 也大。v_y 受着陆高度 H 影响最大，v_y 正比于 H^2，着陆高度大则 P_y 大。

着陆姿态不仅影响 v_y 与接地的航迹角 θ，而且非正常着陆姿态可能导致一边机轮接地。

着陆重量直接决定着 P_y 的大小，还影响下沉速度 v_y。

减震支柱太"硬"则难压缩，使 P_y 增大；太软又可能发生刚性碰撞。

由此得出：飞机着陆高度大，下滑速度大、接地角大、重量大、减震支柱"硬"会导致垂直载荷严重情况的产生，n_y 可达 2.6～3.5。

飞机着陆重量、高度、速度及下滑姿态、航迹与接地角是根据飞机的着陆性能及起落架有关构件的强度规定的。

水平载荷的严重情况。沿飞机轴线方向的水平载荷 P_x 产生于地面对机轮的摩擦力与迎面撞击力，地面摩擦力（包括机轮起转时克服的最大摩擦力）在机轮接地和重刹车时可达最大。因此水平载荷的严重情况产生于踩着刹车接地、重刹车和受迎面撞击时，最大过载可达 1～2。

侧向载荷的严重情况。垂直于起落架轮胎平面的侧向载荷 P_z，产生于飞机侧滑接地和滑行转弯。侧滑接地主轮受地面侧向摩擦力，侧滑角越大、接地前回盘越猛，则侧向载荷越大；飞机滑行中转弯起落架机轮与支柱分别受侧向摩擦力与扭矩作用，大速度滑行中急转弯和小速度原地转弯都使侧向载荷增大。

起落架载荷的严重情况不仅与单方向受载有关，还应考虑 P_x、P_y、P_z 共同作用的情况。

起落架的设计载荷决定了起落架及有关结构的强度，并由此定出了有关使用规定。如果使用中超过了允许的载荷，则可能超过构件的承载能力而破坏；维护中则应认真检查，保证构件的承载能力不降低。

不按规定的高度、速度、接地角操纵而导致载荷超过规定的着陆称为粗猛着陆。超过规定重量的着陆则称为超重着陆。粗猛着陆与超重着陆不仅使起落架受力增大，而且与起落架相连的机翼、机身结构等也受力增大。地面应加强检查机翼蒙皮是否曲皱；铆钉缝是否有燃油渗漏；翼梁腹板、机身隔框及吊舱接头是否有裂纹；起落架支柱的斜撑杆接头处和与机翼或机身的接头处是否有裂纹；轮轴根部或中部有无损伤；扭力臂及其连接螺栓是否有裂纹等。由目视或无损探伤检查，发现损坏应及时排除。

3.2.3　起落架收放系统

现代运输飞机的起落架都是可收放的，收上起落架飞行可大大减小阻力，有利于飞行姿态控制，因此起落架的收放直接影响到飞机的起飞、着陆性能。

民用飞机主起落架收放形式按收放方向可分为沿机翼翼展方向与弦向两种，前、主起落架均收入专门的轮舱内，由舱门掩盖。

大部分飞机主起落架沿翼展向内收入根部机翼内或机身内，少数沿翼展向外收入机翼内。有的飞机主起落架沿翼弦向前收入发动机短舱，个别向后收入。多数飞机前起落架向前收入机身内，少数向后收入，有的向一侧收入机身内。

为了有利于机身、机翼起落架舱的空间利用，多轮式起落架收放时，由轮架翻转机构将轮架转动一角度再收入。

为了保证起落架的收放安全、可靠，对收放机构的要求是：收放时间符合规定；收上、放下到位可靠固定；起落架的收放与舱门开关协调；驾驶员能掌握起落架收放情况；不能正常放下时能应急放下。为此，收放机构包括收放作动筒、收放位置锁、舱门收放及协调装置、位置信号、地面安全装置与应急放下装置等。

收放作动筒是起落架收放的传动机构。现代飞机由起落架收放手柄或电门操纵，控制液压进入作动筒传动起落架收放，并保证收放时间与平衡上锁。有的飞机在液压失效时，也采用压缩气体使作动筒工作，应急放下起落架。

收上锁将起落架固定在收上位，防止飞行中自动掉下；放下锁将起落架固定在放下位，防止受地面撞击而收起。位置锁一般有机械式，也有的飞机采用液锁——当起落架收上到位时，将油液封闭于传动管路，使作动筒不能移动，从而固定起落架。

舱门机构保证舱门随起落架收放而开关，协调装置则保证放下时先开舱门，放好部分舱门又关上，以减小外露口；收起落架时先开关闭的舱门，收好后关闭全部舱门。

舱门收放机构有的为连杆式，由起落架收放带动舱门动作。多数大飞机则由舱门作动筒开关舱门，其开关先后顺序则由供压管路的顺序活门（或优先活门）控制供压顺序来保证。

为了防止飞机在地面时误收起落架的事故，收放系统设有地面安全电门与地面机械锁等。安全电门在飞机着陆接地支柱压缩时，将收放手柄锁定，飞机离地支柱伸长时释放；有的飞机采用在地面时断开收放系统控制液压活门电路的方法防止地面误收起起落架。地面机械锁有套筒式地面锁和锁销等。套筒式地面锁可将起落架放下锁作动筒伸出的活塞杆夹住，并用销钉固定，以防止活塞杆缩入（见图 3.14）。地面锁销插入放下撑杆锁的折叠转动部位或支撑结构的定位孔，使其不能转动折叠（见图 3.15），防止地面误收起起落架，起飞前检查取掉。

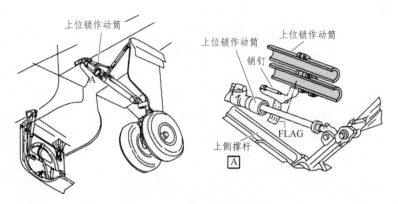

图 3.14 A320 地面套筒锁

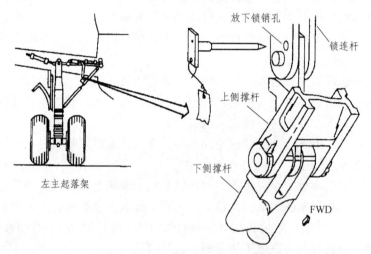

图 3.15 主起落架放下锁地面锁销

当正常液压放下失效时，采用机械开锁或由应急系统供压使起落架放下。在开锁作动筒无液压时，控制起落架机械开锁手柄，使收上锁锁钩开锁，起落架受重力及气流冲压作用而放下；应急供压包括应急液压或压缩气体（冷空气或氮气），由应急放下手柄放下起落架；收上锁为液锁的飞机，应急放下则连通收上管路和回油管路，使起落架收上管路释压，起落架靠重力和气动力等放下。

3.2.4 起落架收放位置信号

信号装置向驾驶员提供起落架的收放位置信号，并在着陆时提醒放下起落架。信号装置按其工作分为电气信号、机械信号与警告信号。

电气信号由信号板上红、绿灯显示起落架位置。绿灯亮表示起落架已放下锁好；红灯（或琥珀色灯）亮时，大多数飞机表示起落架正在收放过程中或起落架位置与起落架手柄位置不一致（苏制的部分飞机则表示收上锁好）；红、绿灯熄灭表示起落架收上锁好（见图 3.16）。

有的飞机采用页面指示，如 A320 飞机，页面中的绿色三角形亮表示起落架放下锁好，红色三角形亮表示起落架手柄位置与起落架位置不一致。三角形符号消失表示起落架收上锁好（见图 3.17）。舱门由液压作动筒开关的飞机，还有舱门位置信号指示。飞前应检查信号电

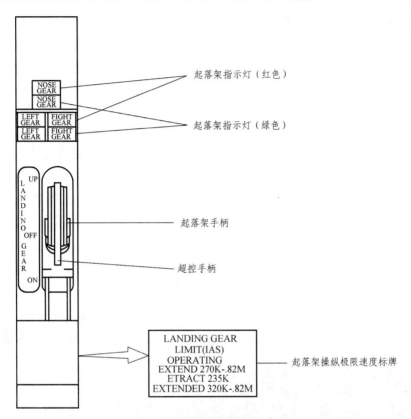

图 3.16　起落架收放位置信号

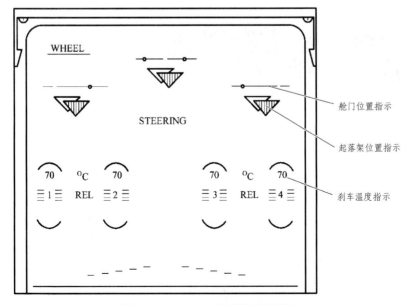

图 3.17　A320 飞机起落架页面

路是否正常，按下检查按钮红、绿灯亮则正常。当灯光信号失效时，有的飞机由目视机械信号——杆、牌、线判定起落架是否放下锁好。

着陆放起落架警告信号由灯光和音响提醒驾驶员放下起落架。警告信号一般与油门杆或襟翼的传动机构相关联，当油门收到慢车位或襟翼放下到一定角度，起落架还在收上位，则接通红色警告灯和警告喇叭。

3.3 起落架刹车系统

飞机在起飞、着陆时滑跑速度大，为了缩短滑跑距离，保证中止起飞与着陆安全，现代飞机都采用了减速装置。小型机主要靠刹车时地面摩擦力和放襟翼的气动阻力减速，涡桨式飞机也可利用负拉力减速。现代大型客机的减速力包括放出减速板与襟翼的气动阻力，发动机反推力与刹车时的地面摩擦力（见图3.18），其中刹车增大的地面摩擦力（又称刹车力）起主要作用（通过操纵刹车装置增大机轮与地面的摩擦力）。

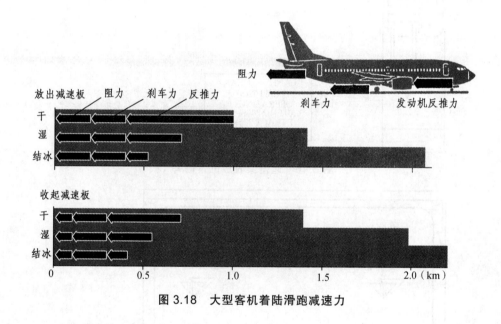

图 3.18 大型客机着陆滑跑减速力

3.3.1 刹车装置的形式

刹车减速直接影响飞机着陆与中止起飞的安全。除正确使用刹车外，还要求刹车装置能产生足够的刹车力矩，获得最高刹车效率；刹车装置的动、静摩擦件摩擦系数稳定，耐磨性与抗压性好，不易破碎；刹车热能尽快散失，不致引起机轮过热与熔焊；刹车灵敏，刹车间隙适当且能调节；发动机在地面达正常转速时，能刹住机轮不滑走；滑行时单刹转弯好控制。对滑跑刹车减速的要求可归结为安全、高效。

1. 弯块式刹车盘

弯块式刹车盘如图 3.19 所示，它由弯块、作动筒及主体等组成。主体与轮轴固定，两弯块一端与主体铰接，另一端与作动筒相连。刹车套装于轮毂内且随机轮转动。不刹车时，弯块与刹车套之间保持一定间隙——刹车间隙，其大小由螺钉调节；刹车时，压力油（或冷气）进入作动筒推活塞，使弯块紧压刹车套，接触面间摩擦形成刹车力矩；松刹车，弯块在弹簧力作用下回到原位置保持刹车间隙。弯块式刹车盘的块与套接触面积小，而且磨损不均，因此多为小型、低速飞机采用。

2. 胶囊式刹车装置

胶囊式刹车装置如图 3.20 所示，它由主体、刹车片及弹簧片组成。主体固定于轮轴，弹簧片将刹车片压在主体的环槽内，胶囊装于主体与刹车片之间。刹车时，冷气（或压力油）进入胶囊，胶囊鼓起将刹车片紧压在刹车套上产生刹车力矩。

胶囊式刹车盘摩擦面比弯块式大，磨损均匀，但刹车热可使胶囊提前老化而损坏，而且使胶囊鼓起需要一定压力和时间，故灵敏度较差，多用于小型、低速飞机。

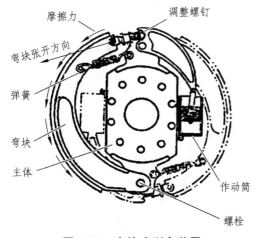

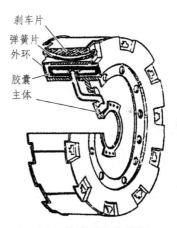

图 3.19　弯块式刹车装置　　　　图 3.20　胶囊式刹车装置

3. 圆盘式刹车装置

图 3.21 所示为多圆盘式刹车装置，有的轻型飞机还采用单圆盘式。多圆盘式由动、静圆盘及作动筒、主体及弹簧等组成。数块动盘卡于轮毂盘随其转动，静盘与动盘相间，装于和轮轴相连的主体。刹车时，液压进入作动筒，推动静盘紧压旋转的动盘，由各盘间摩擦力形成刹车力矩；松刹时压力消失，弹簧力使活塞复位，动、静盘保持一定间隙。

圆盘式刹车装置摩擦面积大，刹车力矩大，圆盘磨损与受热均匀。为了使大量刹车热尽快散失，防止圆盘过热变形或熔焊，现代飞机都采用扇形块连成的通风式刹车盘，并采用热稳定性、耐磨性好的材料，如镶铍钢片、碳纤维复合材料摩擦片等。大型客机刹车盘上还装有刹车间隙自动调节装置。

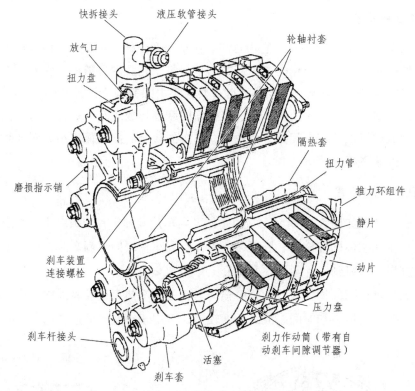

图 3.21 圆盘式刹车装置

3.3.2 刹车减速原理

飞机地面滑跑时，机轮随之滚动，受到滚转力矩与阻滚力矩作用（见图 3.22）。机轮受压变形，加之飞机向前滑跑，致使地面反作用力 P 偏离轴心 e 而形成阻滚力矩 Pe，因此阻滚力矩包括 Pe、刹车力矩与轴承摩擦力矩 M_z。机轮滚转力矩则由地面摩擦力 T 形成。由滚动摩擦理论得出，在一定限度内，滚转力矩随阻滚力矩增大而增大。刹车时，刹车装置的摩擦力形成刹车力矩使阻滚力矩增大，地面摩擦力随之增大，使飞机滑跑减速加快；在一定限度内刹车越重减速越快；飞机滑跑的大部分能量由摩擦热耗散。

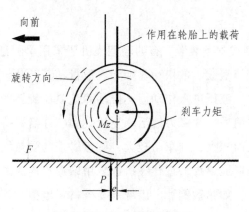

图 3.22 机轮滑跑受载图

3.3.3 基本刹车方法与安全、高效

地面摩擦力随刹车力矩增大到极限值则不再增加，导致滚转力矩小于阻滚力矩而出现机轮相对地面严重滑动的现象叫拖胎，又称卡滞或打滑。设机轮接地中心点 A 的线速度为 v_A，机轮未打滑时 v_A 等于飞机滑跑速度 v_X；当刹车不当使阻滚力矩大于滚动力矩而打滑时，机轮滚转速度减小，致使 $v_A < v_X$，$\dfrac{v_X - v_A}{v_X} \times 100\%$ 称为打滑率。显然，未刹车机轮自由滚转时打滑率为 0，机轮卡死时打滑率为 100%。实际测量表明，轮胎与跑道的摩擦系数 μ 受打滑率的影响很大（见图 3.23），在打滑率 5% ~ 30% 范围内 μ 较大，现代客机一般取 10% ~ 15%。因此，严重拖胎时 μ 很小，不仅不能有效缩短滑跑距离，而且加剧轮胎磨损，甚至导致爆胎使飞机冲出跑道。

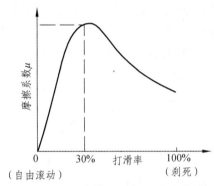

图 3.23 地面摩擦系数与打滑率的关系

在某一速度下，机轮与地面的最大摩擦力称为结合力 $T_{结合}$。$T_{结合}$ 对应的滚动力矩称为结合力矩 $M_{结合}$，对应 $T_{结合}$ 的刹车压力称为临界刹车压力。结合力矩、临界刹车压力随滑跑时间变化如图 3.24（a）、（b）所示，其中（b）图的 a、e、c 分别为临界刹车压力、点刹车压力与柔和刹车压力。

$T_{结合}$ 与正压力 P 及地面状况有关（见图 3.25），即 $T_{结合} = \mu_{结合} \cdot P$。正压力为飞机重力与升力之差，升力随滑跑速度减小而减小，则正压力 P 随滑跑速度的减小而增大，$T_{结合}$ 随之增大；$\mu_{结合}$ 为地面最大摩擦系数，与跑道材质、表面粗糙度及干湿情况有关，跑道有水或冰、雪时 $\mu_{结合}$ 减小。

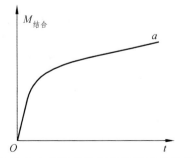

（a）结合力矩随着陆滑跑时间变化的曲线

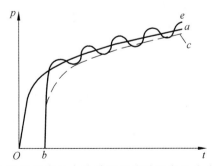

（b）临界刹车压力随着陆滑跑时间变化的曲线

图 3.24 结合力矩、临界刹车压力随跑道滑跑时间的变化

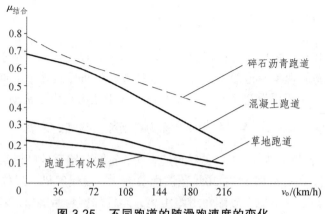

图 3.25　不同跑道的随滑跑速度的变化

　　飞机在积水跑道上滑跑时，轮胎与地面接触如图 3.26 所示，产生流体冲击阻力与滑水。冲击阻力 P 的垂直分量产生抬起轮胎的作用，使正压力减小；冲击阻力的水平分量则相对较小。由于滑水现象产生，在轮胎与地面间有一层流体薄膜起润滑剂作用，使得摩擦系数减小，严重时导致轮胎与地面完全脱离接触。

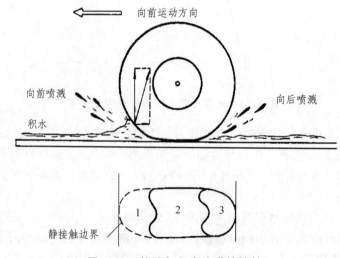

图 3.26　轮胎与积水跑道的接触

　　由上面分析得出，想要刹车安全、高效就应正确控制刹车压力，使地面摩擦系数大而产生较大摩擦阻力，又不出现严重打滑现象。对前三点式起落架飞机刹车的基本方法是：飞机着陆，前轮接地后，随着飞机滑跑速度减小逐渐增大刹车压力，跑道有水或结冰则应缓和增大刹车压力。对后三点式起落架飞机的基本刹车方法是：着陆接地后，带杆压紧尾轮，不刹滑跑前半段，待速度减小后刹后半段，动作由轻到重，切忌粗猛。

3.3.4　刹车方式

　　按主轮刹车的功能——减速、止动、转弯，刹车方式包括正常与防滞刹车、自动刹车、备用刹车、停机刹车与收轮刹车等。

1. 正常与防滞刹车

　　既要获得最高刹车效率又要防止机轮卡滞的刹车方式称为防滞刹车。正常刹车压力由踩刹车轻重决定。要在飞机滑跑的每一时刻准确地控制刹车压力，使阻滚力矩接近又不超过变化的结合力矩是很困难的。压力太小则刹车效率降低，压力太大又可能出现机轮卡滞。为此安装防滞刹车装置，正常刹车时，刹车调压活门（或计量活门）按踩刹车轻重调节压力，机轮卡滞时解除（或降低）刹车压力。因此正常与防滞刹车就是人工刹车与防滞装置工作的结合。现代飞机采用的防滞装置有机械式与电子式两种。电子式防滞装置由电磁式转速传感器将机轮转速电信号输入防滞逻辑电路，由微处理机将实际转速与飞机此时滑跑速度应具有的转速相比较，若机轮卡滞则输出控制信号至正常刹车防滞组件，调节刹车压力。机械式则在机轮卡滞时将刹车管路与回油管路接通以解除刹车。在飞行速度低于一定值时，防滞组件不提供松刹信号，以利于滑行中单刹转弯。

2. 自动刹车

　　飞机着陆接地前，驾驶员由刹车选择电门选取的减速率等级信号，输入自动刹车控制组件的逻辑电路（见图 3.27）。飞机接地，机轮转速达一定值，微处理机比较地速与所选减速率，

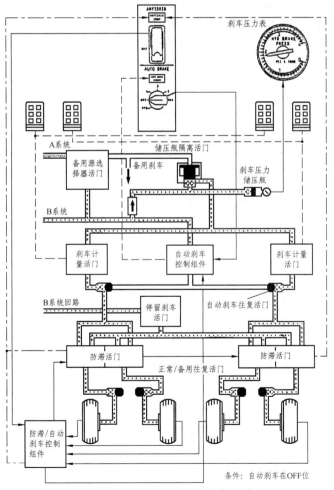

图 3.27　波音 737 飞机刹车系统

输出液压控制信号至自动刹车控制组件的伺服活门，使进入刹车盘的液压与减速率对应。与此同时，压力电门将刹车液压信号返回微处理机监控。在自动刹车时，防滞组件也一同工作，实现全自动刹车。人工刹车可超控自动刹车，当人工刹车压力达一定值时，梭阀则堵死自动刹车进油。

3. 备用刹车

备用刹车又称应急刹车，在正常供压系统无压或低压时使用。主供压为单液压源飞机的备用刹车由应急电动泵或储压器供压，有的飞机则有备用冷气刹车。多液压源飞机则由备用液压系统供压。当正常刹车管路的压力电门感应出无压或低压时，接通备用刹车选择活门供压，由踩刹车控制；当正常与备用也无压力时，压力电门接通警告信号并接通电动油泵供压刹车。

4. 停机与收轮刹车

飞机停放或发动机地面工作时，刹住机轮防止飞机滑动。当踩下刹车时，压力油进入刹车作动筒，再拉出停机刹车手柄，将刹车机构固定，刹车液压封闭于刹车管路及作动筒。不同飞机停机刹车压力不同，压力不足则禁止地面试车。

为了使主轮在离地后尽快停转，以便收入舱内，大型客机主机轮装有收轮刹车装置。还有的大型客机前轮也装有刹车装置。当踩下刹车时，主轮刹车装置工作；当踩到刹车行程后半段时，若飞机滑跑速度大于一定值，前轮刹车装置也工作。

复 习 题

3-1 起落架的配置与结构形式有哪些？

3-2 对前起落架的特殊要求有哪些？前轮中立机构、转弯机构及减摆装置的功用是什么？

3-3 前轮转弯机构有哪几种工作状态？

3-4 减速轮胎的形式及特点是什么？

3-5 简述飞机着陆减震原理与油气式减震支柱的工作原理。

3-6 轮胎过热的原因与防过热措施有哪些？

3-7 简述起落架严重受载情况的产生与使用注意事项。

3-8 起落架主要收放机构的功用是什么？

3-9 阐述起落架收放信号及显示。

3-10 大型客机着陆滑跑的减速力有哪些？刹车减速的要求又是什么？

3-11 刹车装置的形式有哪些？刹车减速原理与基本刹车方法是什么？

3-12 什么是拖胎、打滑率、刹车力矩和结合力矩？

3-13 现代客机的主要刹车方式有哪些？

第 4 章　飞机飞行操纵系统

飞行操纵系统实施对飞机飞行姿态的稳定和控制，改善飞机起飞、着陆的性能和飞行品质。飞行操纵系统的发展大约经历了无助力机械操纵系统、不可逆助力操纵系统、增稳和控制增稳系统以及电传操纵系统 4 个阶段。操纵系统是飞机的重要组成部分，其工作是否良好，直接影响驾驶员的正常操纵和飞机性能的发挥以及飞行安全。

依据在系统中是否引入"主动的"驾驶员操纵输入，飞机飞行操纵系统可划分为人工飞行操纵系统与自动飞行控制系统。人工飞行操纵系统的操纵输入信号是由驾驶员发出的，例如用于驾驶员操纵飞机俯仰、滚转、偏航的系统等。自动飞行控制系统（或称自动飞行系统）的信号是由系统本身自动产生的，例如自动驾驶仪、自动油门等控制系统。

人工飞行操纵系统通常又分为主操纵系统、辅助操纵系统和警告系统。用来控制飞机的升降舵（或全动平尾）、副翼和方向舵等飞行操纵面，以供飞行员操纵飞机绕三轴旋转，改变或保持飞机的飞行姿态，保证飞机的操纵性与稳定性的操纵系统，习惯上称其为主操纵系统。其他如襟翼、减速板、扰流片、随动补偿片、配平调整片等辅助操纵面的操纵系统，用于改善飞机的飞行性能、减小飞行员操纵力等，均称为辅助操纵系统。它与主操纵系统的主要区别是，辅助操纵系统没有像主操纵系统那样必须给驾驶员有操纵力和位移的感觉，但驾驶员必须知道辅助操纵面的位置，故需有位置指示器或指示灯。警告系统的主要作用是起飞警告和失速警告。

本章仅涉及人工飞行操纵系统（简称飞行操纵系统），主要介绍飞行操纵系统的功用、形式和主操纵系统、辅操纵系统的组成、工作与控制。

4.1　飞行操纵系统概述

4.1.1　飞行操纵系统的功用与基本要求

1. 功　用

飞机飞行操纵系统包括主操纵与辅助操纵两部分。主操纵系统的功用是传递驾驶员的操纵指令，实施对副翼、升降舵和方向舵的操纵，使飞机绕三轴旋转，改变或保持飞机的飞行姿态，保证飞机的操纵性与稳定性。辅助操纵系统包括配平、增升装置、扰流板的操纵和自动控制装置（如偏航阻尼器等），用于改善飞机的飞行性能、减小飞行员操纵力等。

2. 基本要求

飞行操纵系统的基本功能是"传递操纵指令使舵面偏转"。操纵系统首先必须是一个结构传力部件，它直接或间接感受舵面铰链力矩的变化，因此它应具有足够的强度和刚度，且质量轻、维修方便。同时飞行操纵系统又应是一个性能良好的操纵部件，它应给驾驶员提供合适的杆力和杆位移，使驾驶员能正常地操纵飞机。此外，它还应满足一些特殊要求，其中主要有：

（1）保证驾驶员手、脚操纵动作与人类运动本能相一致。这样可避免发生错误的操纵动作和分散驾驶员的注意力，同时可以缩短训练驾驶员的时间。正确的关系应是：驾驶盘（或侧杆）前推，机头应下俯，飞机下降；驾驶盘后拉，机头应上仰，飞机上升。左转驾驶盘，飞机应向左侧倾斜；右转驾驶盘，飞机应向右侧倾斜。蹬左脚蹬，机头应向左偏转；蹬右脚蹬，机头应向右偏转。

（2）驾驶盘既可操纵升降舵，又可操纵副翼，要求在纵向或横向操纵时彼此互不干扰。脚操纵机构应当能够进行调节，以适应不同身材的需要。

（3）合适的杆力和杆位移。驾驶员是凭感觉来操纵飞机的，除感受过载（载荷系数）大小之外，还要有合适的杆力和杆位移的感觉，其中杆力尤为重要。操纵轻便，操纵力的大小适当，且随飞行速度、高度和舵偏角的变化而变化，既要防止操纵过量，又要减轻操纵疲劳。

（4）操纵灵敏、准确。操纵与传动机构的间隙和变形量尽量小。操纵系统的间隙和系统的弹性变形会产生操纵延迟现象。所谓"操纵延迟"是指在驾驶盘（或脚蹬）上用力之后到舵面开始转动所需的时间。操纵延迟大，操纵不灵敏；过大的操纵延迟是很危险的。

（5）操纵与传动系统应设置限动机构，防止驾驶员用力太猛、限制舵面的最大偏角。用力太猛，操纵过量会使系统中的某些部件或机体结构遭到损坏；若舵面超过极限偏度会导致飞机姿态失控而发生飞行事故。

4.1.2　飞行操纵系统的组成

通常习惯认为操纵系统由飞行操纵机构、传动机构或装置、操纵面 3 个部分组成（见图 4.1）。

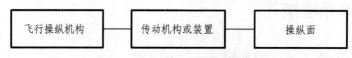

图 4.1　操纵系统的基本组成环节

1. 飞行操纵机构

飞机飞行操纵机构指飞行员在驾驶舱中实施对飞行操纵面的操纵而直接作用的器件，包括主操纵机构和辅助操纵机构两部分。

主操纵机构包括驾驶盘、驾驶杆和脚蹬。民用飞机主操纵机构一般为并列盘式双操纵，即左、右座驾驶盘、杆和脚蹬是联动的，正常情况下只允许一人操纵。驾驶盘式（手）操纵机构分别对副翼和升降舵实施操纵，操纵互不干扰；脚蹬机构除了对方向舵实施操纵外，在地面还可实现前轮转弯操纵，踩下脚踏可对主轮实施刹车操纵。现代民航客机上通常采用的驾驶盘和脚蹬主操纵机构如图 4.2 所示。

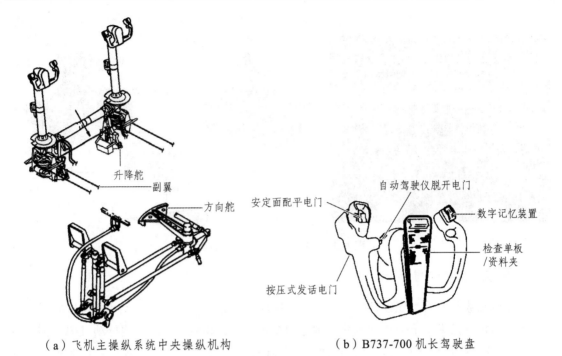

（a）飞机主操纵系统中央操纵机构　　　　（b）B737-700机长驾驶盘

图 4.2　客机常规主操纵机构

辅助操纵机构包括对配平装置、增升装置和减速板的操纵。随飞机类别、型别以及相应操纵面的传动动力不同，其操纵机构的位置和形式存在差异。在驾驶舱中，配平操纵机构有手轮、手柄、电门等；增升装置操纵机构有电门或手柄；减速板操纵机构一般为手柄。图 4.3示出了典型客机辅助操纵机构：扰流板、襟翼手柄及水平安定面配平手轮。

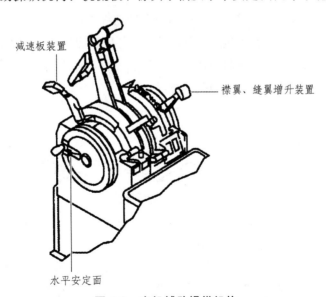

图 4.3　客机辅助操纵机构

某些采用电传主操纵的飞机，其操纵机构完全打破了传统意义上手操纵机构的配置，采用所谓"侧杆"。侧杆操纵机构使驾驶员观察仪表的视线不再受驾驶盘的影响，如图 4.4 所示。

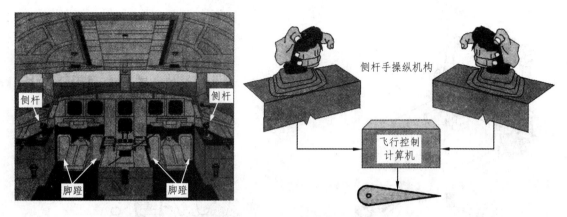

图 4.4　A320 飞机主操纵机构

2. 传动机构或装置

传动机构或装置恰当地连接操纵机构和操纵面，以保证正确的操纵关系和良好的操纵特性。无助力机械操纵系统的传动机构通常分为软式、硬式和混合式。软式传动机构主要由钢索、滑轮等构件组成；硬式传动机构主要由传动杆、摇臂等构件组成；混合式传动机构则由软式和硬式传动构件混合组成。助力操纵系统、电传操纵系统、辅导操纵系统的传动设备通常称为传动装置，比如液压助力器、电动机、螺旋作动筒等。传动机构和装置将在后面进一步讨论。

3. 操纵面

飞行操纵面按功用和操纵特点分为主操纵面和辅助操纵面两部分。图 4.5 所示为现代民用运输机的操纵面种类及它们在飞机上所处的位置。各操纵面的基本功能见表 4.1。表中所列全动平尾常用于小型、低速飞机或超声速飞机，用以改善俯仰操纵性。现代大中型运输机采用可调水平安定面，可对飞机进行俯仰配平操纵。

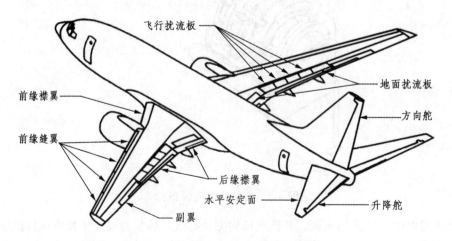

图 4.5　干线飞机的飞行操纵面布置

表 4.1　操纵面基本功用

系　统	操纵面	基本功用
主操纵系统	副翼	产生横滚力矩，实现横侧操纵
	方向舵	产生偏航力矩，实现方向操纵
	升降舵或全动平尾	产生俯仰力矩，实现俯仰操纵
辅助操纵系统	后缘襟翼	增升装置，改善起飞、着陆性能
	前缘襟翼	增升装置，改善起飞、着陆性能
	前缘缝翼	增升装置，改善起飞、着陆性能
	飞行扰流板	空中减速，辅助副翼横侧操纵，地面卸升、减速
	地面扰流板	地面卸升、减速
	配平调整片	减小、消除操纵力
	可调水平安定面	对飞机进行俯仰配平
	随动补偿片	帮助舵面偏转，减小操纵力
	反补偿片	增大操纵力，防止操纵过量

　　需要说明的是，由于飞机的性能、用途、尺寸大小要求不同，操纵和传动形式的差异，并不是每种飞机都同时具备上述全部操纵面，而是根据实际需要在飞机设计制造时选用。但主操纵面以及增升装置、配平装置等则是每种飞机必须具备的基本操纵面。

4.1.3　飞行主操纵系统的工作原理与主操纵力

1. 飞机机体轴

　　飞机姿态操纵就是控制飞机绕其 3 根机体轴转动。飞机机体轴是通过重心的 3 根互相垂直的纵轴（Ox）、立轴（Oy）和横轴（Oz），如图 4.6 所示。

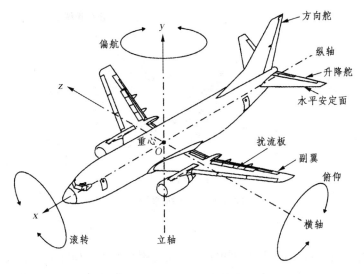

图 4.6　飞机绕机体轴的运动

（1）纵轴：过重心沿机身的轴线，向前为正。飞机绕纵轴的运动称为横滚或滚转，因此也叫滚转轴。

（2）立轴：纵向对称面内通过飞机重心与纵轴垂直，向上为正。飞机绕立轴的转动称为偏航，故立轴又称偏航轴。

（3）横轴：过重心并垂直于对称面，与纵轴、立轴成右手系方向为正。飞机绕横轴的运动为俯仰，故也称为俯仰轴。

2. 主操纵原理

飞行主操纵即由驾驶员操纵飞机绕 3 根相互垂直的轴线转动，如图 4.7 所示。主操纵的基本原理是操纵主舵面偏转，产生附加气动力对飞机的纵轴、横轴和立轴形成转动力矩，以改变飞机的横侧、俯仰和航向姿态：

（1）横侧操纵。左转驾驶盘，左副翼上偏，右副翼下偏，对飞机纵轴形成左滚力矩，使飞机向左倾斜；右转驾驶盘则向右倾斜。

（2）俯仰操纵。后拉驾驶盘（杆），升降舵后缘上偏，对飞机横轴形成抬头力矩，使飞机上仰；前推驾驶盘（杆）则飞机下俯。

（3）偏航操纵。蹬左脚蹬，方向舵后缘左偏，对飞机立轴形成左转力矩，使机头向左偏转；蹬右脚蹬则机头向右偏转。

显然，当驾驶员操纵飞机各舵面协同动作时，飞机将会随之出现相应的飞行姿态。

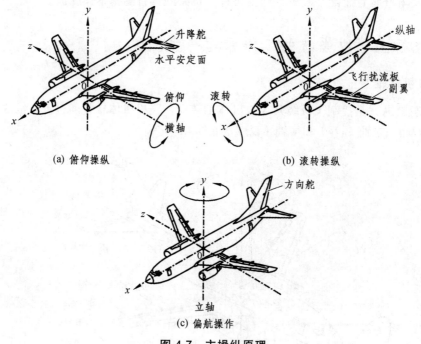

(a) 俯仰操纵　　　　　　　(b) 滚转操纵

(c) 偏航操作

图 4.7　主操纵原理

3. 主操纵力

主操纵力即驾驶员进行主操纵时施加在主操纵机构上的力。如图 4.8 所示，舵面偏转时，它面上的空气动力 $\Delta Y_{舵}$ 会对舵面转轴（铰链）形成枢轴力矩（ $M_{枢轴}$ ），该力矩迫使舵面回到中立位置。要保持舵面在所需位置，就要求驾驶员在操纵机构上施加操纵力（P）以平衡枢轴力矩。由空气动力学知识可知，作用于舵面上的气动力随舵面尺寸、飞行速度和舵偏角的增大而增大。因此，在其他条件一定时，主操纵力随舵面尺寸、飞行速度和舵偏角的增大而增大。

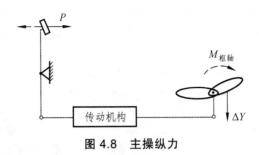

图 4.8　主操纵力

飞行主操纵力的大小直接影响飞行员对飞机实施操纵的安全性和有效性。主操纵力太小，则难于准确地控制操纵量，易造成操纵过量而导致飞机姿态失控；反之，如果主操纵力太大，会增加飞行员的操纵负荷，甚至不能达到操纵要求。所以，在飞机设计时，一般都根据飞行姿态、舵面所受气动载荷的具体情况，采取相应的措施以将主操纵力限制在一定范围内。

美国联邦航空条例（FAR25.143）规定的由飞行员体力提供的最大主操纵力限定值见表 4.2。

表 4.2　FAR 规定的主操纵力最大值

施加于驾驶盘或脚蹬上的力	俯仰（驾驶杆）N（lb）	横滚（驾驶盘）N（lb）	偏航（脚蹬）N（lb）
短暂作用	340（75）	270（60）	670（150）
持续作用	45（10）	23（5）	90（20）

4.1.4　主操纵系统形式

依据驾驶员通过操纵机构发出的操纵指令（操纵位移量、操纵速度、施加的操纵力等）传动舵面的特点，现代飞机飞行主操纵系统的典型形式为无助力机械式主操纵、液压助力机械式主操纵及液压助力电传式主操纵（简称电传操纵）3 种。采用哪种主操纵形式则主要取决于飞机种类。

无助力机械式主操纵系统（也称简单机械操纵系统）用以将驾驶员通过操纵机构发出的操纵信号及操纵力通过机械传动机构直接传递至舵面使之偏转（见图 4.9），它是最早应用于飞机飞行操纵的系统，适用于小型、低速飞机。这是因为小型、低速飞机舵面尺寸较小，飞行速度较低（小于 500 km/h），舵面偏转时的气动力较小，驾驶员体力足以克服舵面气动载荷而实现对飞机的操纵。通用航空类飞机，包括飞行训练的飞机，其主操纵系统大多属于这种形式（例如 TB20、Y5、Y7 等）。一些中型飞机的备用主操纵也采用这种形式。

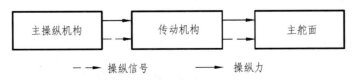

图 4.9　无助力机械式主操纵系统

随着飞机尺寸、重量的增大，飞机性能的提高以及飞行速度的增加，作用在舵面上的气动载荷也急剧增加，此时单凭驾驶员的体力难以操纵飞机。20 世纪 40 年代末助力式操纵应运而生，即利用其他动力源帮助飞行员对操纵面实施操纵。较早的为气动助力式（如 B 707、DC-9、MD 82 等），现代民用运输机普遍采用液压助力式主操纵，它是在简单机械主操纵系统基础上增加液压助力器组成。采用助力式主操纵后，飞行员通过操纵机构发出的仅是操纵信号，而操纵舵面的力由液压助力器提供（见图 4.10）。主操纵信号通过机械传动机构传递至助力器的控制部分，由助力器的传动部分传动舵面偏转，这就是液压助力机械式主操纵，目前多数民用大、中型运输机采用此种形式（如 B737、B757、B767、B747、DC-10、MD-11、A300 等）。

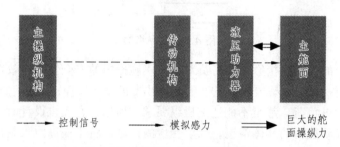

图 4.10　液压助力式主操纵系统

有些飞机液压助力主操纵的操纵信号采用电气传递方式，即飞行员的操纵输入首先转换成电信号，输入给相应的飞行控制计算机，再由计算机发出指令控制液压助力器以驱动操纵面按需要偏转。采用电传操纵后，飞行的自动化程度大大提高，飞行员从直接操纵者转变为飞行监控者和管理者，显著降低了飞行员的工作负荷，提高了飞行安全性。目前，采用电传操纵的民用客机有 A320、A330、A340、A380 和 B777 等。

4.2　飞行主操纵系统的组成及工作特点

无助力机械式主操纵系统、液压助力机械式主操纵系统和电传操纵系统是现代飞机飞行主操纵系统的典型形式，本节介绍这 3 种主操纵系统的组成及工作特点。

4.2.1　无助力机械式主操纵系统

无助力机械式主操纵系统工作时，飞行员通过操纵机构发出的操纵信号及施加的操纵力经由机械传动机构传至舵面操纵摇臂，作动舵面按需要偏转；舵面枢轴力矩通过机械传动机构反传到主操纵机构，由飞行员施加的操纵力来平衡。因此，这种主操纵系统的操纵灵敏性、准确性和安全性在很大程度上取决于传动机构工作性能的好坏。操纵机构、舵面及传动机构是组成无助力机械式主操纵系统的 3 个基本环节，此外，这种系统还设置有舵面锁在飞机停放或大风中滑行时锁住舵面。

1. 机械传动系统的形式与特点

无助力机械式主操纵系统的传动机构分为硬式、软式及混合式。

1）硬式传动机构

硬式传动机构由刚性件组成，主要机件包括传动杆、摇臂（见图 4.11）及导向滑轮等，可改变操纵力的大小、方向和传动速率。图 4.12 所示为某小型飞机升降舵硬式传动系统。

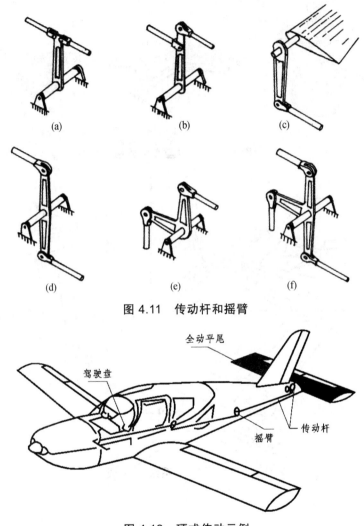

(a)　　　　　　(b)　　　　　　(c)

(d)　　　　　　(e)　　　　　　(f)

图 4.11　传动杆和摇臂

图 4.12　硬式传动示例

传动杆为铝合金或钢制管件。为防止其受压时失稳或发生振动，其长度一般不超过 2 m（或在较长杆中间加导向滑轮支撑）。传动杆之间以及杆与摇臂之间均为铰接，保证传动灵活。摇臂由铝合金制成，按其功能分为单摇臂、双摇臂和多摇臂等几种。它不仅起着支撑传动杆的作用，有的还可改变力的大小和方向。

硬式传动机构具有刚度大、灵敏性好等优点，但其质量大、占空间，且不易绕过设备，在小型或高速飞机上常被采用。

2）软式传动机构

软式传动机构由钢索、滑轮（或扇形轮）、松紧螺套（或钢索张力调节器）等传动件组成。

因为钢索具有挠性，只能承受拉力，故需构成钢索回路才能实现对舵面的双向操纵。图 4.13 所示为钢索与滑轮机构；图 4.14 所示为某小型飞机升降舵或全动平尾的操纵采用软式传动的实例。

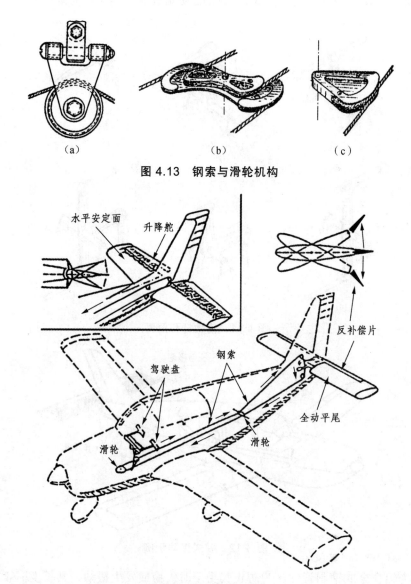

图 4.13　钢索与滑轮机构

图 4.14　软式传动示例

由于软式传动系统具有质量相对较轻，便于沿机体构形布局，容易绕过内部设备，而且机体结构变形对传动没有太大影响等优点，它成为目前应用最广泛的一种传动形式。大型运输机采用助力操纵后，操纵信号的传递一般仍采用软式传动机构。

软式传动的缺点主要是钢索的弹性变形（所谓"弹性间隙"）降低了操纵的灵敏性（特别是在环境温度变化较大的情况下），因此，在钢索系统中加装松紧螺套或钢索张力补偿器，根据外界条件的变化，对钢索的张力进行定期人工调节或自动调节，使钢索随时处于良好的绷直状态，不致过紧或过松。

3）混合式传动机构

混合式传动指在其主舵面的传动机构中既有硬式又有软式传动构件，它很好地利用了二者的优点，避免了它们的缺点。

一般在操纵信号的输入和舵面作动段采用硬式传动，中间段采用软式传动。

2. 舵面锁定装置

对于采用无助力机械式主操纵系统的飞机停放或系留固定时，用锁定装置将舵面固定，以防止阵风或持续大风吹动舵面来回偏转摆动而损坏舵面和传动机构；有的飞机在大风中滑行时也锁住舵面，保证滑行方向的控制。常用的锁定装置有传动机构锁、操纵机构锁及外部舵面锁等形式。

（1）传动机构锁。传动机构锁是利用弹簧加载锁销插入传动机构机件（摇臂或扭力管）上的销孔内，使其不能移动，来实现舵面锁定。

（2）操纵机构锁。许多小型飞机的舵面锁装置是将驾驶盘、驾驶杆和脚蹬锁定，使相连的传动机构不能来回移动，以此锁定舵面。

（3）外部舵面锁。用来直接固定外部舵面的装置就是外部舵面锁。

为了防止锁住舵面起飞危及飞行安全，飞机在设计上采取了一些安全措施，如舵面锁手柄与油门杆联锁。舵面锁没有开锁之前，发动机油门杆不能前推加大功率起飞；或者前推油门时提供警告。有的飞机操纵机构被锁住时，发动机启动电门或磁电机钥匙孔被锁装置挡住而不能启动。

采用液压助力式主操纵系统的飞机，液压助力器可吸收和减弱因阵风引起的舵面偏转振动，一般不设置舵面锁定装置，但在释放液压停放时仍需采取必要措施固定舵面。

4.2.2　液压助力机械式主操纵系统

目前，民用运输机广泛使用的就是液压助力机械式主操纵系统。下面具体讨论该系统的基本组成，介绍典型附件的工作原理。

1. 基本组成

液压助力机械式主操纵在简单机械主操纵系统基础上增加液压助力器环节。考虑到驾驶员通过机械传动机构仅操纵助力器的控制部分，感受到的力很小而不利于正确操纵飞机，还在系统中还增装了载荷感觉器。图 4.15 示出了液压助力机械式主操纵系统的组成框图。

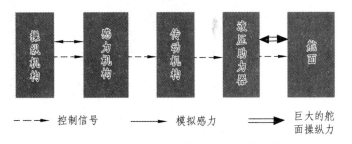

图 4.15　液压助力机械式主操纵系统的组成框图

B737的横滚操纵面由副翼加上飞行扰流板组成，其横滚操纵就是液压助力机械式主操纵系统的典型实例。图4.16为B737的横滚操纵系统示意图，图中虚线代表机械机构联系，动力控制组件就是液压助力器，感觉和定中机构有提供操纵感觉力及松杆时驾驶盘回中立位双重功能，飞行扰流板也是液压助力机械式操纵的。

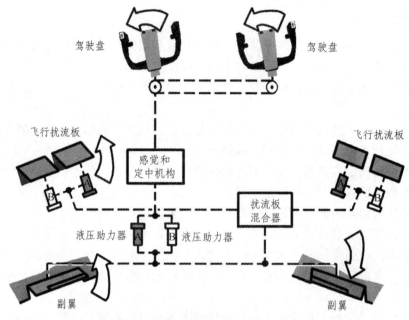

图 4.16　B737 的横滚操纵系统

2. 液压助力器

液压助力器是助力操纵系统最具代表性的关键部件。现代运输机采用的液压助力器形式虽然多样，但基本组成及工作原理却相同。

1）基本组成

图 4.17 为液压助力器组成示意图。由图中可见它由控制活门组件和作动筒组件两个基本

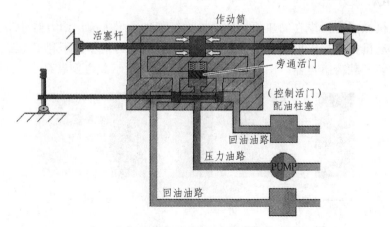

图 4.17　液压助力器组成

部分组成。助力器的控制部分包括操纵输入杆、配油柱塞（与壳体构成控制活门）等；作动筒组件则主要由活塞杆与壳体构成。助力器附加的旁通活门用于在液压失效时沟通作动筒左、右两腔油路，以便将助力工作状态切换成人工操纵。

2）基本工作原理

如图 4.18 所示，助力器作动筒活塞杆与机体固连，用壳体相对活塞杆的运动带动舵面偏转。液压供油从压力油进油口送进助力器，连通活门在液压作用下处于关闭位将作动筒活塞左、右两边的油室隔开。无操纵输入时，控制活门配油柱塞在中立位，柱塞凸缘堵住通往作动筒活塞左、右两腔的油路，作动筒活塞左、右两侧无压力差，壳体与活塞杆不能相对运动，舵面被固定在确定位置[见图 4.18（a）]。如果操纵驾驶杆使配油柱塞向右移动，作动筒右腔与压力油相通、左腔与回油路相通[见图 4.18（b）]。于是作动筒壳体在油液压力差作用下向右移动，驱动舵面后缘向上偏转；持续向右操纵使配油柱塞维持作动筒右腔进油、左腔回油，助力器壳体就持续向右运动，使舵面后缘不断向上偏转[见图 4.18（c）]。如果在某一位置停止驾驶杆操纵输入，配油柱塞不动，助力器壳体继续向右移动很短一段距离后，柱塞凸缘即重新将作动筒左、右两腔油路堵住，壳体停止移动，舵面被固定在确定偏转位[见图 4.18(d)]。如果反方向（向左）操纵驾驶杆，则配油柱塞向左移动，助力器壳体就会相应向左移动，驱动舵面反方向（后缘向下）偏转。

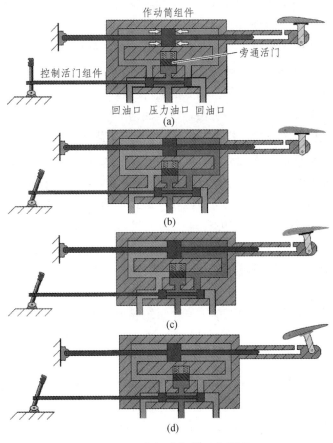

图 4.18　液压助力器工作原理

从上面的叙述可见，飞行员实施助力操纵时，并不直接操纵飞机的各操纵面，而仅通过操纵机构和机械传动（或电传）机构，将操纵信号送给助力器的控制部分；控制部分根据输入的操纵信号（如配油柱塞移动量）和舵面偏转的反馈信号（如壳体移动量）的综合指令（柱塞凸缘与作动筒油路口通道相对位置关系、实际通道口面积），来控制送给作动筒组件的液压油的通断及其流动方向，保证操纵面在液压驱动下按飞行员的操纵偏转。操纵信号不断输入，助力器就不断地操纵舵面偏转；操纵信号停止输入，舵面则随之停止在已偏转的位置上。因此，液压助力操纵又称为液压伺服控制，输入助力器的操纵信号如果是机械信号，则称为机液伺服控制；如果是电信号，则为电液伺服控制。

综上所述，液压助力器的工作原理可简要概括为：操纵信号和反馈信号通过控制活门控制液压的通断、流量和流向，由液压驱动作动筒驱动舵面相应偏转。

3. 操纵力感觉装置

采用液压助力操纵后，因为飞行员通过操纵机构发出的仅仅是操纵信号，所以操纵力很小。为了在飞行中给飞行员提供适当的感觉力，必须采取一定措施，使操纵感觉力随舵偏角及飞行速度等因素的改变而变化。

一种方法是将舵面气动载荷部分地通过传动机构反传给操纵机构，使飞行员可以直接感受到舵面偏转产生的气动载荷，这种助力式主操纵称为可逆（有回力）助力操纵。

现代运输机的液压助力主操纵系统一般为不可逆（无回力）式，即舵面的气动载荷全部由助力器承受，不能传递给操纵机构，所以飞行员操纵舵面偏转时没有真实的感觉力。为了给飞行员提供适当的操纵感觉力，以防止操纵过量和动作过于粗猛，在这类液压助力主操纵系统中装有操纵力感觉装置（又称载荷感觉器），提供模拟感力（参见图 4.16），同时具有松杆自动回中的感力装置称为感力定中机构。在有回力的助力主操纵系统中，为了在舵面枢轴力矩较小时，使操纵杆力不致过"轻"，往往也配装有载荷感觉器。

常见的操纵力感觉装置有弹簧式感力定中装置、动压式感力装置、感力计算机等。弹簧式载荷感觉器利用弹簧变形力随操纵量增大而增大，提供随舵面偏角改变的模拟感力；动压式感力装置利用由空速管获得的全压与静压在一罐式作动筒活塞两边产生压力差，提供随飞行速度和高度变化的操纵感力；感力计算机为一机械-液压装置（常用于升降舵操纵系统中），该装置感受全压信号、静压信号和可调水平安定面位置等信息，经计算处理后输出液压指令驱动感力作动筒，给驾驶杆施加一个与飞行速度、高度和安定面位置等因素相关的模拟感觉力。

图 4.19 示出的是某干线客机副翼助力操作系统感力和定中凸轮机构。该机构主要由凸轮、滚轮、滚轮臂和感力弹簧组成，凸轮固定在扭力轴上。滚轮臂上的滚轮在感力弹簧作用下压紧在凸轮中心处（型面半径最小位置）。操纵副翼偏转时扭力轴由传动机构驱动而转动使凸轮偏转，不论向哪一个方向偏转，都要推开滚轮而使感力弹簧被拉长。因而在操纵过程中要克服弹簧力，此作用力与操纵行程（或舵偏转角）成正比￣￣ 这就是所需要的感觉力。当停止操纵并松杆时，在感力弹簧力作用下，滚轮回到凸轮中心处，于是整个操纵系统都被返回到中立位——这就是感力定中机构的定中功能。

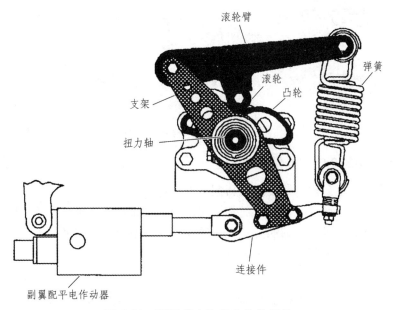

图 4.19　副翼感力和定中凸轮机构

4.2.3　电传操纵系统

电传操纵系统（Fly-By-Wire，简称 FBW），是英文的意译。现代飞机电传操纵系统把飞行员的操纵指令以电气信号形式，通过电线（电缆）并结合计算机输送到克服舵面气动力矩的助力器上。它将操纵机构和助力器之间的机械传动机构完全用电子-电气器件所组成的电气传输系数所代替；并且飞机运动参量也被反馈到控制计算机，使助力器的控制是飞行员的操纵输入与飞机运动反馈的综合指令。因此，电传操纵系统是应用反馈控制原理、用电气方式传递操纵信号的液压助力式操纵系统。为了确保良好的飞行性能与飞行品质，系统必须具有控制增稳功能。因此，目前工程界比较一致的定义是：电传操纵系统是应用反馈控制原理而使飞行器运动成为被控参量的"电信号系统 + 控制增稳"的飞行控制系统。为了保证飞行安全，现代飞机电传操纵系统还必须是一个多余度系统。

1. 工作原理与基本特征

飞机电传操纵原理如图 4.20 所示。飞行员对侧杆（或驾驶盘、脚蹬）的操纵，经杆力（或杆位移）传感器产生电信号（自动飞行时则为自动驾驶信号），并传给飞行控制计算机，飞行控制计算机同时接收来自测量飞机运动参量（比如运动角速度、加速度等）的信号，并将这些反馈电信号进行综合比较和运算处理，输出控制指令送到助力器驱动舵面偏转，使飞机的运动符合要求的操纵规律，实现对飞机的姿态控制。

电传操纵的基本特征是：利用电线（电缆）并结合飞行控制计算机以电气-电子系统代替机械系统传递飞行员的操纵信息及其与飞机运动参量的综合指令，控制助力器驱动舵面偏转，实施对飞机的姿态控制，为一闭环控制系统。由"操纵机构-传感器-计算机-助力器-飞机"组成的闭环控制系统是一个人工飞行操纵系统。更深入的分析后知，电传操纵系统是将控制增稳系统中的机械传动链完全去掉后而构建的一个全时间工作、全权限控制气动面的控制增稳系统。

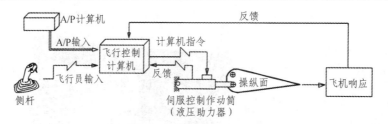

图 4.20　飞机电传操纵原理

2. 干线客机 A320 电传操纵系统

欧洲空中客车工业公司研制生产的新型双发近-中程 A320 型飞机，是第一架采用双侧杆控制器的电传操纵式民航客机。方向舵和平尾配平的机械操纵提供了在万一全部电气系统发生故障时能安全操纵飞机着陆的能力。在电子飞行控制系统设计中采用了多种余度和安全性概念，从而能保证失去全部电子控制的概率为 10^{-10}。

1）基本组成及工作原理

图 4.21 为 A320 飞机电传操纵系统结构示意图。整个系统采用多余度设计概念，应用 7 台

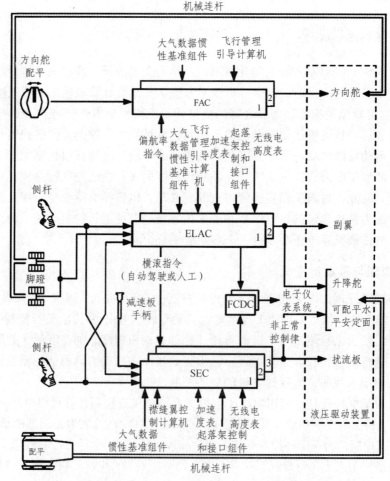

图 4.21　A320 飞机电传操纵系统示意图

飞行控制计算机（EFCC：Electronic Flying Control Computer），使用 3 套液压系统和 3 套三相电源。2 台升降舵/副翼计算机（ELAC：Elevator Aileron Computer）、3 台扰流板/升降舵计算机（SEC：Spoiler Elevator Computer）和 2 台飞行增稳计算机（FAC：Fly Augmentation Computer）是电传操纵的主飞行控制计算机，实施操纵输入指令与飞机运动响应反馈信息及其他相关数据输入管理、正常及备用或直接法则飞行控制律计算、伺服余度管理及包线保护，依据与操纵面的预设关联及变更优先权进行多种工作模式的转接逻辑管理以及输出指令管理等，它们是 A320 操纵系统的核心部件。

ELAC 和 SEC 计算机采用非相似余度技术。每台计算机都有两台单独的微处理机（不同软件），一个执行控制而另一个作为监控。ELAC 和 SEC 均可在自己的权限内，通过分离操纵面去控制飞机运动。ELAC 系统操纵副翼，升降舵和安定面分别进行横滚控制、俯仰控制和自动俯仰配平；SEC 系统操纵每个机翼上的 5 块扰流片，横滚控制用 4 块外侧扰流片，减速时用 3 块内侧扰流片，着陆减小升力时用全部 5 块扰流片；SEC 系统也提供备用的升降舵及安定面控制。方向舵配平是通过两台飞行增稳计算机实现的，而辅助操纵面缝翼和襟翼的操纵是通过两台缝翼/襟翼控制计算机进行的。此外，飞机还配备两台 FCDC（飞行操纵数据集中器），FCDC 从 ELAC 和 SEC 获得数据并将数据送至电子仪表系统（EIS）和中央故障显示系统（CFDS）。

EFCC 的输入有侧杆位置、减速（扰流）板手柄位置，并接受大气数据惯性基准组件（ADIRU）、飞行管理引导计算机（FMGC）、自动驾驶仪（A/P）、襟/缝翼控制计算机、起落架控制和接口组件、无线电高度表和加速度传感器的输入信息。ELAC 和 SEC 对这些输入进行处理，并发出指令给助力器电液伺服活门，控制助力器操纵相应舵面偏转。信号处理根据对飞机运动控制的各种影响因素的综合控制法则或控制律进行，A320 操纵系统是多模态飞行控制系统，预置有正常法则、备用法则、直接法则及非正常姿态法则等，这些控制律提供操纵指令与飞机运动参量响应对应关系的算法，使操纵简化，并提高飞行操纵的自动化程度。例如，飞行中向一边压侧杆时，ELAC 不仅向副翼和扰流板助力器发出操纵指令，还要向控制方向舵的飞行增稳计算机（FAC）发出方向舵操纵指令，以实现协调转弯。

A320 飞机电传飞行控制法则中提供了俯仰姿态保护、迎角保护、坡度角保护、高速保护、载荷因数限制、低速稳定性、高速稳定性、风切变边界限制等飞行边界控制（亦称包线限制）以及放宽静稳定度、阵风缓和减载功能，这些都是主动控制技术在现代民用运输飞机上的应用。它们对减轻驾驶员的工作负担，实现无忧虑操纵，并保证充分实现飞机的性能和确保飞行安全以及减少结构重量、改善乘坐舒适性等发挥了极好作用。

2）操纵典型显示——ECAM 飞行操纵页面

驾驶舱显示除有常规的目视标示、指示灯光、音响、语音、动感等外，操纵系统工作状态、操纵系统故障信息、典型故障处理动作等也同时用电子屏 DU（显示组件）页面以自动或人工方式方便地提供给驾驶员，使得驾驶舱资源管理更科学化和智能化。飞行操纵系统的典型 DU 页面包括 PFD（主飞行显示器）页面，ECAM（电子中央飞机监控）的 E/WD（发动机/警告显示）页面、S/D（系统/状态显示）飞行操纵页面等。

ECAM 飞行操纵页面如图 4.22 所示。从 ECAM 的飞行操纵页面上可以看到扰流板/减速板（SPD BRK）、液压系统压力标示（G、B、Y）、飞行控制计算机（ELAC/SEC）、副翼（AIL）、升降舵（ELEV）、方向舵（RUD）位置及作动器、副翼和升降舵及方向舵作动器、俯仰配平和方向舵配平（PITCH and RUD TRIM）、偏航操纵、减载功能降级（LAF DEGRADED）的工作情况显示。

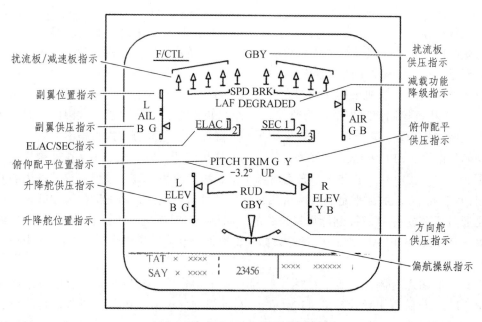

图 4.22　ECAM 飞行操纵页面

3）功能说明

（1）俯仰操纵——通过左、右升降舵和可配平的水平安定面（THS）的运动实现。来自侧杆控制器的指令信号和自动驾驶指令信号在飞控计算机内综合。正常情况下，水平安定面和升降舵将由 ELAC 控制。一旦两套 ELAC 发生故障，则自动转为由 SEC 控制。每个升降舵有两套使用不同液压源的液压作动器，从而提高了系统的工作可靠性。俯仰电传操纵的水平安定面配平是通过电动马达驱动自动完成的。如果绿或黄液压系统有效，水平安定面也能实现人工配平。人工配平通过配平手轮和钢索系统实现，从而可保证飞行安全。俯仰配平手轮的人工机械操纵优先于电操纵。

（2）横滚操纵——通过每侧机翼上的 1 个副翼和 4 块外侧扰流板的运动实现。来自侧杆控制器的指令信号和自动驾驶指令在飞控计算机中综合。正常情况下副翼由 ELAC 控制，扰流片由 SEC 控制，一旦 ELAC 或 SEC 故障，则横侧控制将只有副翼或扰流片进行控制。横滚电传操纵同俯仰电传机操纵一样，飞机姿态的调整总是自动配平的，副翼无人工配平电门。每个操纵面均有独立的液压源的液压作动器操纵。每个扰流板由一个伺服传动装置控制，而每个副翼由两个电控液压伺服传动装置控制。阵风载荷减载系统使用副翼和两对外侧扰流板。

（3）偏航操纵——由方向舵作动器驱动方向舵运动实现。偏航阻尼和协调转弯功能是自动的。ELAC 为协调转弯和阻尼偏航摆动计算偏航指令并将信号输至 FAC。偏航阻尼功能在整个飞行包线范围内均可使用。飞行员可使用传统的方向舵脚蹬操纵方向舵，从而保证最低限度的飞行安全。方向舵作动器由 3 个不同液压源的伺服作动器驱动。方向舵配平是由两个给人工感觉组件定位的电动马达完成的。正常工作时由 FAC 控制该马达驱动配平。在人工飞行中，飞行员可使用方向舵配平旋钮开关配平。

主要分系统包括：电子中央飞机监控（ECAM）系统、飞机阵风载荷减轻系统（LAS）、电子飞行仪表系统（EFIS）和综合飞行管理系统（FMS）。

4.3　飞行辅助操纵系统和飞行操纵警告系统

飞行辅助操纵系统包括对调整片、增升装置、配平装置、扰流板与减速板等辅助操纵装置的操纵，其作用主要是改善飞机的飞行性能或减轻飞行员的操纵负荷。

飞行操纵警告系统为操纵安全提供保护，包括起飞警告与失速警告。

4.3.1　调整片的功用、配平省力原理及应用

主操纵为无助力机械式传动的飞机上，主舵面的后缘一般都铰接有较小的可操纵翼面，称为配平调整片，简称调整片。图 4.23 所示为调整片在飞机上的布置示例。

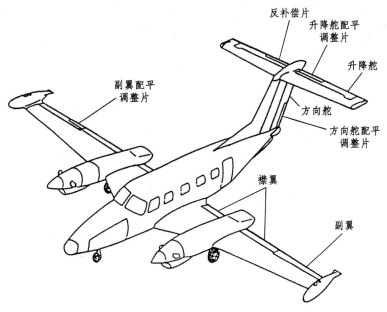

图 4.23　调整片在飞机上的布置示例

调整片的基本功用是对飞机实施配平操纵，以减轻或消除操纵力，减小飞行员的操纵负荷。它也通过对调整片的操纵带动主舵面偏转，来调整飞机平衡或对飞行姿态进行修正。此外，当主操纵的传动机构发生故障时，可通过操纵调整片对飞机进行应急操纵（需注意，当主舵面卡阻时具有反操纵特性）。

调整片减轻操纵力利用的是力矩平衡原理，可由图 4.24 说明。当舵面偏转时，舵面气动力 $Y_舵$ 形成枢轴力矩 $M_0(Y_舵)$，飞行员提供的操作力 P 经系统传递至舵面操纵臂，形成的传动力 F 对舵面转轴 O 提供操纵力矩 $M_0(F)$；若操纵调整片相对舵面反向偏转，调整片产生的附加气动力 $Y_调$ 对舵面转轴 O 形成与枢轴力矩相反的附加气动力矩 $M_0(Y_调)$；舵面和调整

片对 O 轴的力矩平衡关系为：$M_0(F) + M_0(Y_调) = M_0(Y_舵)$；由于调整片相对舵面反向偏转，$M_0(Y_调)$ 部分或全部抵消了枢轴力矩 $M_0(Y_舵)$，从而减轻或消除操纵力矩 $M_0(F)$，这样就减轻或消除了操纵力 P。

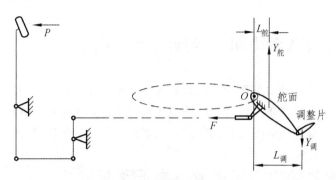

图 4.24 调整片省力原理

对调整片的操纵有机械式和电动式两种。机械式操纵一般直接转动配平手轮或手柄，经钢索、螺旋作动筒等机构的传动使调整片偏转。手轮旁边一般有指位刻度盘，当手轮上的指针与△标对齐时表示调整片处于中立位。电动式则按压相应的配平电门接通双向电机，经螺旋传动机构使调整片偏转，有信号灯指示调整片的中立位置。配平省力操纵时，其配平手轮或电门的操纵方向应与主操纵动作方向一致。例如，前推盘后需进行省力配平时，应向前转动配平手轮；后拉盘后的省力操纵则应向后转手轮。左转盘操纵的电动配平是向左扳动配平电门；右转盘操纵的电动配平则是向右扳动配平电门。

应当注意的是，飞机起飞前，应根据飞机本次飞行的装载重量及重心等条件，将升降舵调整片预调到起飞性能所要求的位置，以便在抬头离地时操纵感力适当。某些小型单发活塞式飞机，为了克服螺旋桨滑流、进动和反作用力的综合影响产生的偏头力矩，起飞前还需将方向舵调整片预调一定角度。

有些飞机在主舵面后缘安装随动补偿片，随舵面的偏转自动反向偏转，以减小操纵力。在某些中型飞机助力操纵系统的舵面上也装有随动补偿片，正常操纵时可减小助力器的传动负荷。当助力操纵失效转由人工操纵时，可减小飞行员的操纵杆力。

主舵面后缘的自动随主舵面同向偏转以增加操纵力的可动翼片称为反补偿片（参见图 4.23）。

4.3.2 增升装置操纵系统

现代飞机的增升装置一般包括后缘襟翼、前缘缝翼和前缘襟翼。

由升力公式可知，升力与升力系数、机翼面积及飞行速度的平方成正比。在起飞和着陆阶段，增升装置从机翼的前、后缘放出，通过改变翼剖面的形状、增加翼型弯度、增大机翼面积以及改善机翼表面流动（附面层）特性来增加升力，减小失速速度，从而改善飞机起飞、着陆性能。当不需要这些增升装置时，就将其收回到机翼，恢复翼型的正常特性。

比如进场着陆襟翼放下时，增加了机翼的弯度和机翼的面积（如富勒式开缝襟翼），使机翼增大了升力，同时也增大了阻力，并可增大临界迎角。因此，即使飞机的速度有一定量的降低，也不致失速。这就允许在进场着陆时获得较大的下滑角，并以较小的速度进场。这对于缩短着陆滑跑距离有十分重要的意义。在起飞时襟翼放下一定角度，也增大升力、提高临界迎角，有助于改善起飞性能。

增升操纵系统包括襟翼控制手柄与位置指示器、传动机构及增升装置本身。

（1）小型飞机一般只装有机翼襟翼，它是铰接在两侧机翼后缘靠近翼根处的操纵面。

小型飞机襟翼的操纵一般为电动。在驾驶舱中央操纵台上或中央仪表板下部有襟翼操纵手柄（少数为弹性电门），一般有多个卡位，供起飞、着陆及各种条件下选用。襟翼操纵手柄的运动接通电路，控制电机运转，使襟翼按操纵放下或收上。手柄附近有襟翼指位表，由襟翼位置传感器提供电信号指示襟翼位置。

（2）大、中型运输机的增升装置包括后缘襟翼和前缘缝翼，有的翼根处还装有前缘襟翼（通常为克鲁格襟翼），前缘缝翼和前缘襟翼统称为前缘增升装置。

这类增升装置的正常驱动动力一般为液压，后缘襟翼的备用动力为电动。通常，前缘装置的收放与后缘襟翼同步，并受后缘襟翼收放动作的控制，无须单独操纵。个别小型飞机的前缘缝翼由气动力作用而动作。

图 4.25 为某干线客机（B737-700）增升装置操纵系统示意图。图中虚线表示机械（钢索等）联系，实线和双点画线表示电路，花纹带状表示液压管路。

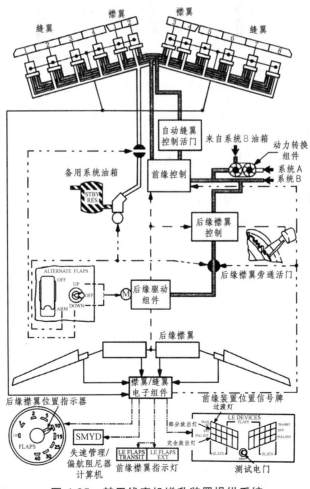

图 4.25　某干线客机增升装置操纵系统

中央操纵台右侧的襟翼位置选择手柄为增升装置的主要控制器件。当手柄后扳到某一位置时，通过钢索机械地打开襟翼控制活门接通液压源，液压马达带动驱动组件运动，通过螺旋机构传动襟翼放下与收上。

驱动组件运动同时机械打开前缘装置控制活门，接通液压至前缘装置液压作动筒，使前缘装置与后缘襟翼协调动作。

襟翼放下过程中，驾驶舱仪表板上的襟翼指位表（见图4.26）根据襟翼位置传感器信号指示左、右襟翼位置，襟翼不对称指示，同时驾驶舱顶板还有前缘装置指示灯指示前缘襟翼、缝翼的收放状态，如收、放过程或收、放已达到选择位置等。当襟翼放下到手柄所选择的位置时，驱动组件的反馈信号机械地将襟翼控制活门关断，襟翼立即停止在手柄选择位置。

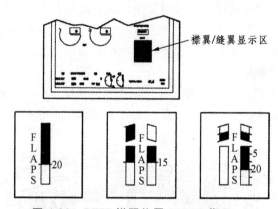

图 4.26　B777 襟翼位置 EICAS 指示

当正常液压失效时，可转为备用襟翼操纵，首先接通备用襟翼主电门至"预位"（ARM），电动关断襟翼旁通活门切断液压，然后按需要扳动襟翼备用操纵电门。这时后缘襟翼的操纵动力为电动，可以收上或放下（较正常慢）；前缘装置的动力为备用液压源，只能放下不能收上。

在现代飞机襟翼系统中一般都设有襟翼不对称保护。当襟翼位置比较器感受到左、右襟翼放下角度达到一定差值时，即发出指令将襟翼旁通活门关断，停止放襟翼。个别飞机没有襟翼不对称保护，在操纵这类飞机放襟翼时，如出现明显横滚趋势应及时收回襟翼。

飞机起飞前，襟翼必须放下至起飞性能要求的位置，否则加油门起飞时将出现起飞形态警告（喇叭断续响）。特别应注意襟翼位置的判断不能仅凭手柄是否已选择了某放下位，而主要以襟翼指位表的指示为依据。起飞时襟翼放下角度较小；着陆时放下角度较大，应逐次放下到位并须遵守襟翼放下的速度限制。

4.3.3　减速板操纵系统

减速板包括飞行扰流板和地面扰流板，一般装于后缘襟翼之前机翼上翼面，机翼两边对称布局，随机型的不同有8~14块。

现代飞机扰流板是多功能操纵面，飞行扰流板的功用是：

（1）飞行中非对称升起辅助副翼横滚操纵。

（2）通过操纵两边的飞行扰流板对称升起卸升、增阻，使飞机空中减速、增大下降率。

（3）在地面与地面扰流板一同起卸升作用，从而提高刹车效率，增大阻力，缩短飞机滑跑停机距离。

有些飞机的飞行扰流板还用于降低机翼突风载荷。地面扰流板仅在飞机处于地面时才能工作。

图 4.27 为 B737-700 飞机减速板系统工作简图。减速板手柄位于中央操作台上，有"下卡位""预位""飞行卡位"及"上卡位"4 个卡位。飞行中需要减速时手柄置"飞行"卡位，两边飞行扰流板对称升起增阻卸升；着陆接地前手柄置"预位"位，飞机接地支柱压缩、机轮开始滚动且两发动机油门杆在慢车位时，所有的飞行扰流板和地面扰流板自动全位升起，增大气动阻力，同时卸去大部分机翼升力，使飞机重量尽快作用于道面，增大机轮与道面的结合力，从而提高刹车效率，以帮助飞机更快减速。如果手柄在"预位"失效，飞机接地后可人工将手柄强制扳至"上卡"位。

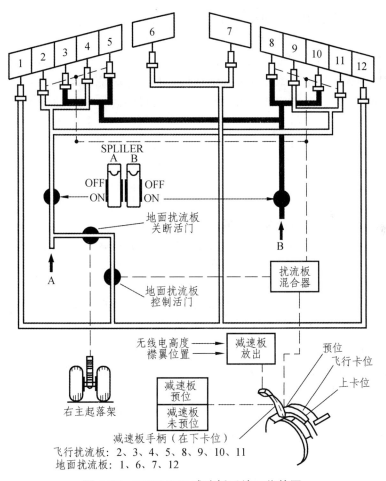

图 4.27　B737-700 减速板系统工作简图

飞机接地后，如任一油门杆前推，则所有扰流板自动放下，以便起飞加速，这时手柄自动移到"下卡"位。在起飞过程中，如果中断起飞，且反推力手柄在"反推力"位，所有扰流板将自动升起以帮助飞机减速。

起飞前所有飞行和地面扰流板均应在"下卡"位，否则加油门起飞时会出现起飞形态警告（喇叭断续响）。

4.3.4　液压助力主操纵系统的配平操纵

对无助力机械主操纵系统配平装置（即配平调整片）及其操纵情况在 4.3.1 已做介绍，这里仅介绍液压助力主操纵系统的配平操纵。

配平操纵的主要目的是为了减小飞行员的操纵负荷。由于助力操纵系统的操纵感力由感力定中机构提供，所以它的配平操纵就是指消除感力定中机构的模拟感力。但无论是调整片还是感力定中机构，在驾驶舱中进行配平操纵的器件以及飞行员的配平操纵动作都是相似的。

1. 横滚和方向配平

在液压助力操纵系统中，横滚和方向配平操纵类似，都是扳动相应配平电门或旋钮，控制配平电机工作，使定中机构重新定中立位。例如，转动驾驶盘或蹬脚蹬操纵飞机，姿态稳定后，为了在松开驾驶盘或脚蹬后飞机仍然保持这一稳定姿态，则与驾驶盘转动方向或蹬舵方向一致地扳动副翼配平电门或方向舵配平电门，直至操纵感力消除。这时驾驶盘或脚蹬保持在已操纵的位置，副翼或方向舵保持一定偏角，飞机姿态保持一定。横滚和方向配平操纵主要在长时间保持盘旋或飞机出现较大不对称力矩的情况下使用。例如，当多发飞机的部分发动机失效时欲保持直线飞行，则需进行横向和方向配平。

2. 俯仰配平

现代大中型民航飞机由于纵向尺寸大，重心纵向变化范围大。如果重心偏前或偏后，需要的纵向操纵量很大，单靠升降舵不能满足纵向操纵要求，因此现代民用运输机普遍采用可调水平安定面，来改善飞机的纵向操纵性与稳定性（安定面偏转 1° 的效果相当于升降舵偏转 2.5° ~ 3.5°），其俯仰配平即指对水平安定面的操纵。可调水平安定面后缘一般铰接于机身结构上，前缘由螺旋作动筒驱动上下偏转，其范围为 + 1° ~ − 12°。

图 4.28 所示为某飞机水平安定面配平示意。俯仰配平操纵一般有 3 种方式，即人工机械配平、主电动配平和自动驾驶仪配平。中央操纵台两侧有机械配平手轮和安定面偏转位置指示，人工转动手轮通过钢索系统控制螺旋作动筒的运动，传动水平安定面偏转；驾驶盘上有主电动配平电门，控制主配平电机或液压马达的工作，仍然通过螺旋作动筒传动安定面；当自动驾驶仪衔接时，可通过自动驾驶配平马达驱动螺旋作动筒传动安定面，实施自动俯仰配平。以上 3 种配平中，人工手轮机械配平总是最优先的，以便在紧急情况下进行人工俯仰配平；而主电动配平输入可切断自动驾驶配平。当驾驶杆运动方向与电配平方向相反时，驾驶杆的运动可切断电动配平输入（称为"配平刹车"）。在主电动配平或自动驾驶配平过程中，手轮随之转动，以指示安定面偏转情况。

飞机由水平安定面完成俯仰配平后，驾驶杆和升降舵就定位在接近中立位置，这样不仅便于飞行员对升降舵实施操纵，而且升降舵有较大剩余效率。又因为在稳定飞行中升降舵实际上是处于中立位置，这对升阻比产生了有利的影响。因此，升降舵和安定面的尺寸可做得较小，从而减轻了结构重量，减小了操纵升降舵和水平安定面所需的能耗。

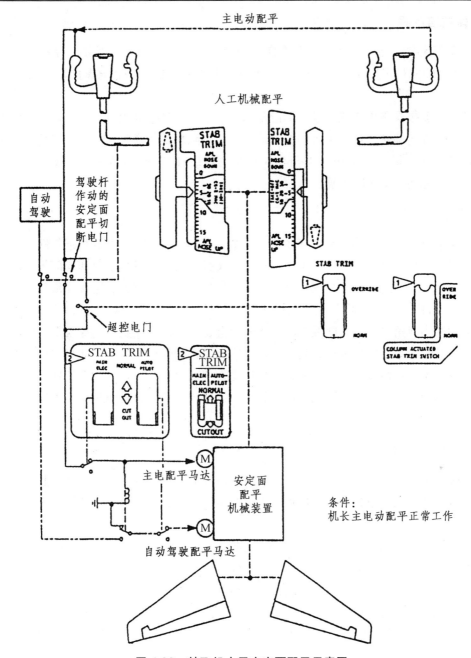

图 4.28　某飞机水平安定面配平示意图

　　飞机在起飞之前要根据飞机装载重量、重心及跑道长度等条件预先将水平安定面调整到安定面配平指示器"起飞绿区"的一个适当位置，以保证飞机起飞过程中的纵向操纵。

4.3.5　其他辅助操纵设备

　　现代客机装备的其他辅助操纵设备可以有偏航阻尼器、马赫配平系统以及突风载荷降低系统等。

1. 偏航阻尼器

飞机以小速度大迎角飞行时，其方向静稳定性和横侧静稳定性变化，导致二者匹配失当，造成飞机侧向稳定性变差，可能发生由机体倾斜与偏航振动的合成振动，即飘摆振荡（荷兰滚）。

偏航阻尼器接受飞机空速信号和侧滑角加速度信号，经过处理可适时提供指令使方向舵与飘摆振荡反方向偏转，从而增大偏航运动阻尼，消除飘摆。通常，由偏航阻尼器产生的舵面最大偏转角度不超过 5°~10°。另外，偏航阻尼器还可与副翼操纵配合使飞机协调转弯。有的飞机同时还装有横滚阻尼器。

2. 马赫配平系统

现代运输机采用后掠翼布局，在较高马赫数（$Ma \approx 0.6 \sim 0.8$）飞行状态条件下明显地存在着在随速度变化的纵向力矩不稳定性。当飞机飞行速度大到机翼上出现局部超声速区与局部激波时，由于超声速区大部分在机翼后段，机翼后段的升力增大，这就导致总升力着力点（压力中心）后移，飞机的低头力矩增大。如果此时驾驶盘不随马赫数的增大而减小推杆力，飞机将自动减小迎角，升力也随之减小，飞机便会自动进入下俯状态，这就是飞机的自动下俯现象。马赫配平系统则可提供较高马赫数飞行时飞机的速度稳定性，即当空速增加到会产生自动下俯现象的数值时，飞行控制计算机接受大气数据计算机的马赫数信息，产生随动位置信号，自动操纵升降舵按一定规律向上偏转，以使飞机抬头，从而避免飞机发生自动下俯现象。

3. 突风载荷降低系统

该系统是主动控制技术的应用。采用突风载荷降低系统的目的是：通过降低机翼外侧的气动载荷从而减小飞行中翼根所受弯矩；由于在飞行中对突风受载进行补偿而改善了飞机乘员的舒适性。

这种系统目前已在 A320 等飞机上使用，如图 4.29 所示。为了减小突风载荷，两边副翼和两块外侧扰流板对称向上偏转。沿机身纵轴分布的 4 个加速度传感器感受突风过载信号。当飞机载荷系数与飞行员操纵指令的载荷系数相差 0.3 时，通过计算机（ELAC 和 SEC）控制相应作动筒工作，由高性能的液压伺服活门和专门的蓄压器提高副翼的偏转速度（可高达 100°/s）和扰流板偏转速度（可高达 200°/s）。这可使得 A320 翼根处所受弯矩减小约 15%。

图 4.29　突风载荷降低系统降载示意图

4.3.6 飞行操纵警告系统

飞行安全可靠性和完成任务可靠性是飞机的两个最重要的性能。如果飞机没有足够的飞行安全可靠性，就不会被允许执行飞行任务；如果没有足够的完成任务可靠性，飞机就会失去稳定飞行的性能。飞机飞行操纵系统警告系统就是提前警告驾驶员，会发生潜在危险，从而避免事故发生。飞机飞行操纵警告系统分为失速警告系统和起飞警告系统两种。

1. 起飞警告

起飞警告系统用于当飞机处于不安全起飞状态时发出音响警告，如图 4.30 所示。

当飞机在地面，任何一个油门杆在起飞位置，发生下列任一情况都会触发起飞警告。

（1）减速板手柄未在"放下"位置。

（2）停留刹车未松开。

（3）前缘缝翼未放出。

（4）后缘襟翼未在"起飞"位置。

（5）水平安定面未在"绿区"（起飞区）。

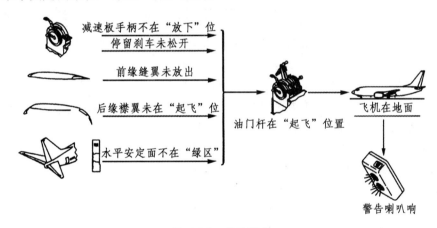

图 4.30　起飞警告

2. 失速警告

失速警告系统用于在空中飞机接近失速状态（一般比失速速度大 7%）时发出警告，有些飞机还能自动推杆帮助飞机改变失速状态。失速警告系统仅能在空中工作，在地面只能通过试验电门作动。

失速警告系统主要分为 3 个部分，如图 4.31 所示。

（1）输入部分。输入部分探测飞机的迎角、襟翼位置、缝翼位置、发动机转速和空地逻辑等信号，并将信号输送到失速管理计算机。

（2）信号处理。失速管理计算机（也称失速警告计算机）接收输入部分传送的信号，进行分析处理，输出电信号到抖杆器和推杆器。

（3）输出部分。输出部分接受失速管理计算机的电信号，抖杆器使驾驶杆抖动，警告驾驶员飞机接近失速状态。推杆器用于自动恢复操作，在飞机接近失速状态时，自动推杆，飞机机头自动下俯，防止失速。

有些飞机失速警告系统没有推杆器（如波音 737-300、波音 757、波音 747 飞机），这些飞机当发出失速警告时要靠人工推杆以防止飞机进入失速状态。抖杆器通常安装于驾驶杆上（如前述几种机型），也有的飞机安装于驾驶杆前扭力管上（如波音 767 飞机）。每个驾驶杆各有一个抖杆器，如图 4.32 所示。

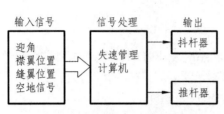

图 4.31　失速警告系统的组成　　　　　　图 4.32　波音 737 驾驶杆抖杆器

复习题

4-1　简述飞行操纵系统的功用。简述对飞机操纵系统的主要要求。

4-2　现代飞机一般有哪些操纵面？它们各自的功用如何？

4-3　什么是飞行主操纵力？其大小与哪些因素有关？

4-4　飞行主操纵形式主要有哪两种？各适用于哪些种类的飞机？

4-5　什么是无助力机械式主操纵？传动系统形式有哪几种？

4-6　什么是软式传动的"弹性间隙"？说明其危害及如何克服。

4-7　试述舵面锁机构的功用和在设计与使用时如何保证不带锁起飞。

4-8　简述液压助力器的基本组成和工作原理。

4-9　说明操纵力感觉装置的功用及主要有哪几种形式。

4-10　什么是电传操纵？其主要特点有哪些？

4-11　简述配平调整片功用及省力原理。

4-12　什么是反补偿片和随动补偿片？

4-13　增升装置包括哪些操纵面？怎样对其进行操纵和监控？什么是襟翼不对称保护？

4-14　飞行各阶段减速板起何作用？飞行扰流板有哪些作用？

4-15　简述现代运输机横滚、偏航和俯仰配平方式。

4-16　可调水平安定面进行俯仰配平有何特点？其配平操纵有哪几种方式？

4-17　简述偏航阻尼器、马赫配平系统、突风载荷降低系统的功用。

4-18　某运输机加油门起飞时出现断续的喇叭响（起飞形态警告），可能的原因是什么？

第 5 章　飞机燃油系统

　　燃油系统包括飞机燃油系统和发动机燃油系统两部分。本章介绍的飞机燃油系统指从燃油箱到发动机驱动泵之间的供油管路系统。飞机燃油系统的功用是：储存燃油并在各种规定的飞行状态和工作条件下保证安全可靠地将燃油输往发动机。此外，燃油可作为一种冷源，在飞行中冷却滑油和液压油等。现代飞机还利用燃油的转输来调整飞机重心位置及平衡。

　　本章主要介绍飞机燃油系统的形式、组成及使用情况。

5.1　飞机燃油系统的形式与基本组成

5.1.1　飞机燃料及其要求

　　目前飞机使用的燃料绝大部分为化学燃料，主要是石油燃料，也称为烃类燃料。这类燃料来源广泛，加工方便，价格相对便宜，并且具有航空燃料所要求的各种优良性能。

　　航空发动机大多以空气为氧化剂，这种发动机的燃料包括活塞式发动机燃料和燃气涡轮发动机燃料两大类，前者为航空汽油，后者为航空煤油。

　　对航空汽油的性能要求是：良好的蒸发性；良好的抗爆震性；不生成沉积物和积炭；不腐蚀发动机机件；有良好的物理化学性能；不含水分和外来物质。

　　航空燃气涡轮发动机是目前航空上的主要动力装置，故航空煤油也就成了用量最大的航空燃料。从储存到燃烧完毕的整个使用过程中，对燃料的每个阶段都提出了专门要求，也就是使用性能要求，包括以下几个方面：

　　（1）良好的燃烧性。在雾化、蒸发、与空气混合及点火燃烧的 0.01 s 内瞬间完全燃烧，不积炭。

　　（2）良好的物理化学稳定性。含杂质少，储存、运输过程中不变质。

　　（3）良好的输送性。要求燃料清洁，流动性好，无冰晶、气塞现象。

　　（4）不腐蚀有关机件。

　　（5）良好的着火安全性。在较高环境温度条件下，不自燃，不爆燃。

5.1.2　飞机燃油系统的功能和形式

　　飞机燃油系统除了储存燃油并向发动机供油外，还应具备加油、放油、油箱通气以及系统工作信息显示等功能。

飞机燃油系统的形式主要取决于发动机的数量和种类。一般有单发选择供油系统、双发独立与交输供油系统和多发总汇流管供油系统 3 类。

单发选择供油系统一般用于小型活塞式飞机，如图 5.1 所示。飞行员通过燃油选择器控制左、右油箱向发动机供油。这种燃油系统的供油动力可以源自燃油自身重力、发动机驱动泵抽吸或电动燃油增压泵，或者是它们的组合。在许多小型飞机的燃油箱中装有电动增压泵，以保证飞机在起飞、着陆等阶段的正常供油。

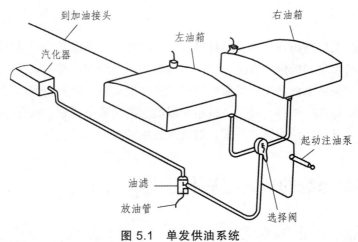

图 5.1 单发供油系统

双发独立与交输供油系统如图 5.2 所示。正常情况下左、右系统独立地向两发动机供油。在单发情况或左右两边油量不平衡而需要交输供油时，交输活门打开进行交输供油。双发飞机燃油系统大多为这一形式。

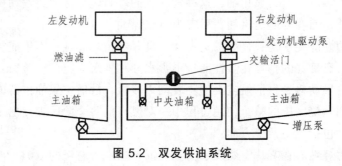

图 5.2 双发供油系统

多发总汇流管供油用于多发飞机，是交输供油的演变型，如图 5.3 所示。燃油可从各主油箱分别供给对应的发动机，也可将各主油箱的燃油经汇流活门先送至总汇流管，再从总汇流管分配给各发动机。辅助油箱的燃油则必须经总汇流管才能供给发动机。总汇流管系统可以在某发动机失效时，将其对应油箱的燃油经汇流管供给其余工作发动机；而当一个主油箱损坏时，其对应的发动机又可直接从汇流管得到燃油。

5.1.3 飞机燃油系统的基本组成

按飞机燃油系统的功用和要求，它主要由燃油箱、燃油泵、燃油滤和控制活门等附件组成。

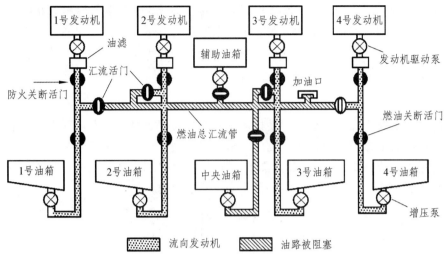

图 5.3 多发供油系统

1. 燃油箱及其通气

1）燃油箱的种类

飞机燃油箱按其在飞机上所处位置可分为机翼油箱、机身（中央）油箱、机翼或机身辅助油箱及外挂式副油箱。运输机一般有几个机翼油箱和一个中央油箱。运输机通常在机翼油箱最低处设置有放油口，可放出油液中的水分和杂质或放空燃油以便维修。

如按油箱结构形式又可将飞机油箱分为固定油箱（包括硬壳式油箱和软油箱）和结构油箱等。

硬壳式油箱由铝合金制成，装于机翼或机身内，可整体更换。其优点是抗漏性好，缺点是不能充分利用机翼和机身的结构空间，且增加了重量。

软油箱由多层合成橡胶或尼龙织物制成，由固定框架支撑，装于机翼或机身内，可整体更换。其优点是可较好地利用结构空间，并因为采用了双层壁以及材料的弹性而具有较高的安全性。缺点也是额外增加了重量。

结构油箱又称整体油箱，为现代飞机所广泛采用。如图 5.4 所示，它由机翼壁板、两端

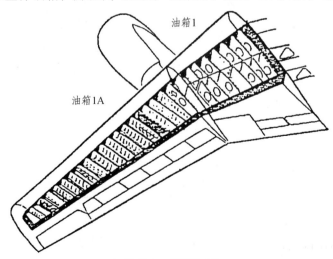

图 5.4 结构油箱

翼肋和翼梁腹板围成的结构空间，内表涂以密封材料而成，所以装设这种油箱的机翼又称为"湿翼"。为防止燃油在油箱内来回振荡，某些翼肋作为隔板并装有单向活门，以使燃油从翼尖流向翼根而不倒流。结构油箱的优点是最大限度地利用了结构空间，使油箱质量最小。缺点是维修较困难，维修成本也较高。

2）油箱的分布

油箱的分布取决于飞机大小、发动机数量和飞机燃油容量。双发短程飞机一般有两个机翼油箱，但也有其他布局。双发或三发中、短程飞机通常有两个机翼油箱和一个中央油箱，但也可能有更多油箱，如图5.5所示。图5.6所示为B747远程四发飞机，每边机翼有3个油箱以及1个中央油箱。多油箱设置主要是从安全角度考虑。

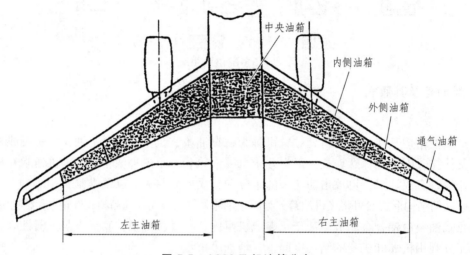

图 5.5　A320 飞机油箱分布

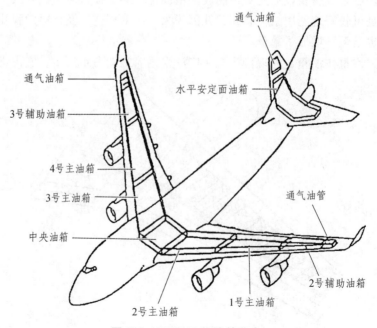

图 5.6　B747 飞机油箱分布

主油箱序号与相应发动机序号一致。有些飞机的油箱则称为左、右和中央油箱。而左、右油箱又可分为内侧和外侧油箱。

3）油箱通气系统

油箱通气的目的是防止油箱内产生过大的正压或负压，并在飞行中给油面提供冲压空气压力，保证顺利加油和向发动机供油。通气系统还可排出油箱内的燃油蒸气，防止形成爆燃条件。

现代飞机的油箱通气系统包括冲压通气口、翼尖通气油箱、一根或数根将通气油箱与主油箱连接的通气管等，如图 5.7 所示。冲压空气口与通气油箱相通，冲压空气进口内有防焰器，既可给排出的燃油气降温，又可防止外部火焰进入通气油箱。

为防止飞行中因飞机姿态剧烈改变造成燃油从通气系统漏出，通气管中装有通气浮子活门，当油面升高时活门被浮起而立即关闭通气管路。如果燃油已经漏到通气油箱中，因其位置较高，漏出的燃油可通过一单向活门流入相邻的主油箱。

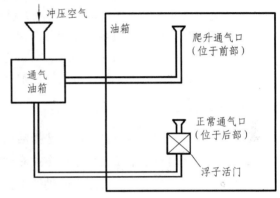

图 5.7　油箱通气系统

2. 燃油泵

飞机燃油系统的燃油泵主要有增压泵、超控泵、引射泵、转输泵和搜油泵等。增压泵为离心式电动泵，保证向发动机驱动泵提供具有一定压力的燃油。它一般为浸入式，即泵体浸没在燃油中。每个主油箱前后各一个泵，保证飞机各种姿态下的连续供油。图 5.8 所示为 A320 飞机机翼油箱增压泵。

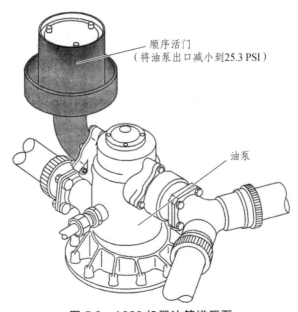

图 5.8　A320 机翼油箱增压泵

超控泵用于控制耗油次序，其出口处的单向活门打开压力较小，这样就保证了顺序用油：先消耗安装超控泵油箱的燃油，后用其他油箱的燃油。

引射泵用于小型飞机，利用增压泵的部分压力油流过文氏管抽吸无泵油箱的燃油至消耗油箱；用于大型飞机燃油系统增压泵进口处则防止水分以沉淀形式集中进入供油管。搜油泵原理同引射泵，可将辅助油箱的残余燃油抽至主油箱。

转输泵可将燃油转输到其他油箱或放油管路。

3. 燃油滤

燃油滤在结构上与液压油滤类同。在飞机燃油系统的供油管路中一般设有粗、细两个油滤。粗油滤的过滤度约为 70 μm，主要滤去燃油中的机械杂质；细油滤的过滤度小于 10 μm，主要用于滤除燃油中的细微杂质和水分。粗、细油滤都有旁通活门，当滤芯堵塞时旁通活门打开，保证连续供油。在细油滤的进、出口之间有一个压力电门，当两端压差达到一定值时接通油滤堵塞信号灯电路，为飞行员提供油滤堵塞信息。

4. 控制活门

燃油管路中控制活门主要有油箱选择活门、燃油关断活门及交输活门等。

油箱选择活门用于单发飞机选择左或右油箱供油，也起关断燃油的作用。在冷天飞行时应注意防止该活门冻结而阻碍正常的供油选择。

燃油关断活门又称为防火关断活门。正常供油时电力接通，发动机失火时应关断该活门，活门关闭信号灯亮。所以燃油关断活门既受专门的电门控制，又受防火电门（开关）的控制。有些飞机的燃油系统中关断活门和防火关断活门是分开的，分别由单独的电门或开关控制。

交输活门结构类似于关断活门，用于双发飞机燃油系统中。正常供油时该活门关断，需要交输供油时，由专门的电门控制其打开。交输活门打开时，相应的位置信号灯亮。

5.1.4 飞机燃油系统的工作显示

1. 燃油量

燃油量显示有油量表（电动式或数字式）、测油杆等几种方式。现代飞机的油箱内有电容式油量传感器，为油量表提供电气信号。当总油量低于一定值时，驾驶舱仪表板上的低油量警告灯闪亮，以告诫飞行员飞机剩油不多，应采取相应措施。

2. 燃油消耗量表

它显示的数据为所有发动机已消耗的燃油总量。

3. 燃油流量表

它指示去燃油喷嘴的燃油流量（属于发动机燃油系统）。

4. 低压警告灯

该灯亮时表示燃油增压泵出口压力低于正常值。

5. 燃油温度表与低温信号

它指示某燃油箱内的燃油温度值，以此代表总的燃油温度；当油温低于一定值时，低温信号灯亮。

6. 燃油滤堵塞信号灯

该灯亮时表示相应油滤即将旁通、油滤可能已结冰等信息。

7. 活门位置指示灯

它表示诸如燃油关断活门、交输活门等所处状态。作为示例，图5.9为B737飞机燃油系统的操纵控制面板。

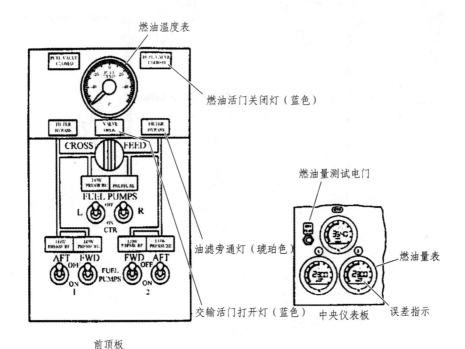

图 5.9　B737 飞机燃油系统控制面板

5.2　飞机燃油系统的使用

飞机燃油系统的使用主要包括向发动机供油、给飞机加油以及应急空中放油等。

5.2.1　飞机燃油供给系统

飞机燃油供给系统（以双发飞机为例）向发动机供油一般有正常供油、交输供油和抽吸供油 3 种方式，如图 5.10 所示。

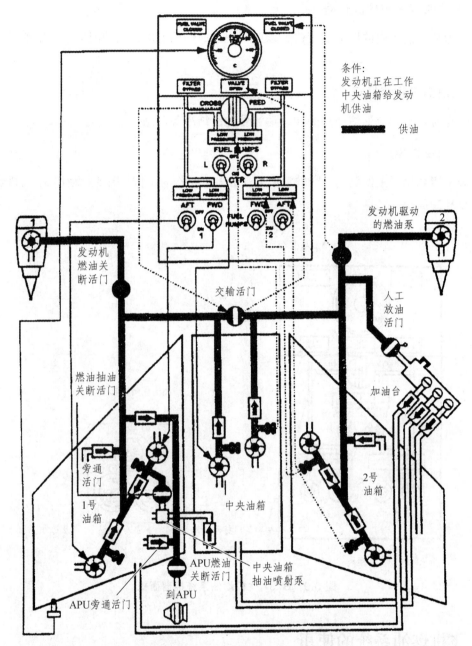

条件：
发动机正在工作
中央油箱给发动
机供油

■■■■■ 供油

图 5.10 B737 飞机燃油供给系统

正常供油时，接通所有增压泵电门。因中央油箱单向活门打开压力较低，故先由中央油箱向两发供油，快用完时自动转换至主油箱供油，从而保证了先中央油箱后主油箱的用油次序。当增压泵出口压力低时，相应的低压信号灯亮。

出于两边机翼油箱的油量不平衡或一台发动机失效等考虑，为了保持飞机的横向平衡，可采用交输供油方式。通过交输活门，燃油可从任一油箱向任一发动机或所有发动机供油。例如，飞行中两边油量不平衡需要平衡油量时，首先打开交输活门，然后关闭油量少的油箱的增压泵，由油量多的油箱向两台发动机供油。待油量平衡后，按上述过程反向操纵，结束交输供油。在一台发动机失效时，可打开交输活门，由两边油箱向工作发动机供油。

如果某主油箱的所有增压泵都失效，则相应发动机的供油为抽吸方式。每个主油箱有一个增压泵旁通活门，由发动机驱动的燃油泵（低压和高压）通过这一旁通活门将燃油从油箱抽吸至发动机。如果油箱的位置高于发动机驱动泵，则这时还有燃油自身的重力作用。中央油箱一般不设旁通活门，如果中央油箱内所有增压泵失效，则中央油箱所剩的燃油不可用。

在飞行期间一般不进行油箱与油箱之间的燃油转输。但有些飞机（如 MD-11 等）则有以调整飞机重心为目的的燃油转输。

5.2.2　飞机的加油

民用运输机的加油方式主要有重力加油与压力加油两种。

所有小型飞机的机翼上表面都有重力加油口作为主要加油口。这种标准加油口处标注有飞机所需的燃油等级和可加燃油量，如图 5.11 所示。大型飞机也装有这种加油口作为备用。

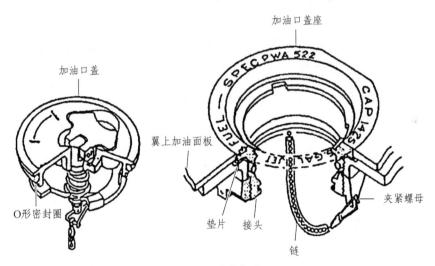

图 5.11　重力加油口

压力加油系统可提供快速加油，并且可减小加油时的外来污染。B737 飞机的压力加油口和加油控制面板位于右侧机翼前缘下表面的盖板内，如图 5.12 所示。A320 飞机的加油口也位于右侧机翼前缘的下表面的盖板内，而加油控制面板位于机身上。图 5.13 所示为 A320 飞机的加油控制面板。该系统主要由加油接头、加油总管和加油活门等组成。加油时，将地面加油管接入接头，接通相应的加油活门，则燃油向所有油箱同时或分别加油，每个油箱加油量可通过面板上的油量指示器监控。

加油时特别应注意燃油牌号、油量单位和防火安全。曾经有过因加注了错误牌号的燃油，或弄错了油量单位（如把磅当成了千克，或者把升当成了加仑等），造成严重事故的教训。

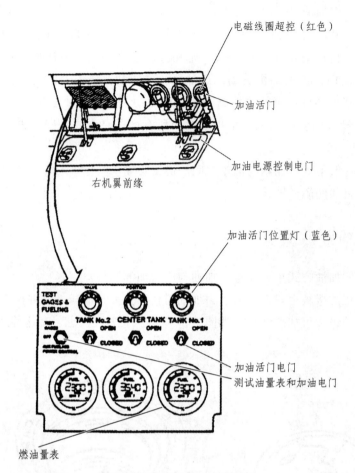

图 5.12　B737 压力加油面板

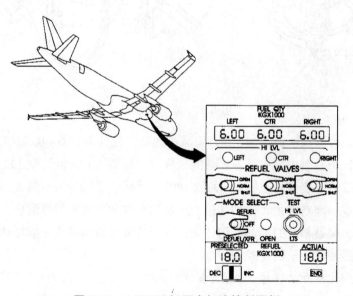

图 5.13　A320 飞机压力加油控制面板

5.2.3 空中应急放油

按国际民航组织规定，最大起飞重量超过最大着陆重量 5% 的飞机必须设置空中放油系统，以保证着陆安全。FAR25 部规定，一架飞机以最大起飞重量起飞后，除了 15 min 飞行（起飞 + 复飞 + 在起飞机场着陆）期间所消耗的燃油外，飞机重量仍不能满足 FAR25 所规定的进近和着陆性能时，必需设置空中放油系统。中远程飞机如 B707、B747、A340 等有空中放油系统。

对于以燃气涡轮发动机为动力的飞机，空中放油必须有一定剩余油量，以保证飞机能从海平面爬升至 10 000 ft（1 ft = 0.304 8 m），并以最大速度巡航 45 min 的用油量。

空中放油系统常见的有两种形式：重力放油和动力放油。

重力放油系统在空中放油时，电机带动放油槽从翼根后缘伸出，利用燃油重力直接放油，由放油活门控制放油管路的通断。这种系统不能用于发动机后置的飞机。图 5.14 所示的 B707 飞机空中放油系统即属于这一形式。

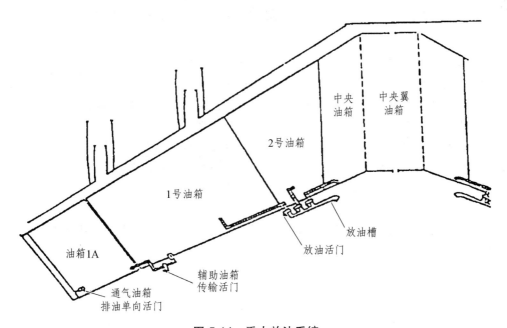

图 5.14 重力放油系统

动力放油的放油喷口位于翼尖后缘。当各油箱内的燃油增压泵工作，同时打开放油活门时，燃油由增压泵打入放油系统的放油总管。这时如果再接通放油喷口活门，则燃油从翼尖排出机外。当油箱内油面降至关断高度或发动机供油管路压力降至安全值以下时，放油活门自动关断，以保证剩油量足够。图 5.15 为 B747 动力放油系统简图。

空中应急放油必须遵从地面指挥，到指定空域，在规定高度上放油，以保证地面人员和财产的安全，此外还应特别注意避开居民区和工业区。

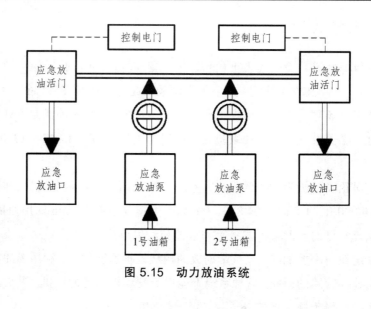

图 5.15　动力放油系统

5-1　飞机燃油系统的功用是什么？它应具备哪些功能？

5-2　飞机燃料主要有哪两种？对航空煤油的使用性能要求有哪些？

5-3　飞机燃油系统的形式主要取决于什么因素？有哪几种形式？各有什么特点？

5-4　燃油箱按其结构分有哪些种类？它们各有什么优缺点？

5-5　民用运输机燃油箱的编号方法是什么？双发飞机燃油箱的分布特点是什么？

5-6　燃油箱通气的作用是什么？燃油增压泵、超控泵、搜油泵的功用又是什么？

5-7　飞机燃油系统的控制活门有哪些？它们各有什么功用？

5-8　燃油滤堵塞信号灯亮包含了什么信息？

5-9　飞机供油系统的工作方式有哪几种（以双发飞机为例）？在什么情况下需要交输供油？什么情况下需要抽吸供油？

5-10　飞机加油方式有哪两种？压力加油的优点是什么？

5-11　运输机设置空中放油系统的目的是什么？空中放油有哪两种方式？放油时应注意些什么？

第 6 章　飞机环境控制系统

现代运输机的飞行高度都在 10 000 m 左右。高空（平流层底层）飞行气象条件好，无云且风速、风向稳定；保持相同空速时，燃气涡轮发动机的燃油消耗率较低空时小，航程和续航时间相应增大，经济性提高。但高空气压低、缺氧及低温使人体难以承受。飞机环境控制系统的任务就是在各种飞行条件下，将座舱内空气的压力、温度、湿度、气流速度和清洁度保持在允许范围或规定值内。除此之外，旅客机环境控制系统还包括对货舱的加温，以及电子电气设备舱的通风和冷却。由于篇幅有限，本章主要介绍飞机座舱调温系统和调压系统。

6.1　对飞机座舱空调的要求

6.1.1　高空环境对人体生理的影响

高空大气压力降低对人体主要有两个方面的影响，即高空缺氧和低气压物理性影响，另外还有气温的影响。

1. 高空缺氧

高空缺氧是因为大气中氧气分压降低使组织得不到正常氧气供应或不能充分利用氧气来进行代谢活动所致。其症状有头昏、头痛、恶心、视力模糊、运动迟缓、智力功能障碍、心跳加速、气促等，严重时可昏迷甚至死亡。海拔 2 000~4 000 m 属于轻度缺氧高度；6 000 m 为中度缺氧高度，这时可丧失记忆，失去工作能力；6 000 m 以上为严重缺氧高度，在此高度上人会昏迷、丧失意识直至死亡。如果在 7 000 m 以上，人在 5 min 内便失去知觉。

1986 年，我国制定的国家军用标准规定了 6 种生理界限值：① 最佳值为海平面；② 夜航安全值为 1 500 m；③ 功效保证值为 2 500 m；④ 功效允许值为 4 000 m；⑤ 缺氧耐限值为 5 500 m；⑥ 缺氧极限值为 7 500 m。

2. 低气压物理性影响

低气压物理性影响包括高空胃肠胀气、高空减压病及体液沸腾 3 个方面。其根本原因都是大气压力降低所致。大气压力降低时，胃肠道内气体迅速膨胀，来不及排出而引起腹胀、腹痛；组织体液中溶解的氮气析出形成气泡，堵塞血管或压迫局部组织，引起关节痛、皮肤瘙痒或刺痛、咳嗽、胸痛等；在 19 000 m 时，体液开始沸腾，皮下组织气肿、心脏扩张受损而致死亡。

另外，压力迅速降低或称爆炸减压对人体也有较严重的危害，主要是减压综合征和肺损伤。高空飞行时，座舱内空气压力大于外界压力（高出部分称为余压），如果因飞机结构等原因造成座舱内高压空气迅速外流，则将在很短的时间内（百分之几秒到1秒）座舱压力降低到与外界压力相等的程度。爆炸减压对人体的危害程度取决于减压时间和余压大小，所以对余压值有限制。

3. 大气温度对人体的影响

高温时过多热量在人体内蓄积（称为"热积"），使体温升高，心率加快，机体耗氧量增加，消化功能及中枢神经系统功能失调。临床观察表明，当直肠温度达到40 °C时，体温调解机制已失去作用，43.5 °C时人即死亡。

低温条件下，当机体散热量超过产热量（称为"热债"）时，人的体温下降，出现寒战，工作效率降低，手脚僵硬，主观上不能承受。直肠温度35.5 °C为最低体温极限。

6.1.2 对座舱空调系统的要求

大气压力随高度的变化规律如图6.1所示。在高空飞行时，如果对座舱内的空气不进行必要的调节，则对乘员将出现上述各种不利影响。因此，对气密座舱空调系统提出了下列要求。

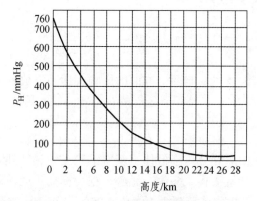

图6.1 大气压力随高度的变化规律
（mmHg为非法定计量单位，1 mmHg = 1.333 22×10^{-4} MPa）

1. 座舱空气压力的要求

座舱空气压力是气密座舱内空气的绝对压力，简称座舱压力，通常又以另一个对等的概念来表示，即座舱高度——座舱内空气绝对压力所对应的海拔高度（注意它与飞行高度的区别），以 H_c 表示。

根据试验得出，旅客机舒适的座舱高度为 0～2 400 m，安全座舱高度为 3 000 m，最大座舱高度不超过4 000 m。

2. 座舱高度（压力）变化率的要求

座舱高度变化率指座舱压力变化的快慢程度，它受飞机座舱压力制约和飞机升降率的影响。座舱高度变化过快会使中耳产生不适感（胀耳或压耳），严重时中耳会发生气压性损伤。对于特定的飞机，座舱高度变化率受飞机上升或下降速度的影响更大。

旅客机座舱高度变化率规定较为严格，一般要求上升率不大于 500 ft/min（约 2.67 m/s），下降率不大于 350 ft/min（约 1.75 m/s）。

3. 座舱余压的要求

余压指飞机气密座舱内外大气压力之差。

如果座舱内气压始终保持海平面气压，则人员最为舒适。但这时如果飞机在高空，则座舱余压很大，要求的结构强度大，飞机重量随之增大，同时有爆炸减压的潜在危险。解决办法是在满足人体生理需要的基础上，确定座舱内的气压应高于飞机飞行高度的气压，但低于海平面气压。

对于喷气式飞机，最大余压为 7～9 PSI（0.5～0.63 kg/cm²）；涡桨式飞机最大余压为 5～7 PSI（0.35～0.5 kg/cm²）。

4. 座舱温度和湿度要求

现代飞机的飞行高度和地区变化范围很大，环境温度变化也就很大，如图 6.2 所示。因此有必要对座舱甚至货舱进行加温或冷却，以使座舱内温度合适。

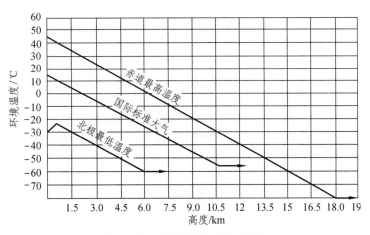

图 6.2　可能的温度变化范围

当人体皮肤平均温度在 33～34 ℃ 时，人体无体温调节，体内无热蓄积，这种状态一般称为热舒适状态，相对应的环境温度即为舒适温度。夏季为 19～24 ℃，冬季为 17～22 ℃。因此，飞机座舱空调温度范围一般在 17～24 ℃。旅客个人通风口的温度不能高于座舱温度，但也不能太低，以 10～12 ℃ 为宜。

当空气湿度大时，高温条件有"闷热"感，低温条件有"湿冷"感。空气湿度小时，人将会感到鼻腔、喉咙黏膜干燥。所以对座舱内空气湿度也有一定要求。因为旅客机乘员较多，空气湿度因呼吸而偏大，因而向座舱的供气应除水。图 6.3 为温度、湿度舒适范围曲线。

5. 通风换气的要求

座舱通风换气主要为了保证座舱空气压力、温度及新鲜的要求。在正常情况下每人每分钟需要 0.7～0.9 kg 的新鲜空气，每人所需的舒适空间为 1～1.8 m³。若将座舱空气再次循环利用时，新鲜空气需求量下降一半。旅客机座舱换气次数不能少于每小时 25～30 次。

座舱内空气流动速度也不能太大，以不超过 1 m/s 为宜。个人通风口则不超过 3 m/s。

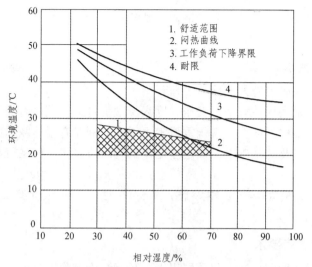

图6.3　舒适温度范围和湿度范围

6.1.3 飞机气密座舱的形式与特点

座舱空调必须采用气密座舱。宇宙飞行器采用的是再生式气密座舱，座舱内外完全隔绝，由生命保障系统循环产生氧气及水。

运输机则多采用通风式气密座舱，为半密封式。一方面向座舱供以一定温度和流量的空气进行座舱温度调节和增压，另一方面控制向机外的排气量来调节座舱压力。

图6.4为通风式气密座舱空调系统原理图。整个系统分为气源系统、空气温度调节系统和座舱增压、压力调节系统3个部分。

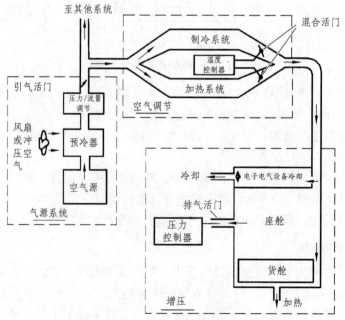

图6.4　通风式气密座舱空调系统原理图

现代飞机气源系统的压缩空气一般来自发动机压气机引气、辅助动力装置（APU）引气或地面气源车供气。有的飞机设有专门的压气机供气。气源系统除了向空调系统供气外，还向发动机启动、飞机和发动机防冰、液压油箱增压等系统供气。

座舱空气调节部分利用气源系统的热空气与经过制冷的冷空气混合而得到适当温度。座舱压力调节部分则通过控制座舱向机外的排气量来实现。

6.2　座舱空气温度调节系统

如前所述，由于飞机工作的环境温度变化范围很大，所以必须对飞机座舱进行温度调节。大型飞机利用发动机引气作为空调气源，其优点是引气本身就具有较高温度，所以不需要额外的加温设备，此时空气的制冷就成了主要问题。而在不增压的飞机上则需同时具备座舱加温和冷却通风设备。

6.2.1　现代运输机气源系统

现代运输机气源系统的压缩空气一般由发动机压气机引气、辅助动力装置（APU）压气机引气或地面气源车供气。

图 6.5 所示为典型运输机的气源系统安装简图。由图中可知，发动机、APU 压气机引气和地面气源接头由气源总管连接成一整体。左、右发动机引气通过隔离活门接通或隔离。空调组件、机翼防冰等需要使用气源的系统都由气源总管供气。

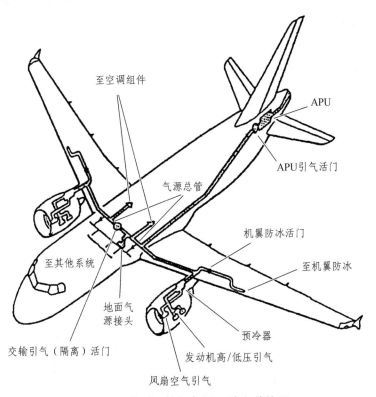

图 6.5　典型运输机气源系统安装简图

发动机压气机引气用于正常飞行过程，一般从高压压气机的中压级引气，需要时也可从高压级引气。从发动机引气会降低起飞功率并增大巡航过程中的燃油消耗量。有的飞机在起飞过程中或部分发动机故障时由 APU 向气源系统供气。

当飞机在地面，发动机和 APU 未工作时，如果旅客已登机而需要较长时间等待，或者由于飞机维护（如发动机启动或空调试验等）的需要，可通过地面气源车向气源系统供气。

6.2.2　冷却系统概述

冷却系统的制冷方式一般有 3 种，即冲压空气通风系统、蒸发式循环制冷系统和空气循环制冷系统。大多数小型单发活塞式飞机为非气密座舱，没有专门的制冷设备，而仅在飞机头部或两侧设有冲压空气进气口，由人工控制，通过管道使座舱通风冷却（某些飞机利用同一管道对座舱进行加温）。为了改善通风条件，通风管道中还可装设抽气风扇以加快座舱内气流的流动速度。因为高的环境温度以及高温引气、人体辐射热和飞机设备辐射热等原因，必须有空气冷却系统以供座舱温度调节之用。

蒸发式循环制冷系统的制冷原理与普通民用冰箱、空调相同。它利用制冷剂的相变（液相与气相）通过蒸发器吸收需制冷处的热量，再将热量带至冷凝器，通过对流换热传给环境空气或冷却水等。制冷剂连续循环流动，循环动力由电机或发动机带动的压缩机提供。这种制冷系统常用于热带地区制冷量要求较大的飞机。

空气循环制冷系统主要利用发动机引出的高温高压空气，经热交换器初步冷却后，再经冷却涡轮进行膨胀降温，由此获得所需冷空气。其优点是质量轻、成本低、调节和控制方便、制冷介质（空气）同时可输入座舱作为增压之用，使座舱通风、增压和调温由同一系统完成。

空气循环制冷系统主要有简单式、升压式（低压除水）和高效系统（高压除水）等几种形式。简单式用于早期飞机，而中短程运输机则常采用升压式。这两种循环的流程如图 6.6 和图 6.7 所示。先进的大型客机多采用高效系统。

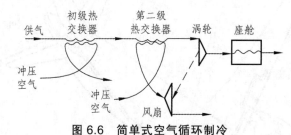

图 6.6　简单式空气循环制冷

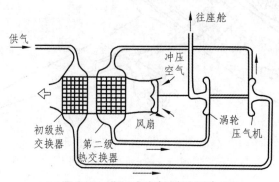

图 6.7　升压式空气循环制冷

6.2.3　空气循环制冷系统

空气循环制冷系统（即空调组件）是整个空调系统的核心部分。图 6.8 为 A320 飞机空调系统采用的高压除水空调组件的工作原理图。从发动机压气机引出的高温空气首先由预冷器冷却，然后经组件流量控制活门进入空调组件，分成热路和冷路。

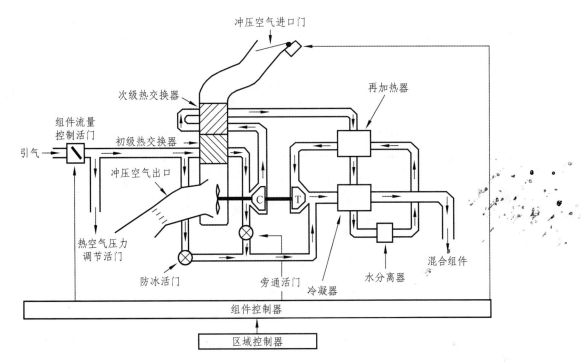

图 6.8　A320 空调组件工作原理图

冷路空气由初级热交换器进行初步冷却，然后进入空气循环机（压气机＋冷却涡轮＋风扇）的压气机，压力和温度得到提高，接着再由次级热交换器冷却，将多余热量散失掉。热交换器由冷、热管束通道构成，利用冲压冷空气流过其冷边，强迫对流换热，将热空气冷却，然后排出机外。通过次级热交换器后，空气进入再加热器，然后进入冷凝器，使其温度降低，然后进入水分离器将水分离出来；之后空气进入再加热器，再加热器将未分离出的小水珠汽化，防止腐蚀涡轮。然后进入空气循环机的冷却涡轮膨胀做功，在冷却涡轮带动压气机高速旋转消耗内能的同时，空气自身的温度和压力降低。该冷路空气和热路空气混合后进入座舱。

将从水分离出来的水喷入冲压空气通道入口处，一方面减小了供向座舱空气的湿度，另一方面又提高了热交换器的效率。

旁通活门控制热路空气的流量，从而控制冷、热路空气的混合比例，也即控制供向座舱的空气温度，对座舱进行调温。

防冰活门打开可以防止冷凝器结冰。当组件控制器失效，防冰活门可以控制组件的出口温度为 15 ℃。

6.2.4 座舱温度调节与控制

从前述内容可知，座舱温度调解的基本方法是调节供向座舱的空气温度。要实现这一功能是容易的，因为通过空调组件的工作，已经得到了热路和冷路两种温度不同的空气，只要控制它们的流量，使其按需要以一定比例混合即可。

图 6.9 为座舱温度控制原理图。由温度控制器根据选择温度和座舱实际温度的差异发出信号调解热路旁通活门的开度，供给座舱以一定温度和流量的混合空气，使座舱温度保持在要求范围。

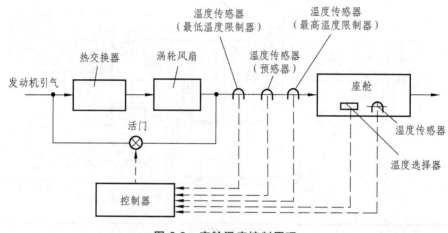

图 6.9　座舱温度控制原理

图 6.10 为 B737 飞机空调组件及其温度调解与控制简图。温度调解由座舱温度选择器、座舱温度传感器、温度控制器及执行机构（空气混合活门或称双温活门）等组成。

座舱温度选择器由飞行员用旋钮控制，有"自动""人工"两种方式。正常情况下选自动方式。由温度控制器自动控制供气温度；自动失效时，选人工方式，由飞行员直接控制供气温度的冷热。

座舱温度传感器感受座舱或驾驶舱的实际温度并将温度信号转换为电信号传递给温度控制器。

温度控制器主要接收温度选择器和温度传感器送来的电信号，通过电桥电路的处理，输出与温度偏差或温度变化率成比例的电压信号，经放大后向温度控制执行机构发出工作指令。当所选温度与实际温度一致时，控制器无信号输出。

温度控制执行机构由电机和冷、热路活门组成。冷、热路活门又称双温活门，它们是联动的，即一个开大，另一个就关小，由一台双向电机驱动。电机接受控制器发来的指令或人工方式时飞行员的指令，驱动双温活门的开、关，控制冷、热路的流量。

注意图 6.10 所示系统内有许多温度传感器，当系统内空气温度过高时，自动关闭组件活门。综上所述，座舱温度调节与控制是通过控制空调组件内冷、热路空气的流量并使之混合，得到所需的供气温度，最后达到调节和控制座舱空气温度的目的。

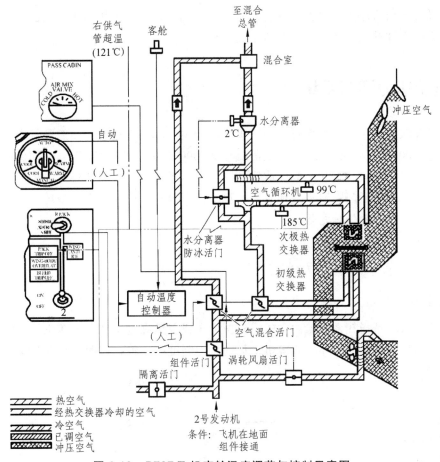

图 6.10　B737 飞机座舱温度调节与控制示意图

6.2.5　供给座舱空气的分配

从每个空调组件流出的已调空气都进入混合总管，并由总管分至客舱侧壁和顶部供气口进入客舱，另有个人通风口供旅客选用。驾驶舱一般由某一组件主供气而不通过混合总管，从驾驶舱地板、天花板等出气口进入驾驶舱，如图 6.11 所示。

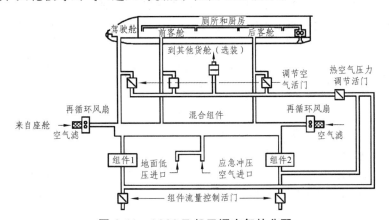

图 6.11　A320 飞机已调空气的分配

由再循环风扇将座舱空气抽入混合总管进行再循环；充分利用座舱内的已调空气，这样既减小了空调组件的工作负荷，又节省了发动机功率。

6.3　座舱压力调节系统

美国联邦航空局（FAA）规定：当飞机以最大飞行高度飞行时，座舱及行李舱的气压高度不得超过 8 000 ft（2 400 m）。当飞机需要在 25 000 ft 以上高度飞行时，必须保持座舱内气压高度不超过 15 000 ft（4 500 m）。旅客机座舱调压系统至少必须装备两个排气活门、两个安全活门、负压释压活门、自动或人工压力调节器以及显示座舱高度、余压和座舱高度变化率的仪表和座舱高度警告装置等。

6.3.1　座舱压力制度与基本调压方法

1. 座舱压力制度

座舱压力制度是指气密座舱内空气绝对压力（或气压高度）和余压随飞行高度变化的规律，也称为座舱压力调节规律。旅客机常见的压力制度有 3 种，如图 6.12 所示。

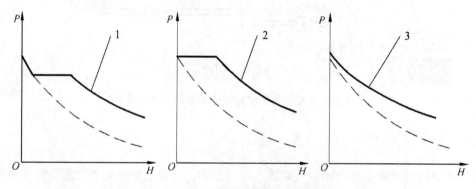

图 6.12　飞机气密座舱压力制度曲线

（1）曲线 1。起飞爬升至一定高度（气密开始高度）之前，座舱与外界自由通风。座舱从这一高度开始增压，并保持压力不变，直到余压达到一定值后，随着飞机继续爬升，保持余压不变。下降、进近和着陆过程则相反。这种压力制度有利于保证飞机起飞、着陆阶段有足够的发动机功率，常用于发动机富余功率不太大的小型飞机。但在起飞、着陆过程中座舱压力随外界大气压力变化较快，旅客有不舒适感。

（2）曲线 2。从起飞开始，随着飞机爬升，保持座舱压力一定至保持余压一定。其优点是避免了低空外界大气压力随高度变化大时的不舒适感，使旅客较为舒适。

（3）曲线 3。起飞、着陆滑跑阶段座舱预增压，防止座舱压力波动，增加乘员的舒适感。爬升和下降阶段座舱压力随飞机升降按一定比例均匀变化。巡航阶段则保持座舱压力不变，余压也不变。整个飞行剖面的座舱增压情况如图 6.13 所示。现代大型客机多采用这种压力制度。

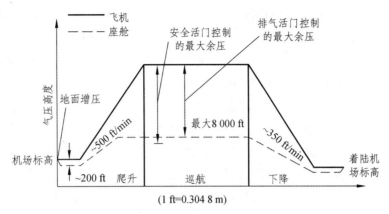

图 6.13　飞行过程中飞行高度和座舱高度的关系

2. 座舱压力调节基本方法

气密座舱内的压力变化取决于向座舱的供气量、座舱向外界的漏气量和向外界的主动排气量 3 个方面。供气量因空调等原因是相对稳定的，漏气量在飞行中非人工所能控制，所以只有排气量可以进行调节和控制。因此，座舱压力调节的基本方法是：控制座舱向外界的排气量即可实现座舱压力调节。这一调节过程是通过控制排气活门的开度来完成的。

6.3.2　座舱压力调节方式

1. 间接气动式压力调节

图 6.14 为某小型飞机气动式压力调节系统工作简图。

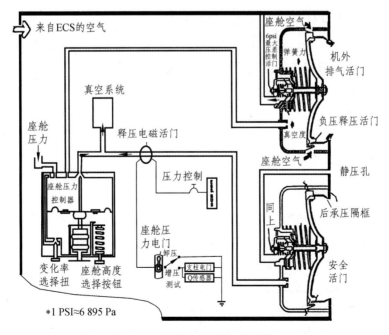

图 6.14　间接气动式压力调节

座舱增压由发动机引气经空调组件向座舱供气完成。而座舱压力最终由排气活门的开度控制。系统由座舱压力控制器、真空源、排气活门、余压控制活门、安全活门等组成。排气活门的打开、关闭由气动系统产生的真空度气动信号控制。活门隔膜上腔（基准腔）与真空系统相接，由压力控制器控制；活门下腔与座舱空气相通。活门的开、闭就取决于上、下腔的压力差，即基准腔压力与座舱压力之差。当座舱压力大于基准腔压力时，排气活门在压差作用下开大直至全开；反之，活门就关小（直至全关）。

座舱压力控制器用于选择所需座舱高度及其变化率，按座舱压力制度产生真空度气动控制信号通至排气活门的基准腔，进而调节排气活门的开度。

最大余压控制活门装于排气活门和安全活门上，当座舱余压达到规定的最大值时自动打开释压，保持座舱余压一定。另外，在排气活门和安全活门上都设有负压释压膜片，当外界压力大于座舱压力时，外界压力将两活门顶开，使舱内外压力迅速平衡，以防止机身结构损坏。

安全活门在飞行时座舱正常增压过程中不工作。但是当排气活门控制失效，座舱余压超过规定值时，由人工接通真空源至安全活门的基准腔，打开安全活门使座舱释压，以防止因座舱压力过高而损坏机身结构。

综上所述，间接气动式座舱压力调节就是通过座舱压力调节器按一定压力制度，同时根据所选择的起始气密高度、座舱高度变化率和余压等参数，产生气动控制信号至排气活门的基准腔，控制排气活门的开度，从而达到调节座舱压力的目的。

这种调压方式控制信号传递迟缓，控制精度较差。主要用于小型飞机和早期飞机的座舱压力调节。

2. 电子气动式压力调节

这种调压方式与间接气动式工作类似，不同之处在于座舱压力控制器产生的控制信号为电信号，通过电磁活门分别控制排气活门基准腔的正压和负压源的通断，使基准腔压力按需要增大或减小，从而使排气活门在气动压差作用下打开或关闭。正压源来自飞机座舱供气管道，负压源由真空泵产生。

这种调压方式从 20 世纪 60 年代开始应用于飞机，目前在一些中、小型飞机上常见。例如国产的 Y7-100 型飞机的座舱压力调节系统即为此种形式。

3. 电子电动式压力调节

由压力控制器按压力制度（一般为图 6.12 曲线 3 所示）和所选参数及座舱实际压力产生控制电信号，控制排气活门驱动电机的运转，带动排气活门开大或关小，从而调节座舱压力。这种调压系统包括一个增压控制面板、一个电子压力控制器和一个电动主排气活门。

图 6.15 为 B737-300 飞机电子电动式调压系统简图。飞行员可通过增压控制面板上的方式选择钮选择"自动""备用"和"人工"3 种增压控制方式。主排气活门位于机身后下部，由交流和直流两台电机驱动。为防止结冰冻结，主排气活门有电阻加温元件。

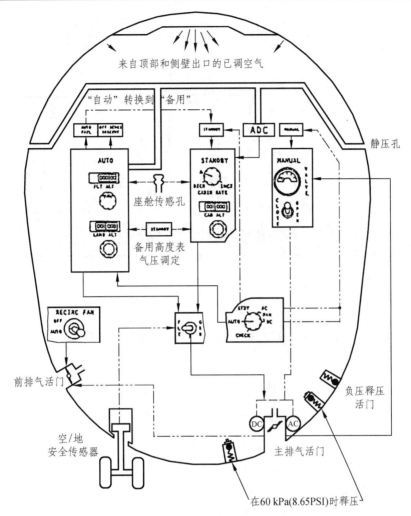

条件：在飞行中正常工作

图 6.15　B737 飞机电子电动式压力调节系统示意图

"自动"方式在正常情况下使用。飞行员只需输入本次飞行的计划巡航高度和着陆机场高程，以及在起飞、着陆阶段时转换空-地电门。在整个飞行过程中座舱压力由电子压力控制器（微处理机）按预设程序即压力制度自动调节，由交流电机驱动主排气活门的开度，无须飞行员再做其他工作。整个飞行剖面座舱增压过程如图 6.16 所示。

"备用"方式为半自动，在"自动"方式失效时使用。这时需由飞行员选择座舱高度及其变化率，并进行空-地转换，压力控制器发出信号，由直流电机驱动主排气活门开关。

"人工"方式在"自动"和"备用"方式都失效时使用。主排气活门的开关由飞行员用电门控制交流或直流电机驱动，有主排气活门位置指示。另外，如图 6.15 所示，系统还有两个安全活门、一个前排气活门和一个负压释压活门。安全活门在座舱余压达到 8.65 PSI 时自动打开释压；前排气活门位于前机身左侧，当主排气活门打开且座舱再循环风扇关断时打开辅助排气，否则将关闭；负压释压活门在外界大气压力大于座舱压力 0.2 PSI 时自动打开，平衡座舱内外压力。

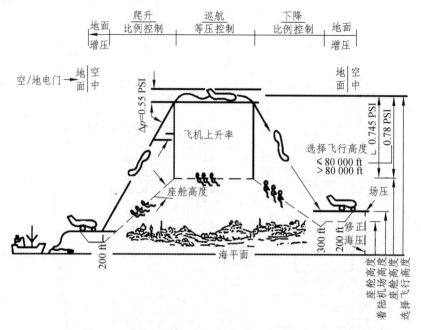

图 6.16　B737 飞机座舱自动增压方式飞行剖面

复 习 题

6-1　高空大气环境对人体生理有哪些方面的影响？

6-2　旅客机座舱空调系统有哪些要求？其参数如何？

6-3　运输机气密座舱的形式与特点是什么？

6-4　现代飞机空调系统的气源一般来自何处？

6-5　飞机座舱空气温度调节的基本方法是什么？座舱温度调节与控制的基本原理是什么？

6-6　飞机座舱冷却（包括制冷）方式有哪些？各适用于哪些类型的飞机？

6-7　空气循环制冷的优点有哪些？其基本的制冷原理是什么？

6-8　什么是座舱压力制度？旅客机常见的座舱压力制度有哪几种？

6-9　座舱压力调节的基本方法是什么？座舱压力调节有哪几种方式？它们各自的工作特点如何？

6-10　简述座舱压力调节系统中的排气活门、安全活门和负压释压活门的功用。

第 7 章　飞机氧气、防/除冰及灭火系统

现代飞机上都配备有座舱环境控制设备与安全设备，民用飞机的座舱环境控制设备包括空调与供氧，安全设备主要是防/除冰系统与灭火系统。本章主要介绍民用飞机氧气系统、防/除冰系统及灭火系统的功能、基本形式、工作控制、使用注意事项。

7.1　飞机氧气系统

现代飞机多采用增压座舱，正常飞行时，飞机座舱高度（座舱内的绝对压力所对应的海拔高度）一般不超过 2 400 m（8 000 ft），因而不需要额外供氧。当座舱增压失效时必须供氧，保证机上乘员的生命安全。航空条例规定飞行高度超过 4 500 m 的飞机必须有备用氧气。对于一些座舱不增压的通用机，氧气设备可为乘客与机组供氧，保证在 4 000 m 左右高度飞行的生理需要。飞机氧气系统主要是保证在飞机座舱失密后的供氧，飞机也备有便携式氧气设备用于飞行中的紧急医疗救助、灭火或烟雾防护和其他紧急情况。

旅客机氧气系统按氧气源分 3 种类型：高压氧气瓶供氧系统、化学氧气发生器供氧系统和手提氧气设备。机组氧气大多采用高压氧气瓶系统供氧；而大多数飞机（波音 737、757、767、777、空车 320 等）的乘客氧气采用化学氧气发生器供氧，个别飞机（如波音 747-400）的乘客氧气系统采用高压氧气瓶供气。机组氧气系统独立于乘客氧气系统。

7.1.1　机组氧气系统

机组氧气系统大多采用高压氧气瓶供氧，向机组提供低压氧气。如图 7.1 所示，机组氧气系统主要组成部件是：氧气瓶、压力传感器、减压调节器（减压活门）、关断活门、氧气面罩和调节器、（驾驶舱）氧气瓶压力表等。氧气瓶压力表用于指示氧气瓶内压力，也可指示氧气瓶内氧气的量，不管氧气瓶关断活门的位置如何。氧气瓶关断活门用于打开或关闭氧气瓶供氧，它在正常情况下是打开的。当要拆开氧气系统进行维修时，首先要将关断活门关闭。

压力传感器将感受的压力信号输送到驾驶舱氧气压力表。氧气瓶上有释压保险片，当氧气瓶内超压时，此保险片破裂，将氧气瓶内的压力释放到机外。在机外排放口有绿色排放指示片（或称吹除片），如果此绿色指示片被吹除，则说明氧气瓶已超压释放。氧气瓶已超压释放，飞机不能放飞。

减压调节器（减压活门）用于将高压氧气减压到约 70 PSI，输送到氧气面罩。氧气面罩和调节器为一体。

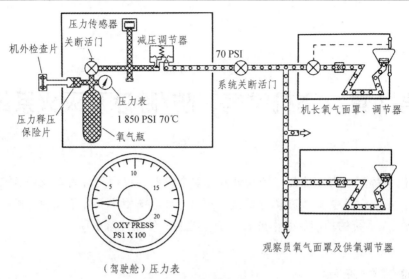

图 7.1　典型机组氧气系统

1. 氧气瓶

氧气瓶分为高压氧气瓶和低压氧气瓶，现代民航客机大多采用高压氧气瓶。

高压氧气瓶用不锈钢或合金钢制成，外表面都漆为绿颜色的，并印有"航空人员呼吸用氧"（AVIATORS' BREATHING OXYGEN）字样，以供识别。氧气瓶头部有压力表、关断活门、减压活门、压力传感器（见图 7.2）。当氧气瓶内超压时，内部的保险片破裂，以释放氧气瓶内的高压。减压活门内也有释压活门，用于在减压活门下游超压时释压。

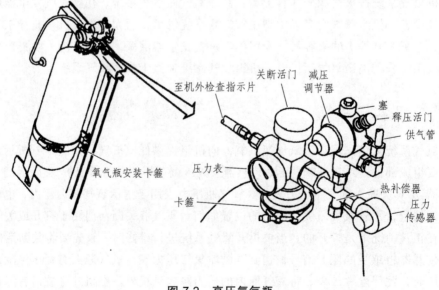

图 7.2　高压氧气瓶

高压氧气瓶充氧压力通常为 1 800～1 850 PSI（在 21 ℃ 时），最大为 2 000 PSI。

低压氧气瓶外表都漆为淡黄色。低压氧气瓶通常充到 400～425 PSI，最大充氧压力为 450 PSI。

航空人员呼吸用氧与医用、工业用氧的主要区别是工业用氧含水量高。如果氧气内含水，则飞机在高空飞行时，温度很低，氧气内的水分就会结冰，从而堵塞氧气管道。因此，航空人员呼吸用氧都经过特殊的除水处理，以符合国际标准：纯度达到 99.5% 以上，每千克含水量不超过 0.005 mg（几乎不含水分）。

2. 氧气面罩和调节器

如图 7.3 所示，现代飞机的机组氧气面罩和调节器通常是一体的。在不使用时，它们被储存在储存盒内。主要组成部件为：复位试验手柄、氧气面罩释放手柄、氧气流动指示器、口鼻面罩、调节器（含正常/100% 选择手柄、紧急/测试选择钮）、护目镜等。氧气面罩本身带有麦克风，以便于在吸氧时通话。

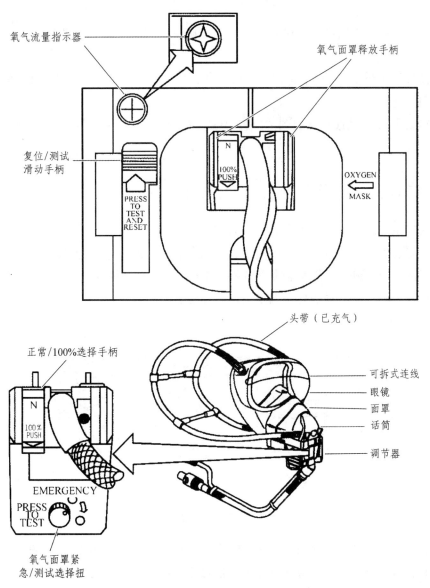

图 7.3　机组氧气系统氧气面罩和调节器

其主要功能有：① 稀释供氧（需求供氧）；② 100% 供氧（需求供氧）；③ 应急供氧（连续供氧）；④ 面罩固定软管通气；⑤ 供氧测试。

氧气系统流动指示器用于指示有氧气流到氧气面罩。

当挤压并拉出释放手柄将氧气面罩从储存盒内取出，面罩固定充气软管充气，将固定软管套在头上，戴好氧气面罩。松开释放手柄后，充气软管放气，软管拉紧，将氧气面罩紧固在头上，此时氧气面罩就可以向使用者供氧了。

机组氧气面罩可以有 3 种供氧方式：稀释供氧、100% 供氧和连续供氧（应急供氧）。

如果将供氧选择手柄扳到"N"（正常）位时，座舱空气与氧气混合后供到氧气面罩。氧气与空气的混合比例与飞机座舱高度成正比。即座舱高度越高，氧气所占的比例就越大；反之则越小。

如果将供氧选择手柄扳到"100%"供氧位，则氧气不与座舱空气混合，直接供纯氧到氧气面罩。

上述稀释供氧和 100% 供氧都属于"需求供氧"方式，即只有在使用者吸气的时候供氧，而呼气时则停止供氧。

如果转动应急/测试选择旋钮到"应急"位，氧气将连续供到氧气面罩，不管使用者是否在吸气。

7.1.2　乘客化学氧气发生器供氧系统

乘客氧气系统用于在座舱失密后，向乘客及乘务人员应急供氧。乘客氧气系统大多采用化学氧气发生器供气。如图 7.4 所示，氧气发生器由金属外壳、机械击发机构、发生器芯子、气滤和释压活门等组成。在发生器的一端是弹簧力作动的击发机构，包括启动拉绳和启动销、点火撞针和发火帽；发生器的另一端是出口、释压活门和气滤。

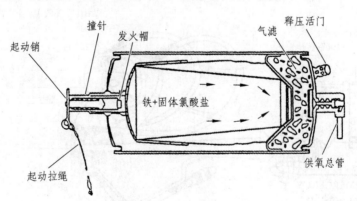

图 7.4　化学氧气发生器

化学氧气发生器筒形芯体内所装原料的主要化学成分是氯酸钠和铁粉，当其加热至 250 ℃ 左右，将会发生化学反应，氯酸钠和铁粉会生成氯化钠、氧化铁，并放出氧气。产氧量约为氯酸盐本身质量的 38% ~ 45%，可供使用 10 ~ 15 min（如 B737 的大约供氧 12 min，

A320、A340 的大约可供氧 15 min)。供氧启动可由启动拉绳拉动启动销,发火帽使一端点火而逐渐燃烧,有的飞机采用电门接通电阻丝引燃,产生的氧气经过滤后可达到医用纯净吸氧标准,发生器壳体上有释压活门防止过压。固态氧气装置与高压气态氧气系统比较,质量可减小约 35%,体积减小约 80%,检查维修方便,安全可靠成本低,但供氧速率一定且效率低。

如图 7.5 所示,当乘客服务组件舱门打开使氧气面罩放下后,使用者向下拉氧气面罩将其套在头上时,通过启动绳索作动释放销,在弹簧力作用下,撞针撞到发火帽点火加温。发生器内的化学成分发生化学反应,释放出氧气。氧气流出发生器出口,经过供气管道,到达储氧袋,储氧袋用于在使用者没有吸气时储存氧气。当使用者吸气时,吸气活门打开,氧气供到面罩。当储氧袋中没有氧气时,氧气面罩通气活门打开,允许环境空气流入。使用者呼气时,吸气活门和通气活门都关闭,呼气活门打开,让使用过的空气排出。

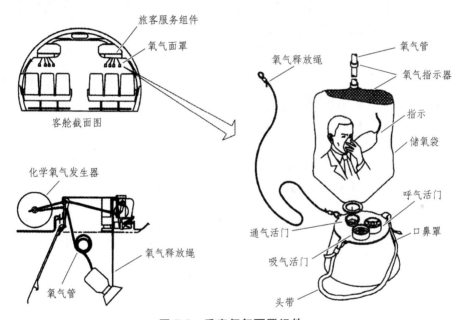

图 7.5　乘客氧气面罩组件

氧气发生器一经开始工作就连续供氧,不能停止,直到所有化学氧气释放完。

当座舱高度达到设定气压高度(一般为 13 500 ~ 14 000 ft)时,乘客服务组件舱门可以自动开启,也可以通过驾驶舱“乘客氧气”控制电门人工电动打开,以便氧气面罩组件掉下。如果服务组件舱门电动打不开,还另备有人工机械开启小孔,可用尖细物体插入打开。

图 7.6 所示为波音-737 飞机机组与旅客彼此独立的供氧系统。机组压力供氧系统主要由氧气瓶、减压器、供氧关断活门、供氧调节器等组成。需要供氧时戴好面罩,供氧调节器控制稀释供氧或供纯氧,供氧时间 1 h 以上。旅客供氧采用高压氧气瓶或氧气发生器供给,图为氧气发生器供氧,由旅客氧气电门或气压高度电门接通工作,供氧信号灯显示。使用时,旅客氧气电门“接通”位,或气压高度电门感受座舱高度≥14 000 ft(4 300 m)时自动接通,旅客服务组件舱门打开使面罩自动掉下。

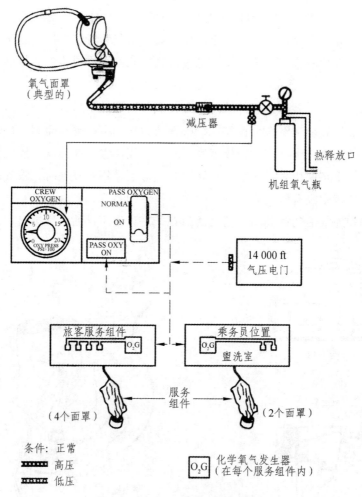

图 7.6　波音 737 飞机氧气系统

7.1.3　便携式氧气设备

1. 手提氧气瓶

手提氧气瓶用于飞行时在飞机座舱内游动医疗救助。每一个氧气瓶都是一个独立的氧气系统。手提氧气瓶多是高压氧气瓶，在 21 ℃ 时其充气压力达到 1 800 PSI。如图 7.7 所示，氧气瓶上有压力表，显示氧气瓶内的压力，同时也显示了氧气瓶内的氧气量。关断活门用于控制高压氧气供到头部连接组件。氧气瓶头部连接组件内有压力调节器，可以调节供往氧气面罩氧气的压力。

氧气瓶配有安全塞用于当氧气瓶内超压时，迅速释放氧气瓶内的压力。

当氧气瓶关断活门打开时，氧气被供往两个定流口。关断活门顺时针方向转动是关断，逆时针方向转动是打开。只有插入氧气面罩接头才会有氧气流到氧气面罩。

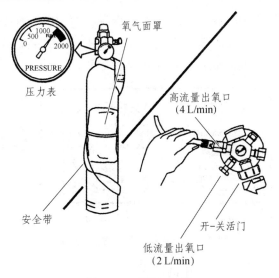

图 7.7　手提氧气瓶

2. 保护呼吸设备

保护呼吸设备（见图 7.8）提供一个防烟头罩和一个气源。它主要用于灭火时保护使用者，防止烟雾或毒气对其产生伤害。保护呼吸设备由防火材料制成，即使使用者戴着眼镜也能很方便地套在头上。它有一块透明板，为使用者提供了良好的视野。口鼻罩用于提供氧气，氧气来源于一个化学氧气发生器或气态压缩氧气。A320 机组防烟面罩有效供氧时间至少 20 min。

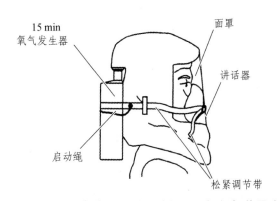

图 7.8　波音某机型化学氧气发生器供氧的低压手提氧气装置（防烟面罩）

7.1.4　氧气系统使用注意事项

运输飞机的供氧一般由氧气稀释调节器控制，飞行中稀释器手柄一般在"正常供氧"位——稀释供氧；手柄放"100% 供氧"位时，可避免废气或有毒气体的损害，防止高空病和窒息，消除缺氧症状，因此座舱增压失效或着火时则需供给纯氧；若稀释器手柄控制失效，可用调节器上的红色旋钮反转打开应急供氧。

氧气系统使用显示主要有氧气压力表、氧气流动指示器和用氧信号灯。图 7.9 所示为流动指示与氧气压力表。氧气压力表有低压与高压两种，指示氧气瓶或供氧管路压力，量程分别为 0 ~ 500 PSI 与 0 ~ 2 000 PSI；某些先进客机上采用页面数字显示。流量指示器有黄色十字标志与眨眼器，黄色十字与眨眼器在每次呼吸时眨眼（或显示）一次，表示供氧流量正常。

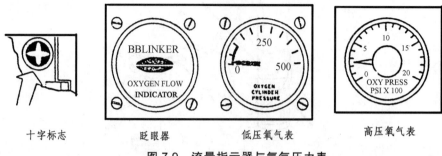

十字标志   眨眼器   低压氧气表   高压氧气表

图 7.9 流量指示器与氧气压力表

只要使用氧气就有着火或爆炸发生的可能，为了保证飞行安全和避免用氧伤害，应严格遵循下述飞机氧气系统安全使用注意事项。

1. 地面维修时

（1）必须采取适当的防火措施，如灭火瓶类防火器材，防止用氧管路、氧气瓶过热等。

（2）氧气设备应保持清洁，不得沾上滑油与油脂，因为油类与压力氧接触时容易燃烧。

（3）氧气瓶内压力下降到一定值则应充氧，为机上氧气瓶充氧时，不得上下旅客与装卸货物，不得拆卸电器与接通电源，不得放油与加油，离飞机 15 m 半径内不得有机动车运动，机组与机务人员应彼此协调。

（4）定期对氧气系统进行泄漏试验，飞行前查看释放口膜片，飞行中发现氧气泄漏时应关断氧气瓶开关。

2. 飞行中使用时

（1）开启"严禁吸烟"标牌或显示，用氧时不准吸烟，不准有明火，因为用氧时人体须发及衣服内氧气浓度较大。

（2）用氧时避免检查电气与无线电系统。

（3）搬动氧气瓶应小心，开关氧气活门应柔和，用过后应立即关闭。

（4）氧气与气态、液态洗涤剂接触时易着火，以油脂为基本原料的面霜、唇膏或其他化妆品和 100% 的纯氧接触时可能引起严重烧伤。

（5）氧气发生器供氧时表面温度可达 120 ℃，切勿触摸或搬动。

7.2 飞机防/除冰与风挡排雨系统

飞机在结冰气象条件下飞行或停放地面时，其表面某些部位聚集了冰、霜或雪的现象，称为飞机结冰。飞机结冰后不仅增加了飞机的重量，而且结冰会使有关仪表读数不准、甚至工作失常，发动机功率下降、甚至停车，结冰与降雨使风挡视线不清，结冰改变了飞机的气动外形、表面粗糙度等，从而影响飞机的气动特性及飞行品质，严重时甚至危及飞行安全、导致飞行事故。因此，现代飞机都配装有防冰/除冰系统，防止结冰与除去积冰，风挡还配备排雨系统。本节介绍飞机防/除冰系统与风挡排雨系统的功用、工作原理、组成与使用。

7.2.1 飞机防/除冰的基本方法和结冰条件判定

飞机飞行时容易结冰因而需要采取防护的主要区域有机翼、尾翼前缘，发动机进气道、螺旋桨，风挡玻璃、雷达罩、天线，失速警告传感器和测温、测速探头，盥洗室排水管等。

飞机结冰防护分为两大类，一类称为防冰：阻止在防护部件表面形成结冰；另一类称为除冰：允许在防护表面形成一定量结冰，然后再除去。按结冰防护部位的不同和防/除冰所需能量的大小，对不同区域采用不同的防/除冰方法。根据防/除冰所采用能量形式的不同，目前民用飞机用于防冰和除冰的典型方法是：机械除冰方式的膨胀管除冰（气动除冰）、液体防/除冰、气热防/除冰和电热防/除冰。

气温与可见水汽是结冰条件的两个基本要素。

典型防/除冰系统在现代飞机常见防护部位的应用见表 7.1。

表 7.1 现代飞机结冰防护部位及防/除冰系统

防/除冰系统＼需防护区域与系统	机翼、尾翼前缘	发动机进气道	螺旋桨	天线	皮托管 静压孔 迎角传感器 温度传感器 排水管	风挡
气热防/除冰系统	防冰/除冰	防冰	—	防冰		
电热防/除冰系统	防/除冰	防冰	防/除冰	防冰	防冰	防冰
气动除冰系统	除冰					
液体防/除冰系统	防/除冰	—	防/除冰		—	防冰

▨ 涡轮螺旋桨飞机   ▨ 喷气机

1. 4 种典型防/除冰方式

气动除冰是一种典型的机械除冰。机械除冰就是用机械的方法使结冰层破碎，然后利用气流吹除，或者利用离心力、振动将冰除去。通过布置在防护表面的可膨胀的胶管充气膨胀使冰破碎并应用气流吹除的除冰方式即为气动除冰。气动除冰有时也称为膨胀管（除冰带）除冰。

用于飞机的防/除冰液体，基本成分是单乙二醇、二乙二醇或丙二醇，或这些乙二醇的混合液，另配抑制剂、湿润剂、稠化剂及水。飞机在地面常用液体进行防/除冰。FAA 把地面除冰描述为从飞机表面用热水/热的除冰液喷洒飞机污染表面除去沉积的霜、冰和/或雪。防冰是用防冰液（一般不加热）喷洒在洁净飞机表面或刚除冰处理过的表面，借助液体的黏性和掺入的湿润剂使其能够弥散到所喷洒的飞机表面上并形成一层保护膜，保护层防冰液与飞机表面收集的霜、冰、雪形成混合液的冰点低于表面温度，以防止霜、冰、雪黏附在飞机表面。飞机机载液体防/除冰设备，可不断向防护表面供给防/除冰用液，防止防护表面结冰或让黏附在飞机表面的冰层松动而除去结冰。

气热防/除冰，以热空气加热飞机防护表面，使防护表面温度超过 0 ℃，以达到防冰或除冰的目的。气热防冰采用连续加热，气热除冰则采用表面周期加热。现代燃气涡轮式运输机普遍采用气热防/除冰。

电热防/除冰，是以电源电能转变为热能去加热防护部件，防止其结冰或融化其上的结冰。现代飞机的风挡玻璃，各种探头、传感器、废水排放管等在机体上分布分散，所需功率不大，有的又需进行温度精确控制，因而普遍采用电加温方式进行防/除冰。

2. 结冰条件判定

实际飞行过程中，一般认为当外界大气温度（OAT）或总温（TAT）≤10 ℃；并且有可见水汽（如云、雾、雨、雪、雨夹雪、冰晶等），就认为飞机处于结冰条件。

7.2.2　飞机典型防/除冰系统

现代飞机上常见的典型防/除冰系统有翼面气动除冰系统、气热防/除冰系统、电热防/除冰系统。

1. 翼面气动除冰系统

翼面气动除冰系统，利用在结冰保护表面除冰带放置许多可膨胀的管子，称为膨胀管，当表面结冰时，膨胀管充气膨胀，使冰层破碎，然后利用气流把冰吹除。

根据除冰带中膨胀管的布置不同，沿展向布置膨胀管的为展向式膨胀管除冰带，沿弦向布置膨胀管的为弦向膨胀管除冰带。小飞机的气动除冰带的所有膨胀管同时膨胀除冰，为简单式气动除冰系统。用于较大型飞机的典型气动除冰系统的除冰带膨胀管采用交替膨胀方式。交替膨胀有更好的除冰效果，如图 7.10 所示。飞机结冰后进行除冰时，中间膨胀管膨胀，将机翼前缘的冰破裂并分离。然后中间管收缩，上、下管膨胀，迫使冰除去。当所有膨胀管收缩时，一次除冰循环结束。为了减小气动除冰系统的空气需要量，在较大型的飞机上沿机翼在不同的区段内将除冰带成对并对称地布置和按顺序交替地进行除冰带膨胀管充气与放气。比如英国航宇 ATP 飞机装有 3 组除冰带，夏延 Ⅲ A 飞机为 2 组除冰带。

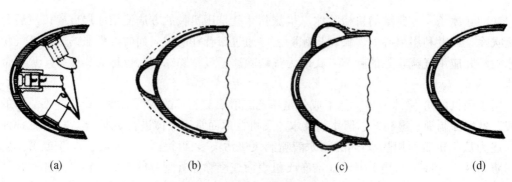

| (a) | (b) | (c) | (d) |

图 7.10　除冰带膨胀管充气循环

图 7.11 所示为一种通用机夏延Ⅲ A 的气动除冰系统。不除冰时，由真空系统产生真空度，使膨胀管紧贴翼面保持较好气动外形；除冰时膨胀管充气鼓起将冰层破碎，故称为气动除冰。除冰气源一般由发动机压气机引气，经调压、控温后进入。由防冰电门接通电机，作动防冰活门，使引气进入膨胀管而鼓起。引射泵在不除冰时使膨胀管内产生真空度；定时器控制除冰带膨胀管充气顺序及时间，图中先给机翼外侧除冰带膨胀管充气 6 s 后，再给其余除冰带膨胀管充气；除冰信号灯由压力电门（压力开关）接通。每按除冰电门一次，则触发定时器工作 12 s 后自动关闭；需继续除冰时，再按压除冰电门 2 s 触发定时器工作。有的飞机气动除冰的压缩空气由空气泵提供。目前国外正使用一种防冰化学品涂层，当除冰带表面加涂层时使冰霜难以凝结，可达到更好的除冰效果。

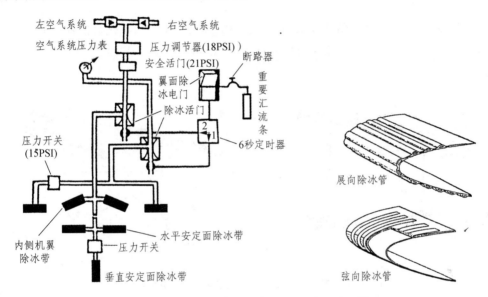

图 7.11   通用机夏延Ⅲ A 的气动除冰系统

气动除冰系统仅适用于低速飞机上配用。

气动除冰注意的问题：① 遵循厂商为除冰带性能制订的启用厚度标准至关重要。一般规定要等到结冰保护面的冰层积聚达到大约 1/2 英寸（即大约 12 mm）时，启用气动除冰系统开始除冰带除冰循环。② 遵循使用温度要求，比如夏延Ⅲ A 飞机除冰带系统，要求大气温度低于 –30 ℃ 不准进入已知结冰区；在温度低于 –40 ℃ 时不得使用，以免除冰胶带损坏。③ 飞前检查除冰带应清洁、无损坏且紧贴翼面。

2. 气热防/除冰系统

气热防/除冰适用于大面积部件的结冰防护。现代飞机的翼面主要采用热空气加温而防止结冰或除去结冰，发动机进气道整流罩采用热空气加温防止结冰。

气热防/除冰的热空气来源取决于飞机推进系统类型：燃气涡轮发动机飞机从发动机压气机引气，也可从辅助发动机 APU 引气；活塞式发动机飞机则由废气加热器或燃烧加热器提供。图 7.12 所示为活塞式飞机采用的废气加热器，利用发动机排出的高温废气加热冷空气。防冰时由电门接通电机打开增温节气门与热源控制活门，加热的空气进入防冰管道。

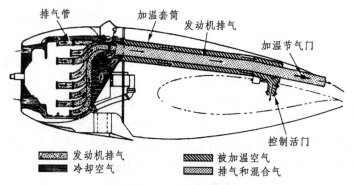

图 7.12　废气加热器

气热防/除冰的热空气通过防冰腔给防护面提供足够的热量，以融化紧挨着防护面的冰层或防止冰的形成。图 7.13 示出了某飞机机翼前缘及 A340 缝翼防冰腔。

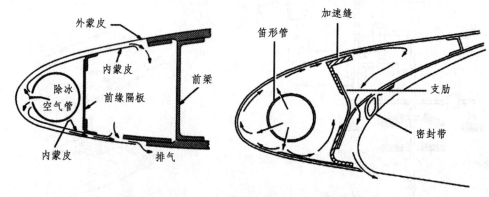

图 7.13　某飞机机翼前缘及 A340 缝翼防冰腔

防冰热空气经压力调节器控制压力，并经温度传感器感受温度后，进入机翼、尾翼前缘或缝翼防冰腔的防冰管道时，一定压力的热空气从管道小孔高速喷出，加热周围蒙皮后排出。

1）机翼气热防/除冰系统

干线飞机机翼前缘普遍采用发动机引气进行防冰或除冰；与通用机不同，其尾翼通常没有配置结冰防护。多数飞机的大翼热防冰系统在地面不能工作（如 A320），当飞机在地面时，空地感应电门会切断大翼防冰系统的工作。这是因为飞机在地面停机时，没有冲压空气，进行热防冰有可能使系统超温而损坏飞机结构。但有些飞机的大翼防冰系统能在地面工作，此种形式的防冰系统可由空地感应电门控制其加温的功率。当飞机在空中时，采用正常的加温功率，飞机在地面时即转换到低加温功率，以防止过热。

飞机在起飞爬升过程应关闭大翼防冰系统，以减少防冰系统的引气，保证飞机的起飞推力。所以在起飞爬升过程中，大翼防冰系统将停止工作。即使在地面已打开大翼防冰系统，飞机上的系统自动控制也会在起飞爬升过程中将其切断。

对发动机非机身尾吊式飞机的机翼气热型结冰防护系统，既可作为防冰系统使用，也可作为除冰系统使用。波音公司就建议作为除冰系统来使用。

B737 飞机大翼气热型结冰防护系统如图 7.14 所示。飞行中需要防冰时，防冰电门置 "ON" 位，因空/地电门"空中"位而接通电路，交流电动机传动防冰控制活门打开，来自气源总管的热空气进入机翼前缘及缝翼防冰腔内的防冰管道，加热防冰部位的蒙皮。防冰活门正打开过程中，控制板上防冰活门工作指示灯为明亮的蓝色，当活门完全打开时灯光变为暗蓝色；关断防冰电门后活门完全关闭时灯灭，故称三色信号灯。飞机在地面时，发动机推力低于起飞警告，机翼前缘温度低于一定值，防冰电门接通防冰活门，指示灯亮表明系统工作正常；当发动机推力高于起飞警告，或机翼前缘温度高于一定值时，防冰电门无法接通防冰活门以防止地面过热。内侧襟翼与尾翼没有布置防冰装置，是因为气动外形设计时已考虑了结冰的影响。

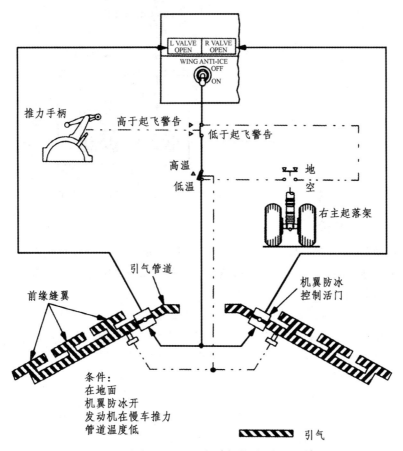

图 7.14　波音 737 飞机大翼气热防/除冰系统

2）发动机整流罩气热防冰

发动机结冰保护以防为主，其基本使用是：当有结冰条件存在或预计有结冰可能即接通。万一已结冰，应进行除冰；多发飞机应分别接通各台发动机防冰系统除冰。

实例：A320 发动机气热防冰。A320 发动机整流罩热防冰（CATI）简图如图 7.15 所示。

基本组成附件：防冰活门、防冰操纵开关、显示及警告装置。发动机整流罩由发动机压气机引气加温防冰，由发动机防冰控制电门控制。启用时人工按压发动机防冰开关。正常工作显示包括："故障"灯、"ON"灯、ECAM 信息。

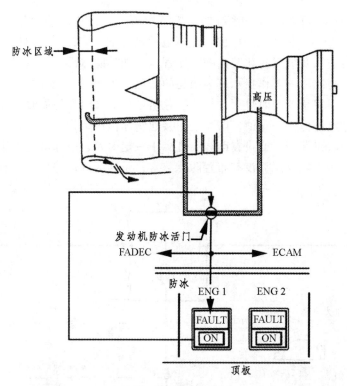

图 7.15　A320 发动机整流罩热防冰（CATI）简图

3. 电热防/除冰系统

电阻加热型防/除冰在现代飞机上有广泛应用。电能通过电阻加热元件转为热能对防护部件加温防/除冰。常用于风挡、探头、传感器、天线、废水排放管、螺旋桨，也用于发动机，甚至机、尾翼防/除冰。

现代飞机风挡防冰和除雾普遍采用电阻加热型系统。

飞机在结冰气象条件下飞行时，驾驶舱前面风挡玻璃的外表面上可能结冰，对风挡玻璃的内表面，在结冰条件下或正常飞行条件下而飞机突然从高空下降时，当风挡内侧表面温度等于或低于座舱露点时，可能结雾或结霜。风挡内外表面上的冰、霜、雾都会影响驾驶员的视线，因此，风挡玻璃一般都有防冰和防雾系统。风挡的防冰和除雾是通过对风挡加温来实现的。

驾驶舱风挡的加温是依靠嵌在风挡内的加温电阻实现的。防冰加温层（导电层）靠近风挡玻璃外表面铺设，风挡防雾加温层（导电层）嵌在靠近风挡玻璃的内表面。风挡加温由风挡加温控制开关控制，风挡加温控制器组件调节风挡的温度（见图 7.16），在有些飞机上还采用热偶电门控制风挡加温。很多飞机的控制电门本身就是指示灯，因而也称为电门灯。

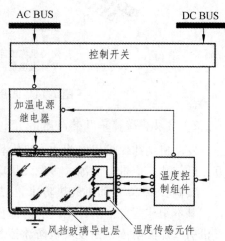

图 7.16　风挡典型电热防冰示意图

风挡电热防冰和除雾系统通常在起飞前 10 min 接通（除非外界温度高），并全程使用。

某干线客机风挡电热防冰系统如图 7.17 所示。4 个防冰电门分别接通左、右 1、2、4、5 号风挡玻璃加温；1、2 号风挡外层玻璃内表面有导电涂层清除夹层里的雾气并消除静电；风挡加温控制组件（WHCU）接收温度传感器信号可自动调节 1、2 号风挡保持在一定温度上，并提高强度防鸟类撞击；风挡温度过热时，对应的过热灯与两个主警灯亮，自动断开过热风挡加温电源；当防冰电路接通时对应的绿色防冰 "ON" 信号灯亮；4、5 号侧风挡加温时由热偶电门控制超温；3 号风挡由两块玻璃构成空隙而采用热空气防冰，左、右 1 号风挡也可用空调热空气加温防冰除雾（图中未示出）；测试电门用于检查风挡加温电路是否正常，电门放测试位，防冰接通灯及过热灯、警戒灯都亮表明正常。风挡电热防冰产生的主要故障是过热、断路、玻璃脱层、表面擦伤、褪色与发毛、产生火花等。飞前注意对系统工作的检查测试，地面加热时间不能过长；飞行中发现上述故障应做好记录；产生电火花主要是加热元件绝缘层破坏或玻璃表面涂层击穿所致，发生火花的地方可能出现局部过热。

图 7.17　驾驶舱风挡的防冰除雾系统示意

7.2.3　风挡排雨系统

驾驶舱风挡排雨的目的是除去风挡玻璃外表面的雨水或淞雪，保持良好透明度，以免影响飞行员目视飞行视线。民用运输机常用的排雨的方式有 3 种：风挡刮水器、化学排雨剂、永久性防水涂层。3 种方法既可以单独使用，也可以共同使用。在一些喷气发动机的小型高速飞机上也采用气动排雨（利用压气机引出的高压、高温空气吹过风挡，形成空气屏障，吹除并阻止雨滴打击风挡表面）。

1. 风挡刮水系统

风挡刮水系统驱动雨刷在玻璃表面来回运动而刷掉雨水，按其动力有电动与液压驱动两种，其中电动风挡刮水器系统很普遍。

现代飞机电动风挡刮水器系统一般有两个风挡刷，每个风挡刷由单独的电机驱动（见图7.18）。电动风挡刷系统通常用直流电机驱动，转换器将电机的转动转换成风挡刷臂的往复运动。风挡刮水刷由控制电门控制。波音747、波音757、波音767、A320都采用三位置电门。波音737飞机风挡刷控制电门有4个位置：PARK、OFF、LOW和HIGH，其中PARK用于将风挡刷靠在外侧下边缘位置，以防止风挡刷停靠在妨碍视线的位置。

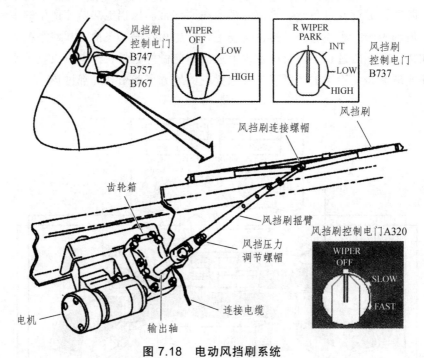

图 7.18 电动风挡刷系统

风挡刮水刷不能在干的风挡上使用，而且刮水刷必须保持清洁，不沾任何污物，以免划伤风挡玻璃。如果需要刮水刷工作，在运动之前须在风挡上洒上洁净水，以保持风挡刷的湿润。

2. 化学排雨剂系统

在许多民航客机上均有化学排雨剂系统。风挡排雨剂系统一般在大雨、较大速度飞行时使用。在雨天飞行时，将化学排雨剂喷洒在风挡上，排雨剂在雨水的冲刷下及借助风挡雨刷，在风挡玻璃上形成一层透明的薄膜，使雨水落上后像水银落在玻璃上一样成为水珠，而不是扩散开成水膜覆盖表面。这样水珠容易被流过玻璃的滑流吹除掉，使风挡不被雨水浸润而保持干燥透明。排雨系统使用时，通过驾驶舱内的电门或按钮控制电磁活门打开，排雨剂装在增压密封瓶中，经电磁活门到喷嘴喷出；排雨剂膜被连续雨水冲击会慢慢消失，因此有时需要周期性地反复使用。图7.19为波音-737飞机的排雨控制，一般在速度较大且雨也大时用排雨剂，低速小雨仍可用电动刮水器。排雨剂由左右风挡排雨按压式电门控制，当按下电门时，规定数量的排雨剂就会经电磁活门从喷嘴喷出。排雨电门经延时器控制电磁活门，每按一次电门则喷出一定量排雨剂。排雨剂系统仅作用于机长风挡和副驾驶风挡（1 号风挡）。干风挡上不要使用排雨剂。

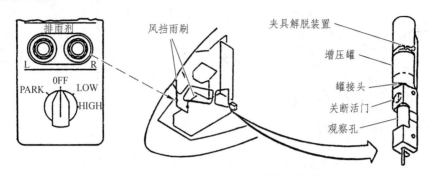

图 7.19　B737-300 飞机风挡排雨控制

在使用和维修排雨剂系统时要注意：① 不要在干燥的风挡上喷用排雨剂；② 小雨大风时不能使用排雨剂；③ 排雨剂管路中不能进潮气或水分；④ 如果排雨剂落在飞机蒙皮上，要及时用专用的清洗剂冲洗干净。

3. 永久性防水涂层

由于风挡排雨剂系统维修性能不佳，因而一些飞机采用一种永久性防水涂层与风挡刷配合使用，以达到有效排雨的目的。它是在风挡最外层涂上防水涂层，当雨水落在涂层上时，形成水滴，而不是覆盖整个风挡，迎面高速滑流连续吹去水滴，使大片风挡保持干燥（例如B777）。

所谓永久性防水涂层，并不是无限寿命。涂层的寿命与风挡刷的使用次数及其在风挡上的压力有关。风挡刷压力越大，涂层越易磨损。

出于维修及生态等方面的原因，在一些民航客机上取消了排雨剂系统，有些先前使用排雨剂系统的飞机进行了相应的改装。

7.2.4　飞机结冰探测装置

飞机结冰探测装置用以探测、显示飞机、发动机结冰情况，提供结冰告警，也有用以自动接通防/除冰装置。飞机结冰探测装置按其工作原理分为两大类：目视类，如直观式探冰棒；信号类，如压差式、射线式、导电式、电气-机械式和电子式等。

1. 探冰棒

探冰棒是最简单、可靠的直观式探测装置，安装于飞行员容易看到的迎风部位。探冰棒是暴露于气流中的条状体，在轻微结冰状态下就会出现积冰。棒体内布置有电热元件除冰，以便监视连续结冰条件和显示是否已脱离结冰区；加温可以人工接通，并在加温一定时间后自动关断；或者可由计时器自动循环加温，使飞行员能够监视积冰率。一般还配聚光照明灯，夜间由电门接通直照探棒以便观察。图 7.20 示出了 A340 风挡框上安装的探冰棒。

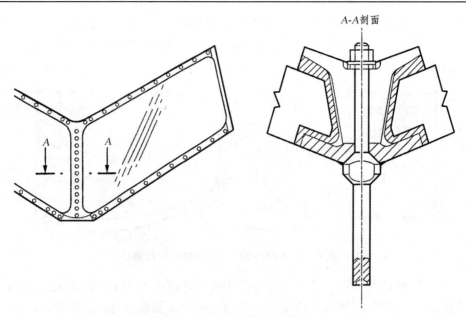

图 7.20　A340 探冰棒布置

　　飞机易观察结冰部位：如机翼前缘、螺旋桨帽、桨叶、雨刷臂、雨刷片、风挡框架等均可作目视结冰信号源。

2. 电气-机械式结冰探测器

　　电气-机械式结冰探测器组件有一单相交流电机，电机驱动一带齿的圆柱转子转动。一个固定的金属切刀的刀刃与转子贴近，转子和切刀都装在机身外蒙皮上。飞机处于结冰条件，在转子上能形成结冰，切刀就刮到结冰，因而对电机产生阻转力矩。利用此阻转力矩信号提供结冰信息。电气-机械式结冰探测器外形如图 7.21 所示。

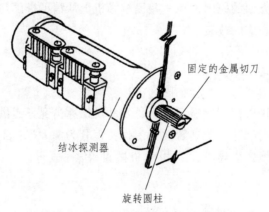

图 7.21　电气-机械式结冰探测器外形

3. 电子式结冰探测器

　　目前先进的结冰探测器为电子式，民航客机结冰探测器多采用此种形式。电子式结冰探测器的探头安装在前机身外蒙皮一个仔细确定的部位。一种典型的探头型结冰探测器探头

（敏感元件）是一个直径为 1/4 英寸、长 1 英寸的圆筒。探测器支架使探头伸到飞机附面层外的自由流中（见图 7.22）。小尺寸的探头敏感元件接触到过冷水滴时，具有比机翼和发动机进气道前缘更易于结冰的特性，因而探头上冰层的增长比机翼和发动机进气道前缘更早且快得多。因此，探头元件就会尽早提供结冰感觉。

结冰探测器的主要工作元件包括：探头、支架、探头和支架加热器、振荡及反馈线圈、微处理电子设备、电气接口。探测器工作时其探头以 40 kHz 的频率轴向振动。当遇有结冰条件时冰聚积过程中附加质量使振动频率减小。当频率下降到预调值，相当于 0.02 英寸厚的冰层时，探头和支架内的加热器通电加热而融化聚积的层冰。这就形成了一个探测循环。探头除冰后又再次冷却，向基准频率返回并自由增大，继而再感受另一个结冰循环。探测器电子设备记录这些结冰/除冰循环，并以此来提供结冰告警信号或用以接通防/除冰系统。

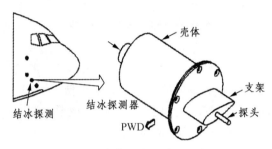

图 7.22　一种典型电子式结冰探测器

7.2.5　飞机的地面除冰与防冰

飞机在地面上处于结冰的气象条件下，或者因为飞机自身条件或道面原因，会使飞机结冰。美国联邦航空条例规定：当飞机机翼、安定面、操纵面、风挡、姿态仪表系统、螺旋桨或动力装置上附着有雪、冰或霜时，禁止该机起飞。因此飞机需要进行地面除冰、防冰。

轻而干的雪在零下温度时，应尽可能（用冷空气）随时吹掉；厚而潮湿的雪可用刷子或刮板清除；可将飞机放进暖和的机库排除飞机的积霜，或用除霜器及除冰液；如果压气机由于结冰不能用手转动，则应用热空气吹过发动机；中等的或大量的冰和残雪的堆积要用除冰液除掉。

使用除冰/防冰液是对飞机进行地面除、防冰的有效方法。

1994 年修订后的《联邦航空条例》要求飞机的经营者必须注意并重视飞机在地面的除冰与防冰问题。有文章指出，1939—1993 年的 54 年里，全球范围内至少有 44 起飞行事故是因为地面除冰/防冰不够彻底引起的。

1. 认真进行地面除冰和防冰

必须清楚洁净飞机概念及其重要性。最重要的是：在飞机各个重要表面上，绝对不容许有任何污染物（冰、雪、雪浆或霜）存在。

力求卓有成效地对污染物进行检查，一定要很好地组织地面人员，指定带队的负责人，并且应备有经批准的恰当的程序单。眼和手是检测污染物的最好工具。注意不要用光着的手去触摸飞机表面，以免皮肤被粘在冰冻的表皮上。

一经发现飞机上面有污染物，就要除冰、防冰或两者都进行。飞机地面除冰，是将霜、冰、半融雪或雪从机体上除去，从而提供洁净的飞机。飞机在地面除冰/防冰，是一种可经一步或两步进行的除冰与防冰两项步骤的结合。一步进行的除冰/防冰，是通过使用独特的加热后的防冻液来完成。用于飞机除冰的液体保留在机体表面上可以有限地提高防冰能力。两步进行的除冰/防冰，是由两个不同的步骤组成。第一步——除冰再加上作为另一种液体分开使用的第二步——防冰，在除冰后，再单独喷洒防冰液用以保护相关表面，因而最大限度地提高防冰能力。

2. 除冰、防冰用液及其保护时间

国际标准组织（ISO）两类典型防/除冰用液：Ⅰ型液和Ⅱ型液。

Ⅰ型液含有至少 80% 的单乙二醇、二乙二醇或单丙二醇，或这些乙二醇的混合液。除此之外的成分为水、抑制剂和湿润剂。抑制剂的作用为防腐，提高燃点或满足一些关于材料的相容性及使用的其他要求。湿润剂的作用是能使除冰、防冰用液在飞机表面形成一层均匀薄膜。Ⅰ型液的黏性相对较低，且仅随温度变化而变化。浓缩乙二醇的冰点并非最低，大约 60% 的乙二醇与 40% 的水混合才能达到最低冰点（此时冰点低于 - 50 ℃），浓缩的单乙二醇、二乙二醇或单丙二醇的冰点在 - 10 ℃ 范围内。因此Ⅰ型液通常用同样剂量的水来稀释。这种 50∶50 的混合液，其冰点比浓缩液要低。而且，由于其黏性较低，在机翼上的流动性会更好。Ⅰ型液常被加热用于除冰。

Ⅱ型液单位体积含至少 50% 的单乙二醇、二乙二醇或丙二醇，各种抑制剂、湿润剂和能使流体提高黏性的稠化剂，其余成分为水。上述液体的黏性和掺入的湿润剂使其能够弥散到喷覆的飞机表面上并形成一层保护膜。虽然稠化剂含量低于 1%，稠化剂使薄膜能够在飞机表面上保留较长时间。Ⅱ型液常用来防冰，它被冷喷涂在洁净的表面上时最为有效。

防冰液被涂在洁净的表面时就形成了一层薄薄的液膜。这一层液体的冰点要比冰沉积物的冰点低，因此当冰沉积物接触到该液体时便会融化。随着防冰液涂层使冰沉积物融化而被稀释，该防冰液的效力就会渐渐降低，而冰就又可能开始沉积。

从开始喷涂防冰液到防冰液失去效用之间的这一段时间称之为保护时间（也称保持时间、生效时间）。

有多项因素影响保护时间的长短。比如：① 液/水比率；② 用液类型；③ 气象条件，如气温，风速、风向，降水、降雪、湿度，阳光；④ 机体表面温度；⑤ 除冰、防冰用液的运输、储存及施用程序，等等。目标是让飞机在保护时间终结之前起飞。

如果飞机污染物积聚太厚，在施用防冰液之前，要用一根绳索或一把橡胶扫帚尽可能把污染物先清除掉，这样可以减少洁净表面的除冰/防冰液的使用量。

3. 地面除/防冰设备

1）操作车

目前，使用的大多数地面除/防冰设备均为在底盘上装有液体容器、泵、加热与提升部件的操作车。

虽然在老式设备上装备有离心泵，而在现代化的设备上则装备有谐振腔泵和隔膜泵，因Ⅱ型液对这几种泵产生的降解现象很少。

　　绝大多数的操作车都具有一个可供操作人员对飞机进行除冰/防冰的开口吊舱，为能在恶劣环境下提供更为舒适的操作条件，也有闭式操作舱可供使用。图 7.23 示出了除/防冰操作车实例。

图 7.23　防/除冰操纵车

　　2）固定设备

　　目前仅在有限的一些机场中使用固定式除冰/防冰设备。这种设备带有装备有喷嘴的台架，可在飞机上方移动，其工作原理与洗车设备类似。这种设备的优越性在于可对飞机表面进行快速、彻底的除冰/防冰处理。由于该设备可利用计算机进行操作，实际上可排除误操作的可能性，从而可确保性能一致。然而，其缺点在于瓶颈现象。如果只能提供一套设备，而需除冰/防冰，则各条跑道的起飞能力将受到台架效率的限制。

7.2.6　飞机防/除冰注意事项

　　现代飞机虽然具有一定的防/除冰能力，飞行中仍然需要采取有效措施预防因结冰引发的事故，飞机防/除冰基本注意事项如下：

　　（1）研究气象资料，做好飞行计划，尽可能避免进入已知结冰区。

　　（2）熟悉所飞机型防/除冰系统的使用条件和限制，掌握其使用方法，严格执行推荐程序。

　　（3）起飞前必须将机体结冰清除干净。

　　（4）关注并监视结冰条件，区别防冰和除冰，及时和正确操纵系统。

　　（5）对结冰污染平尾失速（ICTS）有敏感性的飞机，要特别关注其平尾结冰对飞行安全的影响。

　　（6）确定尾翼有结冰时，用尽可能小的襟翼设定着陆。

　　（7）尽力避免长时间在结冰环境中飞行；避开严重冻雨等严重结冰条件。

　　（8）可指挥飞机通过下降、爬升或改变航向等避开、摆脱结冰天气条件。

7.3 飞机灭火系统

所有飞机上都有可燃物、高温区与起火点，因此存在着火的危险。飞机着火很可能烧坏发动机、引爆油箱，直接导致机毁人亡；即便只是座舱失火的烟雾也可使机上人员窒息而死。国内外都曾多次发生飞机着火事故，因此飞机着火是飞行安全的重大威胁之一。现代飞机上都装有灭火系统。

飞机上防火的重点区域是发动机、APU、货舱和卫生间。另外应配备手提灭火瓶用于座舱区域进行人工灭火。

如果出现火警，发动机、APU 和货舱可通过驾驶舱内相应的灭火电门控制各区域的灭火工作。APU 一般还有单独的地面灭火控制电门。

起落架舱一般不能进行灭火。如果在空中出现起落架舱的火警，只能在允许的条件下，放下主起落架来进行灭火和散热。

供气管道泄漏探测器布置在供气管道的外侧空间内，当管道未发生泄漏时，由于供气管道外侧温度较低，不会发出警告信号；当管道发生泄漏时，导致管道附近温度升高，当温度达到一定数值时，发出警告信号，驾驶员可根据情况切断通往泄漏管道的控制活门。

卫生间的灭火一般是自动进行的。当温度达到某一极限值时，易熔塞熔化，自动释放灭火剂。

典型灭火系统主要包括火警探测装置、灭火瓶及管路、控制与显示装置 3 个组成部分。

7.3.1 飞机着火种类与灭火剂（见表7.2）

表 7.2 着火材料、火情种类及适用灭火剂

着火材料	木材、纤维、橡胶、塑料等易燃固体	燃油、滑油、液压油、油脂、溶剂等易燃液体	电气、无线电、电子设备	易燃金属高温氧化	容器和管道内易燃气体
国际防火协会分类	A	B	C	D	
一般分类	A	B	E	D	C
适用灭火剂	H_2O 类最好；以及：卤代烃；CO_2、N_2；干粉类	卤代烃（氟利昂）；CO_2、N_2；禁用 H_2O 类	CO_2、N_2；卤代烃；干粉类 H_2O 类不宜	干粉类	卤代烃；CO_2、N_2；干粉类

国际防火协会将着火分为 A、B、C 3 种基本类型：A 类火为纸、木材、纤维、橡胶及某些塑料等易燃物品着火；B 类火为汽油、煤油、滑油、液压油、油脂、油漆、溶剂等易燃液体着火；C 类火为供电与用电设备短路、漏电、超温、跳火等引发的着火。此外，A、B、C 3 类火引起的镁合金（易燃金属）件高温下氧化起火又称为 D 类火。不把 D 类火看作基本的类型，是因为它通常是由 A、B 或 C 类火所引起的。以上 4 类火都可能在飞机上发生。飞机防火区包括驾驶舱、客舱、行李舱、货舱、轮舱、电子舱、燃油箱、发动机舱与管路区等。

可燃物、火源、氧气是燃烧的 3 个要素。可燃物剧烈氧化而发光、发热，称之为燃烧。

缺少或去掉三要素中的任何一个，燃烧就会停止。因此灭火的原理是：尽快散失热量，降低温度到燃点以下；阻止热量传递，防止火势蔓延；隔绝空气断氧。

飞机与发动机的灭火剂必须满足灭火能力强、无剧毒、无腐蚀、易清除等要求。任何一种基本类型的火都可能在维修和使用过程中发生。要灭掉某一类型的火，应选用相应的灭火剂。按性能特点分为：A 类——水和水基灭火剂；B 类——干化学品灭火剂；C 类——气体灭火剂；D 类——粉末灭火剂。气体灭火剂主要包括惰性气体和卤代烃。不同类的火应采用对应类型的灭火剂。对 A 类火最好用水或水基灭火剂，兼有润湿、冷却与隔绝作用；对 B 类火用二氧化碳和卤代烃化学品灭火剂覆盖，水对 B 类火无效且有害；对 C 类火最好用 CO_2 灭火剂和卤代烃灭火剂，水或水类灭火剂不可用，D 类火一般采用干粉灭火剂，禁止使用水类灭火剂，在熄灭金属燃烧起火时，需要专门的技术。

卤代烃灭火剂最有效，品种也较多。广泛用于飞机部位与发动机高释放率灭火系统的灭火剂主要有溴氯二氟甲烷（卤代 1211）和溴三氟甲烷（卤代 1031），属于氟利昂灭火剂。这两种灭火剂毒性最小，无色、无腐蚀性，分别为雾滴和气态喷出，蒸发快、无剩余物。

惰性冷却气体灭火剂主要有二氧化碳（CO_2）和氮（N_2）两种，液态储存、气态放出。飞机部位与发动机常用有效的 CO_2 不可燃、轻毒、无腐蚀；液态变气态时大量吸热，因此既可使火与空气隔绝，又可降低温度。活塞式发动机与座舱主要采用 CO_2 灭火剂。

飞机上浓缩的灭火剂高温下将产生有毒气体，如 CO_2 的毒性虽然很轻微，但人在灭火过程中呼吸 20 ~ 30 min 含 CO_2 浓度高的空气也能引起窒息。驾驶舱内释放 CO_2 灭火瓶后 1 min 左右，CO_2 气体浓度仍可超过 3% 而对人体产生危害。因此，座舱灭火时应注意通风，降低有毒气体浓度，并使用 100% 纯氧供给。

干粉灭火剂是用于灭火的干燥且易于流动的微细粉末，它由具有灭火效能的无机盐和少量的添加剂经干燥、粉碎、混合而成微细固体粉末组成。扑救金属火灾有专用干粉化学灭火剂。

7.3.2　火警探测器

现代飞机火警探测装置包括火警探测器与警报器。探测器感受火警，发出电信号，接通警报器的火警灯亮和警告喇叭响。图 7.24 所示为火警探测装置的工作原理。热电瓶汇流条供电，当探测器感受温度超过一定值而导电时，金属壳体接地使警告电路接通，火警灯亮、警铃响。测试开关闭合时，火警信号由探测器内部导体及测试电路接通。对火警探测器的要求是灵敏、准确、可靠，便于检测、维修。

火警探测的方法包括过热、温升、烟雾探测与机组人员观察等。目前，用于飞机、发动机的典型火警探测器主要有：双金属片热敏电门、热电偶式火警探测器、电阻感温线式火警探测器、气体式火警探测器、烟雾探测器等。

双金属片热敏电门、热电偶式火警探测器为点式火警探测器，只能用于探测一个点（小区域内）的火警或过热情况，要想探测一个较大的区域，需要增加探测器数量。因而使用点式探测器时，常使用多个探测器。电阻感温线式火警探测器（芬沃尔及基德火警探测器）、气体式火警探测器为连续火警探测器（也称火警线），它具有一定的长度，可以探测沿其长度附近区域，如图 7.25 所示。

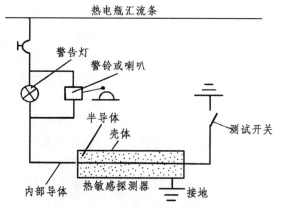

图 7.24　火警探测装置工作原理

1. 双金属片热敏电门

它是由双金属片作动的电门，当温度升高到设定值时，双金属片产生变形，作动电门闭合，接通警告电路。例如，波音 747-400 飞机 APU 引气管道泄漏探测、波音 757 发动机吊舱过热、涡轮冷却空气过热探测采用此类探测器。图 7.25 所示为某飞机上使用的双金属片热敏电门，当温度超过设定值时，热敏感双金属片变形而使触点接通火警信号，张力调整螺帽调节滑动活塞位移从而调整双金属片预张力。

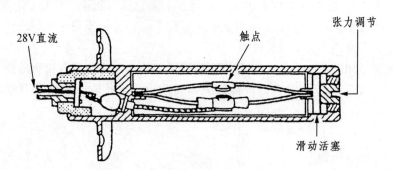

图 7.25　双金属片热敏电门

2. 热电偶式火警探测系统

热电偶式火警探测器（热电偶）将周围介质温度的变化转变为相应大小的热电势，输出控制信号。热电偶只能感受由于火焰引起的温升速率而输出相应的热电势，为温度上升率型探测器。在缓慢的温升速率下这种传感器输出的热电势很小，甚至无输出；如果温度很快上升，由于在基准端和热端之间的温度差，热电偶便产生一个热电势，从而输出火警信号。

3. 电阻感温线式火警探测器

芬沃尔（FENWAL）、基德（KIDDE）火警探测器是两种广泛应用的电阻感温线式火警探测器（见图 7.26）。芬沃尔火警探测器是在铬镍耐蚀合金管中装有一连串的共晶盐浸过的陶瓷内芯，中间串一条金属丝，管为地线，线为热导线（其电位比地线高）构成。

基德火警探测器由铬镍耐蚀合金管中装有特种陶瓷材料的电阻内芯，在内芯中嵌入两条金属丝，一条为地线，一条为热导线构成。当敏感元件达到它的警告温度时，会突然降低它的电阻。在基德和芬沃尔两种装置里，陶瓷或共晶盐内芯材料的电阻在正常温度条件下都能防止电流的流动。在失火或过热的情况下，芯子的电阻下降，利用这种特性监视防火区，在火警或过热条件下发出告警信号（参见图 7.24）。芬沃尔（FENWAL）、基德（KIDDE）火警探测器为热敏感探测器。在 B737、B747、B767、B777 的发动机、APU、轮舱等火警探测中都得到应用。

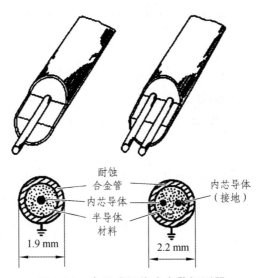

图 7.26　电阻感温线式火警探测器

4. 气体式火警探测器

　　气体式火警探测器主要由感应管和反应器等零件组成（见图 7.27）。感应管是一个不锈钢的壳体，内部包有感温装置。每个探测器包括一个感应装置，它装在一个不锈钢壳体内，并连接到不锈钢敏感元件（反应器）上。两部分密封焊接为一个整体，敏感元件由一个电气接头和两个压力感应电门组成。每个压力感应电门由一个金属膜片作动，它是敏感元件内唯一的活动零件，是报警电路系统中的电接触部分。细小的感应管内充满了氢气。中间的内芯物质是充有氢气的材料，具有固有的吸收和释放氢气的特性。当外界温度上升，感应管内气体受热压力增大，当增大到预定值后，气体压力便推动膜片，报警电门闭合，接通报警电路。

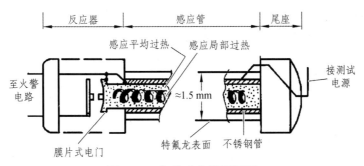

图 7.27　气体式火警探测器

　　气体式探测器有两种感应功能。它能感应一般性"平均"过热，也能感应局部性由火焰或热气引起的"局部"过热。

1）平均过热

感应管和反应器是固定容积的器具，当探测器周围温度普遍上升，感应管内部氦气的压力将与绝对温度成正比，在它达到预定的平均过热温度时，将推动感应膜片，闭合报警电门。

2）局部过热

当探测器感应管的某一小部分受到局部高温时，感应管内充满氢气的内芯材料就放出大量气体，而使感应管内部压力上升，在它达到预定的温度时，同样将推动感应膜片，闭合报警电门。

平均与局部过热作用是可复位的。当感应管冷却后，平均气压降低，氢气将返回内芯材料，感应管内部压力降低，使感应膜片恢复到正常位置，从而切断报警系统的电路。

B757、A320等的发动机、APU火防护配用的就是气体式火警探测器。

5. 烟雾探测装置

烟雾探测装置用于监测货舱和行李舱是否有着火征兆的烟雾存在，并发出火警信号。烟雾探测装置主要有一氧化碳探测器、光电烟雾探测器、离子型烟雾探测器与目视烟雾探测器等。

一氧化碳探测器广泛用于驾驶舱和客舱，安装于舱壁易见处，用以探测 CO 气体浓度。一种类型的工作是，当 CO 含量正常时，指示器感受剂为绿色，其深浅与 CO 浓度成正比。另一种类型的感受剂正常为棕黄色，随 CO 浓度增大逐渐变为深灰色与黑色，以此显示可能有不完全燃烧存在。

光电烟雾探测器组成及工作原理如图 7.28 所示。飞行中探测器通电时，工作灯一直亮；当没有烟雾时，工作灯光射不到光电管，光电管不输出电信号；当有失火烟雾发生时，进入探测器的烟雾使工作灯光折射到光电管，光电管内电阻显著下降而输出电信号到放大器，发出火警信号；检查试验时，接通试验灯亮（图中工作灯关），光线直射光电管而发出信号，表明探测系统工作正常。

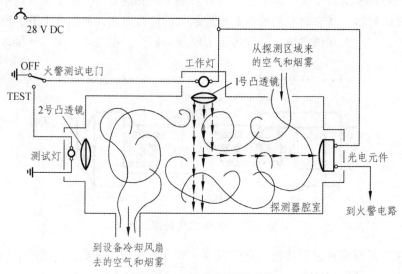

图 7.28　光电烟雾探测系统

离子型烟雾探测器（见图 7.29）多用于现代飞机（比如 A320 等）的电子舱、货舱。离子型烟雾探测器的工作原理是利用烟通过电极间离化区（由放射物形成）使其阻值上升而提供报警信号。

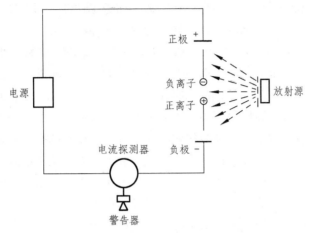

图 7.29　离子型烟雾探测器

目视烟雾探测器主要采用烟雾吸入装置使烟雾进入指示器，当观察窗口红灯点亮时，可直接看到烟雾（比如 B727C）。

7.3.3　灭火瓶及灭火瓶管路系统

飞机上的灭火瓶有固定式与手提式两种。固定式灭火瓶一般装于座舱、货舱、轮舱等部位，其形式、容量、位置与质量均有专门规定。固定式灭火瓶组成与控制如图 7.30 所示，作为耐高压容器，一般用不锈钢制成并且用钢丝缠绕以防爆破。灭火瓶按所装灭火剂分为氟利昂灭火瓶与 CO_2 灭火瓶。

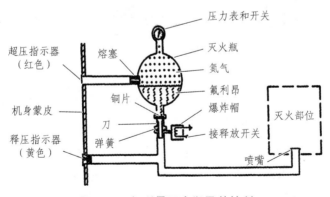

图 7.30　氟利昂灭火瓶及其控制

CO_2 灭火瓶正常的气体储存压力是 4.8～6.9 MPa（700～1 000 PSI），用 CO_2 的质量确定灭火瓶内灭火剂的填充状态。这种灭火瓶约有 2/3 到 3/4 的 CO_2 是液化的，释放二氧化碳转化为气态时体积大约要膨胀 500 倍。

CO₂灭火瓶不必做防寒保护，因为 CO_2 的冰点是 – 73.9 ℃，但在气温炎热时，可能过早释放。为了防止这种故障，在为灭火瓶灌充二氧化碳之前，先充入大约 1.4 MPa（200 PSI）的干燥氮气，使多数 CO_2 灭火瓶在 71.1 ℃ 以下均能防止过早释放。因为随温度增加，氮气压力的升高并不像二氧化碳压力升高那么快，氮气的稳定性使其随温度的变化缓慢。寒冷季节在低温条件下正常释放二氧化碳时，氮气还能提供附加的压力。

CO₂灭火瓶装有金属安全膜片，在 15.2 ~ 19.3 MPa（2 200 ~ 2 800 PSI）的压力下破裂。膜片装在排放活门上，一条管路从接头连到机身蒙皮的释放指示器上，红色的膜片破裂就意味着过热使灭火瓶的安全塞击穿了；黄色膜片破裂表示该系统已经在正常状态下排放了。

氟利昂灭火瓶一般为钢制球形容器，灌充氟利昂灭火剂与氮气，当温度达 98 ~ 104 ℃，压力升高超过规定值时，易熔安全塞熔化而释放，机体蒙皮上的指示器显示红色。

灭火时，灭火电门或灭火按钮接通灭火电路，灭火释放开关通电点燃引爆管，产生高压气体强压带刀尖的推杆刺破铜片，液态氟利昂（或 CO_2）灭火剂沿导管喷向火区，同时经小孔冲破释放指示器膜片显出黄色。灭火瓶压力表显示瓶内压力，应经常检查是否符合规定。灭火瓶开关在充灌时打开后处于关闭状态。

图 7.31 所示为客机盥洗间固定式灭火瓶，有两个热作用喷嘴，可释放灭火剂喷向毛巾存放箱或洗手池下部的废纸桶。在盥洗室舱门内有一个温度指示器标牌，当处于高温时，标牌上 4 个白色的圆点随温度升高逐渐变成灰色、深灰色、黑色。指示器白点变成黑色则表明温度达最高规定值，热作用的喷嘴打开而自动喷出，灭火剂释放后喷嘴变为浅灰色。

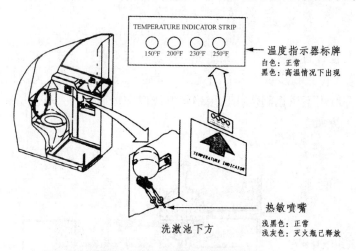

图 7.31　盥洗间固定式灭火瓶

图 7.32 所示为波音 737 飞机发动机灭火瓶及控制，瓶中灌氟利昂灭火剂与氮气，瓶上有压力表和过压释放活门。当发动机火警灯或过热灯亮时，电磁开关松开火警电门锁；当拉出火警电门手柄（图中 1 或 2）时，每个释放爆破钮预位，关闭故障状态发动机燃油关断活门，发动机控制继电器和跳开关跳开断电，关闭液压切断活门、发动机引气与反推装置，断开发动机驱动的液压泵低压灯；转动火警电门手柄接通点燃灭火瓶爆破钮，击穿灭火瓶密封装置；一边灭火电门可使两边灭火瓶向着火发动机喷出灭火剂，此时显示板上灭火释放灯亮表明灭火瓶释放。

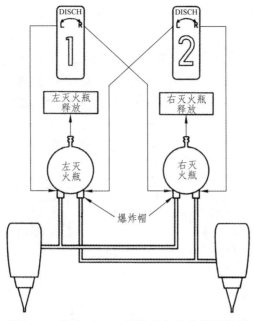

图 7.32　波音 737 飞机发动机灭火瓶及控制

若发动机仅能供一次灭火，发动机灭火后空中不能再启动，应当在就近合适机场着陆。

现代很多飞机（如波音 747、波音 757、波音 777 飞机）APU 灭火系统有自动功能：当飞机在地面出现 APU 火警时，APU 可自动停车，并在 10 s 后自动喷射灭火剂；当飞机在空中出现 APU 火警时，APU 可自动停车，但不能自动喷射灭火剂，只能人工操纵 APU 灭火手柄进行灭火。

APU 灭火还有地面控制面板位于主起落架舱（波音 737 飞机，见图 7.33）或前起落架上（波音 747、波音 757、波音 767、波音 777 飞机）。在地面控制面板上有：APU 火警警告喇叭、APU 火警灯、APU 停车手柄（电门）、灭火瓶释放电门等。如果 APU 起火，而 APU 又没有停车，可操纵地面控制面板上的 APU 停车手柄（电门），作动灭火瓶释放电门以释放灭火剂。

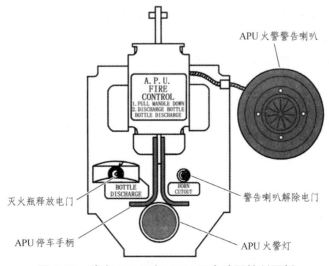

图 7.33　波音 737 飞机 APU 灭火地面控制面板

7.3.4　手提灭火设备

FAR25 部对手提式灭火瓶最少配置数量有具体规定。现代飞机驾驶舱、客舱及厨房一般都配有手提式灭火瓶，用于扑灭座舱内的失火。机上最常用的手提式灭火瓶是：BCF（Halon）灭火瓶和水灭火瓶（见图 7.34）。HALON 灭火瓶用于扑灭电气设备和可燃液体的火焰；水灭火瓶用于扑灭非电类火焰。

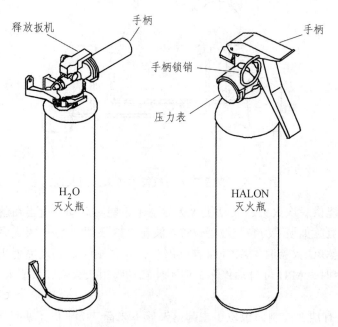

图 7.34　飞机手提式灭火瓶

手提式灭火瓶基本使用：

（1）飞行前检查是否在指定位置固定好、安全销在正常位。

（2）确认灭火瓶正确灌充（压力正常）、未过有效期。

（3）按着火种类选用适当种类灭火瓶。

（4）注意不同厂商使用细则，遵守其使用规定。

（5）正确操作：

① 从存放处取出，保持灭火瓶正确姿势（如 BCF 正直向上）；

② 快速取下保险（安全）销（水灭火瓶须转动手柄弄破 CO_2 爆破筒增压）；

③ 压动扳机（或手柄）；

④ 适当距离对准火焰底部喷射，左右来回移动扑灭火；

⑤ 松开扳机，可中止喷射。

（6）注意自身保护：

① 防粘冻皮肤（用手套）；

② 防中毒（在封闭舱区释放后通风、吸 100% 纯氧）。

复 习 题

7-1　简述飞机氧气设备的基本类型。

7-2　飞机氧气源主要有哪些？对机上氧气有哪些要求？高、低压氧气瓶的颜色与充气压力有何关系？

7-3　氧气面罩调节器、释压活门、眨眼器各有何功用？

7-4　简述氧气系统使用注意事项。

7-5　简述飞机结冰部位、防冰/除冰方法及结冰条件认定。

7-6　简述气动除冰原理及气动除冰应注意哪些问题。

7-7　简述飞机气热防冰的热空气源及机翼、发动机结冰防护系统的使用特点。

7-8　简述 B737 飞机机翼气热防/除冰控制以及三色防冰信号灯的显示。

7-9　简述座舱风挡电热防冰系统的基本组成。

7-10　简述结冰探测装置的功用及典型形式。

7-11　简述风挡排雨方式和排雨装置以及排雨剂排雨原理。

7-12　简述液体防冰原理。何谓防冰液保护时间？保护时间有哪些影响因素？

7-13　简述保证飞机结冰安全飞行的一般使用要求。

7-14　简述飞机着火种类与适用的灭火剂。

7-15　简述飞机上火警探测器的形式及其基本工作原理

7-16　简述火警探测装置的基本组成及火警信号的显示。

7-17　简述飞机灭火系统的基本组成及固定式灭火瓶的类型与释放显示。

7-18　提起发动机灭火手柄后，为灭火做了哪些准备？

7-19　说明飞机手提式灭火瓶的类型与使用。

*第 8 章　飞机电气系统

　　飞机电气系统是飞机供电系统和飞机用电设备的总称。飞机供电系统向机上用电设备供电，是飞机电气设备的重要组成部分。供电系统工作的可靠性是机上用电设备能否正常工作的关键，直接影响到飞机的性能与安全。不少飞机曾经主要采用直流电源系统。随着飞机性能和自动化控制程度日益提高，飞机用电设备的类型和数量都大大增加，用电量也随之增大，飞机对电源系统的依赖性也越来越大，低压直流电源系统已不能完全适应现代飞机的用电要求。自 20 世纪 50 年代以来，直流电源系统逐渐被交流电源系统代替，目前我国民航的大、中型飞机广泛采用了交流电源系统。飞机输配电系统又称飞机电网，是指由电源汇流条到用电设备端的部分，由电线、配电装置和保护元件等构成。飞机用电设备包括：飞机电力传动设备、电加温及防冰设备、灯光信号及照明设备、远距操纵设备、飞机电子设备。

　　本章主要介绍：飞机供电系统的功用、组成、基本形式，飞机电源系统典型装置、基本形式、控制与保护，及飞机典型用电设备的有关知识。

8.1　飞机供电系统的功用、组成及形式

8.1.1　飞机供电系统的功用和组成

　　飞机供电系统的功用是向飞机上所有用电设备（如飞行控制系统、航电设备、照明及灯光系统、电热防冰与加温、发动机起动与点火系统、电力传动系统等）提供电能，为用电设备的正常工作提供条件，以保证飞机的安全飞行和完成运输任务。

　　飞机供电系统指的是电能产生、调节、控制、变换和传输分配的一整套装置所组成的系统，包括从电能产生一直到用电设备端的部分，可分为飞机电源系统和飞机输配电系统两部分。

1. 飞机电源系统

　　飞机电源系统是飞机上电能产生、调节、控制和电能变换部分的总称。通常飞机电源系统由主电源、二次电源、应急电源、辅助电源和地面电源及其连接与监控部分组成。主电源由航空发动机直接或间接传动的发电机及其变换调节、控制保护设备等构成，飞机正常飞行时向全机提供足够数量和一定质量的电能，满足用电设备的需要。主电源是飞机上全部用电设备的主要能源。

　　二次电源由电能变换器构成，用于将主电源产生的一种形式的电能转变为另一种或多种形式的电能，以适应不同用电设备的需要，它是飞机电源系统的重要组成部分。在低压直流电源系统中，有旋转变流机、静止变流器和直流变换器，将低压直流电变换成交流电或其他

规格电压的直流电。在交流电源系统中，有变压器和变压整流器，将交流电变换成另一规格电压的交流电或直流电。

应急电源是一个独立电源系统，飞行中当主电源发生故障而失效时，航空蓄电池或应急发电机即成为应急电源，向飞机飞行必需的用电设备供电；由于应急电源容量小或储能有限，此时飞机必须在就近机场着陆。

辅助电源是飞机发动机未工作或部分主电源发生故障时向飞机供电的电源。辅助电源的设置是为了提高飞机的自主能力，即飞机能不依赖地面支援设备而完成地面维修、发动机起动以及较长时间内能提供辅助电功率的能力。航空蓄电池或由一种小型机载发动机驱动的发电机是常用的辅助电源。

飞机停于机场时，最好由机场的地面电源供电，地面辅助电源是飞机发动机未工作或部分主电源发生故障时向飞机供电的电源。电源通过电缆和机身的插头插座向飞机供电，以供在地面通电检查机上用电设备和起动发动机。

飞机电源系统实例示于图 8.1。

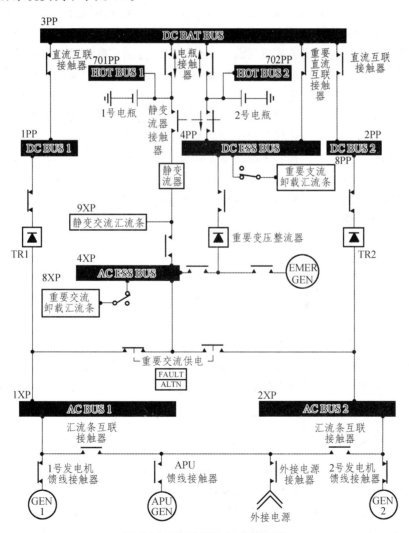

图 8.1　A320 型飞机电源系统

空客 A320 型飞机由两台输出额定功率为 90 kV·A、115/200 V、400 Hz 的三相整体驱动发电机（1 号和 2 号发电机）作为该机主电源，每台发电机的供电控制是由一个发电机控制组件（GCU）来完成。APU 传动的发电机提供 115/200 V、400 Hz 三相交流电作为飞机辅助电源，它可以随时代替任一台或两台主发电机。由 3 台变压整流器（TR1、TR2、ESS TR）及 1 台静变流器（INV）提供二次电源。1 台由蓝液压系统驱动的 5 kV·A、115/200 V、400 Hz 的三相应急交流发电机、两个正常容量为 23 A·h 的主电瓶为飞机提供应急电源。通过外部交流电源插座可获得地面电源。

2. 飞机输配电系统

飞机电源系统是指由飞机电源到电源汇流条间的部分，飞机输配电系统则是指由电源汇流条到用电设备端的部分。飞机输配电系统又称飞机电网，由电线、配电装置和保护元件等构成。其功用是将电源所产生的电能传输和分配到飞机上各用电设备，并使其符合供电特性要求。

配电方式有集中式、分散式和混合式 3 种。集中式配电系统设有中心配电装置，所有电源的电能都送到此配电装置，所有用电设备也通过电线接到配电装置，所以飞机上的电源都处于并联工作状态。这种配电方式仅适合于小型飞机。分散式配电是各电源产生的电能送到各自的配电装置，并通过它向就近的用电设备供电，一旦某电源故障，则原由它供电的设备转由正常电源供电。这种配电方式比较简单可靠。混合配电方式设有多个用电设备汇流条，分布于用电设备附近，称为二次配电装置，所有电源的电能仍集中在中心配电装置，二次配电装置由中心配电装置供电，这样可以使中心配电装置简化。

此外，根据电压分类时，有低压和高压（60 V 以上）两种电网。根据电流类型来划分则有直流电网和交流电网。就交流电网来说，又有单相和三相电网之分。就电网的线制来划分，则有单线、双线、三线、四线等几种。根据电网的用途来划分，则有主电网（即供电网）、配电网、辅助电网和应急电网等。

8.1.2　飞机供电系统的工作状态

飞机供电系统工作状态包括：正常供电状态、非正常工作状态、应急工作状态、地面电源工作状态。

在飞机的飞行准备、起飞爬升、着陆和停机等各个阶段，要对飞机进行操纵和完成执行飞行任务所需的工作，若此时供电系统能连续地完成其全部功能性工作，称为飞机正常供电状态。该工作状态中有用电设备的转换、发动机转速的改变、汇流条的切换和同步，多发电机系统的并联或解除并联等。

供电系统的非正常工作状态是一种意外的短时失控状态，它的发生是不可控制的，发生的时刻也是不可精确预测的，但它恢复到正常工作状态是一个可控制的动作。例如配电线短路，一旦发生短路则短路处电流迅速增大，电网电压急剧降低，从而使电网中别的用电设备可能不能正常工作，但因随后该电路中的保护装置动作，切除了短路，系统又恢复正常。又如，在不并联运行的多发电系统中，若其中一台发电机发生故障，该发电机的控制器将它的励磁电路切断，并将发电机输出的馈电线中的接触器断开，于是由该电机供电的所有用电设备都失去了电能供应，但随后供电系统将这些用电设备转换到正常工作的发电通道，则它们又恢复了正常工作。

若飞行中飞机主电源不能提供足够的或符合规定要求的电功率，要求使用应急电源的工作状态，称为供电系统的应急工作。由于应急电源容量小，只能向飞行和降落所必需的设备供电，且供电时间有限。

由地面电源向飞机电网供电使飞机用电设备工作的状态称为地面电源工作状态。民用飞机通常采用两台或两台以上的发动机，每台发动机上装一台或两台发电机，以提高主电源可靠性。为了提高发电和配电系统的可靠性，在一个主发通道故障时，由该通道供电的设备应转接到其他正常发电通道，以实现主电源的备份。但是，即使是多发动机的飞机，多套主电源在运行过程中仍有可能完全失效，因此应急电源是必须的。

应急电源有两种类型，应急蓄电池和应急发电机。前者因储能有限，属于短期供电应急电源，一般规定应急供电时间为 30 min。后者属于长期供电电源。蓄电池供电时，供电电压将随供电时间的增加而降低，甚至低到 18 ~ 20 V，应急设备必须在这样低的电压下正常工作。对于在国内航线使用的飞机，应急供电时可到就近机场或备降机场着陆，且所用通信和着陆仪表设备用电量不大，应急电源容量可以小些。对于跨洋飞行的飞机，在到达任一机场前，必须进行长时间飞行，飞机上除有国内飞行用设备外，还有短波通信和无线电测向器等用电设备，但用增大蓄电池容量来满足应急供电要求是不现实的，宜采用应急发电机。

应急电源必须具有独立性，它应不依赖于主电源或别的电源而能自行工作。

8.1.3　飞机供电系统的基本要求及种类

电压、频率、相数、电源容量和连接方式等是供电系统的基本参数。飞机电源系统的容量是指主电源的容量，等于飞机上主发电系统的台数与单台发电系统额定容量的乘积。电源系统的容量不仅取决于发电机和变换器（对于 VSCF 电源），还与从电源到电源汇流条的主馈线容量有关，馈电线的容量应等于电源的额定容量。

供电系统的基本参数的选择与供电系统以及用电设备的质量、尺寸和性能有密切关系，目前常用的飞机基本供电系统种类有：

（1）额定电压为 28.5 V，负线接地（飞机壳体）的低压直流供电系统。

（2）额定电压为 115/200 V，额定频率为 400 Hz，中线接地（飞机壳体）的三相四线制交流供电系统。

直流电源容量单位为千瓦（kW），交流电源为千伏安（kV·A）。飞机低压直流发电机的额定容量有 3 kW、6 kW、9 kW、12 kW、18 kW 数种。交流电源的额定容量有 15 kV·A、20 kV·A、30 kV·A、40 kV·A、60 kV·A、90 kV·A、120 kV·A、150 kV·A 等数种。

飞机交流发电机允许在 150% 额定负载下工作 2 min，在 200% 额定负载下工作 5 s。

上述两种供电系统在飞机上均以主电源的形式出现，机载用电设备应优先采用上述一种或两种供电系统的电源供电。用电设备需要其他种类电源供电时（如额定相电压为 26 V 或额定线电压为 36 V、额定频率为 400 Hz 的交流电）应由飞机上的二次交流电源供给。

8.2 典型电能提供装置

直流及交流发电机是主电源的电能提供装置，它们为飞机上全部用电设备提供主要能源。旋转变流机与静止变流器、变压整流器是飞机电能变换设备，是飞机二次电源的供能装置。飞机蓄电池则是飞机应急电源的典型供能装置。

8.2.1 飞机直流发电机

最早发展的（常规）直流发电机为有刷式，由于具有电刷和换向器，限制了它的高空性能和可靠性。为克服这些缺点近年来研发了整流式直流发电机（如变频交流发电机整流、无刷直流发电机）。

现代飞机上大多数有刷直流发电机均可用于起动航空发动机，即起动发电机，在起动发动机时工作于电动机状态，此时允许电机在过载状态下工作，而且应能在短时间内多次起动发动机，如在新舟-60 飞机上使用的 QF-12 能起动 5 次，每次工作 0.5 min，间歇时间为 2 min。

常规直流发电机（generator）由定子、转子和电刷装置等 3 个主要部分构成，如图 8.2 所示。

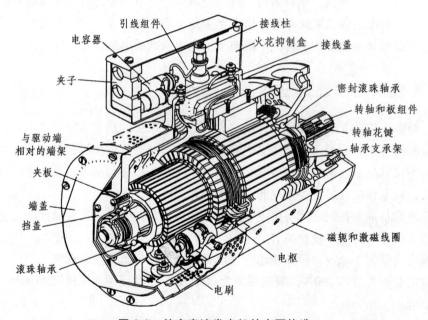

图 8.2　航空直流发电机的主要构造

定子的主要作用是产生磁场，并让磁力线构成回路。它包括机壳、磁极、励磁绕组和前后端盖。转子又叫电枢，它是电机中的转动部分，包括带槽的电枢铁心（由硅钢片叠成）、电枢绕组（即装在电枢铁心槽中绕在该铁心上的线圈组）、换向器和转轴。电刷装置包括电刷、刷握和弹簧。电刷安装在刷握内，由弹簧将它压紧在换向片上。

为减少发电机扭转振动引起的疲劳和破坏，飞机直流发电机常用复合轴，电枢铁心和换向器压装在空心轴上，空心轴内装有软轴，用于传递扭矩和吸收扭转振动能量。

飞机直流发电机采用通风冷却，有两种通风方式：自带风扇冷却和借飞机飞行时的迎面气流或发动机压气机压缩的空气冷却。

直流发电机额定值是其性能的标志，也是使用限制的依据，一般写在电机标牌或说明书中。额定值主要有：

（1）额定电流：是长期运行时发电机输出给负载的允许电流。

（2）额定电压：是发电机两端输出的允许电压。飞机直流发电机的额定电压一般为28.5 V。

（3）额定容量：是发电机的额定输出功率。即在额定电压下，输出额定电流时发电机向负载供给的功率。

（4）转速范围：是发电机输出额定功率时的最低转速到最高转速的范围。

按额定值运行时，电机的寿命长、效率高、利用程度好。如果电机的运行情况与电机的额定值相差太远，可能损坏电机或电机没有被充分利用。

在一定条件下，也可以允许电机短时过载。发电机在短时间内允许输出的最大电流数值，叫最大电流。超过这一电流数值，发电机就会损坏，因此用最大电流供电的时间应受限制。例如，运-7 飞机直流发电机的额定电流为 600 A，当飞机在空中飞行输出电流为 750 A 时，允许发电机供电 1 min；输出电流为 900 A 时，只允许发电机供电 10 s。

8.2.2　飞机无刷交流发电机

现代的中大型飞机多采用交流电源作为主电源，主要原因是交流电源系统具有如下优点：

（1）交流发电机没有换向器，特别是无刷交流发电机没有电刷和滑环，同时采用喷油冷却，工作可靠性大大提高。

（2）电源电压高，使得交流发电机的电网和设备质量减轻。

（3）交流电能易于变换，即易于变压和整流。

交流发电机既用于主电源或备用（辅助）电源也可用于应急电源作为交流电能的直接供给者，在现代飞机上普遍采用同步交流发电机[转子转速 n 与定子绕组中电流所产生的旋转磁场的转速 n_1 相等（即 $n = n_1$）且转向相同的发电机]。有刷交流发电机存在电刷和滑环，可靠性低，使用条件受到了很大限制。20 世纪 50 年代发明的旋转整流器式无刷交流发电机使得交流电源系统的供电性能有很大提升，它由主发电机、交流励磁机和旋转整流器等构成。交流励磁机的三相电枢在转子上，产生的三相交流电经装在电机转子上的旋转整流器整流为直流电；作为主发电机励磁绕组的励磁，定子上的主发电机电枢就可以输出三相交流电能。

旋转整流器式无刷交流发电机有两级式和三级式两种结构形式。三级式无刷交流发电机由副励磁机、主励磁机、主发电机组成发电机组。它的第一级是永磁式副励磁机，由它给调压器供电，调压器调节励磁机的励磁电流，励磁机电枢绕组经旋转整流器接到主发电机的励磁绕组上，向主发电机提供励磁电流。三级式无刷交流发电机的优点是励磁可靠，主发电机输出短路时，具有强励磁能力。B747、B757、B767、MD-82、A320 等飞机均采用三级式无刷交流发电机。三级式无刷交流发电机的结构如图 8.3 所示。

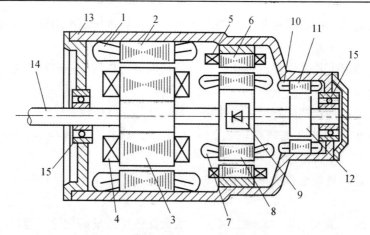

图 8.3　三级式无刷交流发电机结构示意图

1—主发电机电枢绕组；2—主发电机电枢铁心；3—主发电机磁极铁心；4—主发电机激磁绕组；
5—主励磁机励磁绕组；6—主励磁机磁极铁心；7—旋转整流器；8—主励磁机电枢铁心；
9—主励磁机电枢绕组；10—副励磁机电枢绕组；11—副励磁机电枢铁心；
12—星形永磁转子；13—机壳；14—转轴；15—轴承

交流电源系统的主要技术性能参数有：

额定电压：交流电网为 115/200 V；发电机为 120/208 V；

额定容量：交流发电机三相总视在功率，kV·A；

功率因数：额定负载时的功率因数 $\cos\varphi = 0.75$（感性）；

频　　率：一般为 400 Hz；

转　　速：恒速恒频常见转速为 6 000 r/min、8 000 r/min、12 000 r/min、24 000 r/min。

8.2.3　旋转变流机与静止变流器

旋转变流机与静止变流器都是飞机电能变换设备（又叫电源变换装置），在低压直流电源系统中用来将直流发电机电能变成交流电供给需要由交流电源供电的仪表和电子设备。旋转变流机与静止变流器往往是飞机上的二次电源、应急电源、备用电源或某些用电设备的专用电源的主要组成部分。旋转变流机就属于旋转型电能变换设备；而静止变流器等则属于静止型电能变换设备。

旋转变流机有单相变流机和三相变流机两大类。单相变流机可将飞机上的低压直流电转变为 115 V/400 Hz 单相交流电，给无线电和雷达等设备供电。三相变流机可将飞机上的低压直流电变换成 36 V/400 Hz（或 500 Hz）三相交流电，给陀螺仪表及雷达、自动驾驶仪等设备供电。

由于变流机体积、质量大、噪声大，质量功率比大，可靠性较差，正在逐步为静止变流器所取代。

静止变流器（STATIC INVERTER）将飞机上的直流电转变为 400 Hz 或其他频率的单相或三相交流电。

现代飞机用静止变流器主要由两部分构成：直流变换器和直交逆变器。前者用于将低压直流电转变为高压直流电并实现电气隔离，后者将高压直流电转变为 400 Hz 正弦交流电，经滤波后输出。

直流变换器由输入滤波器、输出滤波器、变换器和控制保护电路构成。输入滤波器用于减少变换器工作时对电网的影响；输出滤波器用于滤除交流分量，平滑输出电压；控制电路用于在电源电压变化和负载变化时保持输出电压不变；变换器通过电力电子器件的开关作用，将直流变换成矩形波。

逆变器是静止变流器的核心部件，它将直流电转变为一定频率的交流电。按照输出交流电相数的不同可以分为单相逆变器和三相逆变器。在飞机上使用较多的单相逆变器有矩形波逆变器、正弦脉宽调制逆变器、阶梯波合成逆变器。

8.2.4　飞机变压整流器

飞机变压整流器（简称为 TRU），用于将 115/200 V、400 Hz 或变频交流电转变为 28 V 直流电作为二次电源，主要用于以交流电源为主电源的大、中型飞机上，也可用于装备变频交流电源的飞机上。典型的变压整流器由三相降压变压器和二极管整流桥构成，由于它自身没有输出电压调节作用，输出电压受负载和电源电压的影响较大，且因有 400 Hz 变压器，体积质量较大。因此在先进飞机中采用了电子式变压整流器，它实际上是一种具有隔离的直流变换器，在其输入端还有将三相交流电整流为直流电的整流电路，可以克服普通变压整流器的缺点。

1. 变压整流器

飞机变压整流器通常由输入滤波器、降压变压器、二极管整流电路和输出滤波器等构成，有的变压整流器中还有冷却风扇和过热保护电路等。

输入滤波器主要用于减小变压整流器工作时对交流电源的影响；变压器将 115/200 V 交流电转变为低压交流电；二极管整流电路将低压交流电变成直流电；滤波电路用来平滑输出电压的脉动，减小干扰。

2. 电子式变压整流器

电子式变压整流器由输入滤波器、输入桥式整流电路、直流滤波电路、高频逆变器、降压变压器和输出整流滤波电路及控制保护电路等构成。它将高压交流电先转变为高压直流电，再逆变为高频交流电，通过高频变压器降压后经整流滤波输出低压直流电。由于逆变器输出交流电频率高（例如 20 kHz），变压器体积质量小，又因逆变器可调节输出电压，故输出电压不受负载和交流电源电压的影响。

图 8.4（a）是电子式变压整流器原理方框图，其控制保护电路由内部电源、基极驱动、脉宽调制、电压和电流调节器、直流分量限制和温度检测电路及保护电路等构成。

功率电子装置一般都要限制输出的最大电流，以防功率电子器件过载而损坏。采用电压和电流调节器是实现该目标的重要手段。图 8.4（b）所示是它的外特性，在 400 A 电流以内，电压调节器工作，使输出电压不因负载电流和电源电压的变化而改变，保持在 28 V。电流超过 400 A 后，电流与电压调节器同时工作，使输出电压降低；到 600 A 时输出电压为零，从而防止了输出电流的进一步增大。

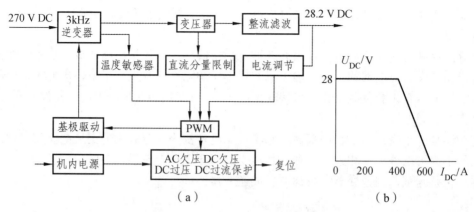

图 8.4　电子式变压整流器及其特性

8.2.5　航空蓄电池

蓄电池（Storage Battery）是一种化学电源，是化学能与电能相互转换的装置：充电时，它把电能转为化学能储存起来；放电时，它又把化学能转为电能向飞机用电设备供电。

按用途将航空蓄电池分为飞机蓄电池和地面蓄电池两种。飞机蓄电池是飞机上的应急电源和辅助电源，当飞机发电机不能供电时，向维持飞行所必需的飞行关键设备供电；必要时也可作为起动飞机发动机的起动电源。地面蓄电池主要用来作为地面检查飞机用电设备和起动飞机发动机的电源。

飞机蓄电池按电解质的性质不同，又分为酸性蓄电池和碱性蓄电池两类。常用的酸性蓄电池有铅蓄电池，其电解质是硫酸。常用的碱性蓄电池有镉镍蓄电池和锌银蓄电池，其电解质是氢氧化钾。

蓄电池的主要性能包括额定容量、电压、电流，最大电流与终了电压。

（1）额定容量：将一个充足电的蓄电池，在温度为 15 ℃ 的条件下，以额定电流值连续放电到终了电压时所放出的电量叫额定容量。它在数值上等于放电电流与放电时间的乘积。

（2）额定电压：蓄电池以额定电流放电时的电压值；一般为 24 V（比如 12HK-30 型铅蓄电池）。

（3）额定电流：蓄电池充好电后放出额定容量时的电流值。

（4）最大电流：蓄电池在短时间内允许放出的最大电流值。

（5）终了电压：蓄电池放电到允许的最低电压。比如，12HK-30 型铅蓄电池终了电压为21.5 V。蓄电池放电到终了电压时，如果继续放电则叫过量放电。过量放电会使蓄电池寿命显著缩短。

为了充分发挥蓄电池的供电能力，防止故障的产生并延长其使用寿命，在使用铅酸蓄电池时必须注意以下几点：

（1）地面通电不允许使用飞机蓄电池。为了保证飞机有可靠的应急电源，必须保证飞机蓄电池经常储存足够的电能。所以在地面通电检查使用各种飞机用电设备和起动发动机时，应使用地面电源。

（2）每次飞行前，应对飞机蓄电池进行电压检查。用双倍额定电流放电时，蓄电池的电压不应低于其额定值。这样检查电压的目的有两个：其一是可确信飞机上装有飞机蓄电池且其供电电路良好；其二是可迅速判断蓄电池是否已处于充足电的状态，且容量在额定容量的75% 以上。

（3）禁止用蓄电池进行长时间大电流放电或过量放电。这是因为蓄电池进行大电流放电时，化学反应只能在极板表面进行，极板内层的有效物质由于其外层生成不易导电的硫酸铅结晶而不能完全参加化学反应。因而，放电电流越大，参加化学反应的有效物质越少，蓄电池输出的电量就越小，供电时间就会大大缩短。过量放电时，极板表面会生成大颗粒的硫酸铅结晶，再次充电时，极板上的有效物质不能还原，蓄电池就要报废。

镉镍蓄电池是以氢氧化镍[$Ni(OH)_3$]为正极、以镉（Cd）为负极、氢氧化钾（KOH）或氢氧化钠（NaOH）为电解液的碱性电池。

镉镍蓄电池具有：能适应大电流放电；自放电小，充电后放置 6 个月仍可输出 70% 以上的容量；寿命长，其充、放电循环可达 300 ~ 2 000 次，使用年限为 3 ~ 10 年；低温性能好、结构牢固、维修简便等优点。目前有不少客机上使用镉镍蓄电池，其主要缺点是造价高。

碱性电池在使用时必须密封，避免使电解液与空气发生接触产生化学反应，而降低电池的容量。

由充电和放电时的化学反应方程可见，放电时，蓄电池把化学能转化为电能输出，正极板的氢氧化镍转化为氢氧化亚镍，负极板的镉转化为氢氧化镉。而电解液中的氢氧化钾并无消耗，这是因为负极附近消耗的氢氧化钾，恰好由正极附近生成的氢氧化钾所补偿。充电时的变化则正好相反。镉镍蓄电池在充放电过程中，电解液中的氢氧化钾并无增减，故电解液的密度和液面高度几乎不变，这是它和铅蓄电池的重要区别之一。

镉镍蓄电池的使用维修特点有：

（1）新的或经长期存放的蓄电池，使用前应注入电解液至液面高出极板 5 ~ 12 mm，静置 1 ~ 2 h，然后用过量充电的方法进行充电，充足后即可使用。如遇蓄电池过放电及小电流放电时，必须用过量充电的方法进行充电。

（2）每次充电前，对单体电池应补加蒸馏水，使液面稍高于极板。每使用 10 ~ 15 个循环，应检查并调整电解液的密度。

（3）每经一年左右，或 50 ~ 100 个循环，应在放电状态下更换电解液，以防止因碳酸盐含量增高而降低蓄电池的容量。倒出电解液时，应摇动蓄电池，将内部沉淀物洗出。必要时可用蒸馏水洗 1 ~ 2 次，并及时注入新电解液。

（4）不能使电极与壳体短接，防止短路。

（5）为了能及时投入使用而保存的蓄电池，在充电后应拧紧气塞，并在 25 ℃ 以下的温度保存。较长时间储备的蓄电池，最好在充电后带着电解液存放，以便在需要时易于充电和恢复正常容量。

（6）运输时为安全起见，最好将蓄电池放电后倒出电解液，以免发生短路或漏出电解液。

镉镍蓄电池在生产过程中易产生镉污染，目前趋向于用镍氢电池取而代之，同样体积的镍氢电池额定容量比镍镉电池大 30% 左右。

8.3 飞机电源系统类型

现代飞机电源系统依据主电源的特点分为 4 种典型形式：低压直流电源系统、恒速恒频（CSCF）交流电源系统、变速恒频（VSCF）交流电源系统、混合电源系统。

8.3.1 低压直流电源系统

低压直流电源系统的主电源是由直流发电机（或起动/发电机）、发电机控制器等组成，额定电压为 28.5 V。由静止变流器把低压直流电变换为交流电作为二次电源。常用蓄电池作为应急电源。

低压直流电源系统是飞机最早使用的电源系统。近年来，由于在系统中采用了无刷直流发电机、高转速的起动/发电机和固态发电机控制器，系统得到更新和发展。它是小型飞机，如教练机、行政机、小型客机、小型直升机、农业飞机（单通道发电容量不大于 12 kW，且利用起动/发电机完成发动机起动任务）可供选择的最佳电源系统。例如 TB20、运-12 等飞机均采用这种电源系统。

图 8.5 是 TB-20 飞机的低压直流供电系统。

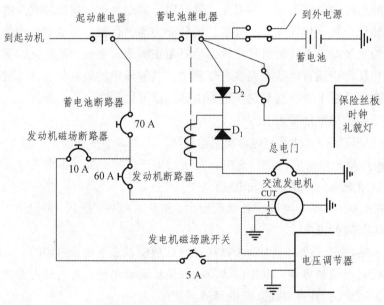

图 8.5　TB-20 直流供电原理图

（1）蓄电池供电。接通总电门的闭合按钮后，蓄电池继电器的线圈通电，它的触点接通了蓄电池供电电路，蓄电池即可经蓄电池继电器的触点、蓄电池断路器向飞机汇流条供电。

（2）地面电源供电。当外电源插好后，外电源继电器线圈即可工作，其触点切断了蓄电池的供电电路，同时接通了外电源的供电电路。在接通总电门后，外电源即可通过外电源继电器触点、蓄电池继电器触点向汇流条供电。

（3）发电机供电。当飞机发动机转速达到 900 ~ 1 000 r/min 以上时，接通发电机的跳开关，蓄电池或外电源即可向发电机励磁线圈供电，励磁线圈产生磁场，发电机发电。当发电机电压高于汇流条电压时，发电机可向汇流条供电，并可为飞机蓄电池供电。

8.3.2 恒速恒频（CSCF）交流电源系统

恒速恒频交流电源系统的主电源是由恒速传动装置和交流发电机以及电压调节、控制保护装置等组成的 400 Hz、115/200 V 三相交流电源系统。交流发电机的容量有 15 kV·A、30 kV·A、60 kV·A、90 kV·A、120 kV·A 等。由变压整流器把交流电变换为直流电作为二次电源，蓄电池或应急交流发电机作为应急电源。有的飞机上还装有辅助动力装置驱动的发电机作为辅助电源。

恒速恒频（CSCF）交流电源系统在民用客机上应用广泛（例如 B747、B767）。

为了获得恒频交流电，方法之一就是在发电机与发动机之间增加一个称之为恒速传动装置（CSD）的设备（见图 8.6）。恒速传动装置的作用是把转速变化的发动机输出功率变换成恒定转速的输出功率加到发电机轴上，从而使飞机交流发电机输出恒频交流电。

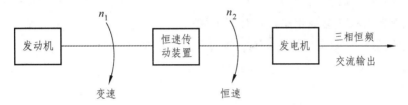

图 8.6 恒速恒频电源系统方块图及恒速装置

目前采用的恒速传动装置按能量转换方式来分有液压式、机械液压式、电磁机械式等，使用得最广泛的是机械液压式恒速传动装置。电磁机械式和液压式恒速传动装置主要用于传动小于 30 kV·A 的交流发电机。

20 世纪 70 年代以来，由于发电机采用了喷油冷却技术，并把恒速传动装置与油冷发电机组合在同一壳体内形成称为"组合传动发电机"的组合电源（见图 8.7），调节保护装置亦采用带微处理器的集成电路型发电机控制装置，因而提高了系统性能及可靠性，降低了系统质量。它是目前国内外军用飞机和民航客机上最广泛使用的一种飞机电源系统。F-15、幻影-2000、苏-27、A300、波音 777 等飞机均采用这种交流电源系统。

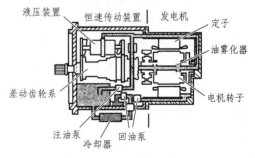

图 8.7 组合传动发电机

8.3.3 变速恒频（VSCF）交流电源系统

变速恒频（简称 VSCF）供电系统是在电力电子技术迅速发展的基础上发展起来的新型飞机电源系统，有取代传统恒速恒频电源系统的趋势。变速恒频交流电源系统的主电源是由发动机直接传动的无刷交流发电机和电子变频器组成的 400 Hz、115/200 V 三相交流电源系统。二次电源、应急电源和辅助电源与恒速恒频交流电源系统基本相同。图 8.8 是 VSCF 电源的构成方框图。

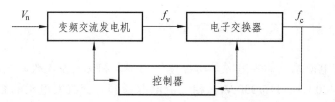

图 8.8　VSCF 电源的构成方框图

VSCF 电源系统中的发电机是变频无刷交流发电机，由飞机发动机直接传动，其频率变化范围与发动机的转速变化范围一致。VSCF 电源中采用电子变换器将发电机发出的变频交流电能转换为恒频交流电。VSCF 电源变换器有两种类型，一类是交-交型，一类是交-直-交型，相应地，变速恒频电源也分为交-交型和交-直-交型。交-交型变换器将发电机发出的多高频交流电直接变换成 400 Hz 交流电输出。交-直-交型变换器先将发电机发出的变频交流电转换成直流电，再逆变成交流电。

VSCF 电源同 CSCF 电源相比，具有如下优点：

（1）电能质量高，无频率瞬变现象。

（2）能量转换效率高。比 CSCF 高了近 10%。

（3）旋转部件少，可靠性高。

（4）电源系统结构灵活，除发电机必须安装在发电机附件机匣内，其他部件安装位置可以按需放置。

（5）能够实现无刷起动发电。

（6）生产和使用维修方便，有利于减少飞机全寿命期费用。

因此不少新研制飞机采用变速恒频电源，如波音 737-500 和 MD-90 干线飞机，波音 777 飞机上使用两台 20 kV·A 的 VSCF 发电装置作为备用电源。就装机情况而言，变速恒频电源容量偏低，最大容量一般为 40 kV·A。

B777-200 飞机电源系统的主交流电源为恒速恒频（CSCF）交流电源系统，备用交流电源为变速恒频（VSCF）交流电源系统。不计飞控系统专用蓄电池，B777 飞机共有 10 个电源，若不计及地面电源，飞行中还有 8 个电源，具有较高的供电余度，提高了供电可靠性。为了增加供电系统配置的灵活性，提高可维修性，降低系统质量，B777 采用了电气负载管理系统，以实现对飞机电气负载进行自动分配、控制和监测，取代了以前复杂的继电器逻辑或电路板控制系统。

图 8.9 是 B777-200 飞机供电系统方框图，它的主电源是由左、右发动机驱动的两台 120 kV·A 的组合传动发电机。备份电源发电机由发动机直接驱动，产生变频交流电，经备份发电机变换器转变为 115 V、400 Hz 三相交流电。该发电机内还有 4 台永磁发电机，其中一台为副励磁机，另两台供飞控系统用电，第 4 台备用。备份变换器的额定容量为 20 kV·A。辅助电源为辅助动力装置传动的发电机，额定容量为 120 kV·A。机上有两套外电源插座，外电源的容量不小于 90 kV·A。还有两台 47 A·h 的蓄电池，一为主蓄电池，另一为 APU

起动用蓄电池，蓄电池备有专门的充电器。由蓄电池供电的静止变流器在应急状态时向应急交流汇流条供电。飞机上还有由冲压空气涡轮驱动的 7.5 kV·A 应急交流发电机（RAT GEN）。

左、右组合传动发电机（IDG）采用独立工作方式，分别向左右主交流汇流条供电，APU 发电机或 2 号外电源通过 APB 或 SEC EPC 向连接汇流条供电，连接汇流条经 BTB 与左或右主交流汇流条相连。左右普通用电设备汇流条 L/R UTIL 分别由左、右主交流汇流条供电。1 号外电源通过 1 号外电源接触器向右主交流汇流条供电，防止两地面电源并联。

左右转换汇流条 L/R XFR 由主交流汇流条供电，也可由备份发电机经变换器供电。变换器既可由左备份发电机供电，也可由右备份发电机供电。在变换器向左（或右）转换汇流条供电时，同时控制 TBB 和 CCB 两电器，实现转换汇流条的不中断转换。

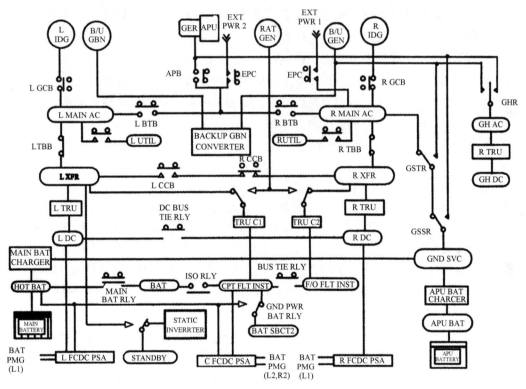

图 8.9　B777-200 飞机供电系统方框图

交流地面作业汇流条（GH AC）既可由 APU GEN 供电，也可由 1 号外电源供电，两电源由地面作业继电器 GHR 选择。该汇流条仅在地面时才能通电。

地面勤务汇流条 GND SVC 通过地面服务转换继电器 GSTR 或地面勤务选择继电器 GSSR 接到右主交流汇流条或接 1 号外电源，或接 APU 发电机。GND SVC 既可在地面时供电，也可在飞行时供电，主蓄电池和 APU 电池的充电器均接于此汇流条上。

应急汇流条（STANDBY AC）通过交流应急电源选择继电器（AC STBY PWR RLY）从左转换汇流条或从静止变流器接收电能。

左右变压整流器 L/R TRU 分别由左右转换汇流条供电，它们的输出分别接左或右 28 V 直流汇流条（L/R DC）。L DC 与 R DC 间通过直流汇流条连接继电器（DC BUS TIE RLY）相连。

　　两台中央变压整流器（TRU C1/C2）可以通过选择继电器选择电源，它们既可以由转换汇流条供电，也可由冲压空气涡轮发电机供电，故它们具有较大的供电裕度，失电的可能性很小，它们分别向正副驾驶的飞行仪表汇流条供电。该两汇流条还可由主蓄电池供电。

　　左、右或中间飞控系统电源组件（L、R 或 C CFDC PSA）除分别由永磁发电机、专用蓄电池供电外，还分别由 LDC、RDC、HOT BAT 或 FLT INST 汇流条供电，为四余度供电系统。HOT BAT 为蓄电池直接供电汇流条。

8.3.4　混合电源系统

　　混合电源系统一般是由低压直流电源和变频交流电源（或恒频交流电源）组成的电源系统。其中，变频交流电源不仅向防冰、加温等设备供电，亦可向频率精度要求不高的电子设备供电；频率要求高的少量设备则由低压直流系统经过变流器供电。小型歼击机、支线飞机及中型直升机广泛采用这种电源系统。如 J-7、Y-7、Z-8、米-6 等飞机。

　　由于混合电源系统由两个或两个以上不同类型电源组成，因而这种混合系统综合了这些电源的优点和特点，不用经过功率变换就能直接获得另一种形式的电功率。但是，这种混合电源系统的一个主要缺点是配电系统较为复杂。

　　新舟-60 飞机采用混合供电电源系统：

　　该机采用低压直流与变频交流电源混合供电的体制，电源系统具有 50% 以上的供电裕度，蓄电池可以满足起动 6 次发动机的要求。

　　直流电源系统（见图 8.10）由左右发动机驱动的直流起动发电机、发电机控制器、汇流条保护器、电流互感器、直流电源监控器和接触器等构成。发电机额定电压 28.5 V，额定电流 400 A，工作转速范围 7 200 ~ 12 000 r/min，发电机在 2 min 内可过载 133%，5 s 过载 200%。起动航空发动机时工作电压为 24 V，起动时间 30 s。正常工作时，左右发电机分别向对应的汇流条供电。任一发电通道故障时，正常工作发电机可向全机直流电网供电。两发电机可以并联运行。

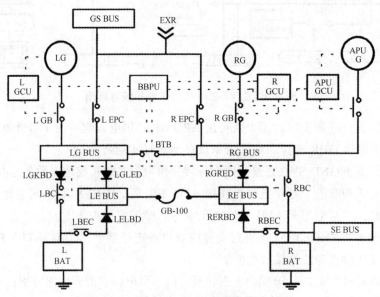

图 8.10　新舟-60 飞机直流电源方框图

飞机上的辅助动力装置传动一台 28.5 V、400 A 直流发电机，它可作为飞机地面准备和起动发动机的电源。机上装备有两块 43 A·h 镍镉蓄电池，作为发动机的起动电源和应急电源。

飞机的变频交流电源由 20 kV·A 变频交流发电机、发电机控制器、交流电源监控器、电流互感器和主接触器等构成。左右发电机分别由两台发动机传动，额定容量均为 20 kV·A，过载容量 30 kV·A，额定电压 120/208 V，转速范围 9 750~15 850 r/min，频率范围 325~528 Hz。正常时，每个交流发电机向自己的用电设备供电，一个通道故障时，可由另一台发电机继续向两个通道供电，如图 8.11 所示。

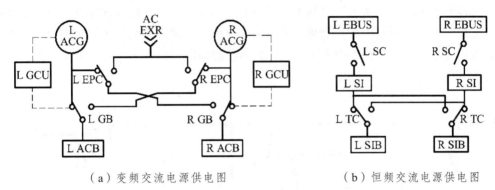

（a）变频交流电源供电图　　　　　　　（b）恒频交流电源供电图

图 8.11　新舟-60 交流电源供电系统简图

恒频交流电源由两台 1 000 kV·A 单相静止变流器构成，它将 28 V 直流电逆变成 115 V 和 26 V 交流电。

由于飞机采用混合供电体制，飞机上既有直流配电系统，又有变频交流配电系统和恒频交流配电系统。

8.4　供电电压调节、控制与保护

发电机电压调压、控制与保护，配电电路的控制与保护是供电系统正常与安全运行的保证，这些调节、控制及保护装置是供电系统的重要组成部分。

8.4.1　发电机的电压调节

飞机直流发电机的额定电压为 28.5 V，如果不加以调节，当发动机工作于高转速，发电机空载运行时，其端电压可高达 80~90 V。对于同步交流发电机，当负载大小与功率因数改变时，其电枢反应和内阻抗压降改变，使发电机的输出电压改变；另外，在不带恒速传动装置的涡轮螺旋桨飞机上，交流发电机的电压还会随着发动机转速的变化而变化，因此发电机转速、负载大小和功率因数都会影响交流发电机的电压。为了满足用电设备要求电源有一个基本恒定的电压的需要，必须调节端电压稳定在一定范围之内。在一定条件下自动保持发电机端电压基本恒定的装置叫作电压调节器，简称调压器。

无论直流发电机还是交流发电机，其电压调节的基本途径都是通过改变发电机的励磁电流，以保持发电机输出电压在规定范围之内。

发电机的典型电压调节器有炭片式、晶体管式等。晶体管式调压器工作可靠、性能稳定、稳态误差小、动态品质高、电压调节范围大、体积小、质量轻，在现代飞机上广泛采用。

1. 炭片调压器

炭片调压器的基本工作原理如图8.12所示。炭片调压器由炭柱、电磁铁和固定在电磁铁上的六角弹簧（或膜片弹簧）3个基本部分组成。当发电机电压偏离额定值时，由电压调节器中电磁铁的调压线圈感受这种变化，并引起电磁力与弹簧弹力的对比发生变化，从而将炭片之间放松或压紧，使炭柱电阻发生变化，发电机激磁电流的大小也随之发生变化，进而调节发电机电压，使其恢复至额定值附近。

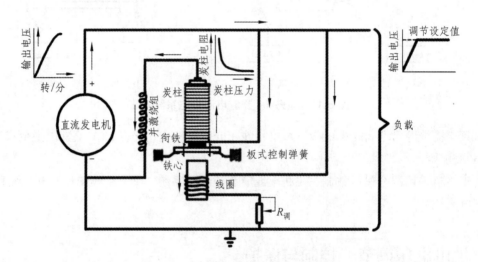

图 8.12　炭片调压器的基本工作原理

2. 晶体管电压调节器

炭片电压调节器是通过平滑改变炭柱电阻来调节发电机励磁电流的，晶体管电压调节器的末级晶体管工作于开关状态，通过改变导通比来调节发电机励磁电流，因此损耗更小。图8.13示出了一种用于交流发电机的晶体管电压调节器的组成方框图。它由检测比较、调制、整形放大、功率控制4个部分组成。检测比较电路检测发电机电压与基准电压的偏差，当发电机电压偏离调定值时，它就输出差值电压信号到调制电路，将电压偏差信号转变为相应宽度的脉冲，而保持脉冲频率不变，再经过整形放大电路将调制电路的输出波形整形放大为前后沿较陡的矩形波，再通过功率控制放大后就可以控制励磁电流的变化了。

综上所述，当发电机的转速或负载变化引起发电机输出电压相对于基准电压变化时，调压器改变功率晶体管的导通比就可以调节励磁机的励磁电流，以补偿发电机电压的变化量。

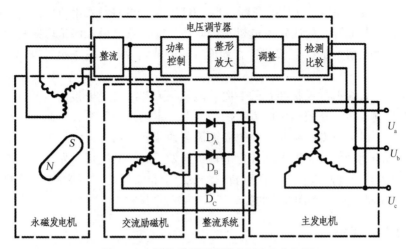

图 8.13　晶体管调压器调压原理方框图

8.4.2　电源系统控制与保护

控制与保护装置是飞机电源系统的重要组成部分，是实现电源正常供电的重要环节。既包括对发电机及蓄电池等电能供给装置自身的控制与保护，也包括从电能供应装置到电源汇流条的供电控制与保护。

1. 电源系统控制

低压直流电源系统与交流电源系统的控制对象基本上是相同的，但一般地讲，低压直流电源系统的控制对象（即执行元件）较少、控制关系较简单。

飞机交流电源系统的主要控制对象（即执行元件）通常有 4 个（见图 8.14）：

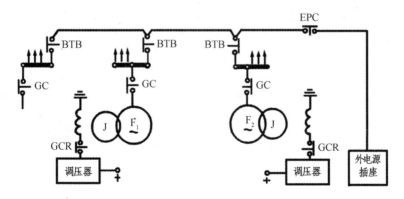

图 8.14　电源系统的主要控制对象

（1）发电机励磁控制继电器（GCR）：控制发电机励磁电路的接通与断开，即决定发电机是否能够励磁发电。

（2）发电机断路器（GB，又称为发电机接触器 GC 或发电机控制断路器 GCB）：控制发电机能否投入电网并向各自的发电机汇流条供电，即决定发电机是否输出。

（3）汇流条连接断路器（又称并联断电器，BTB）：它可将各发电机汇流条与同步汇流条或连接汇流条接通与断开，即决定发电机是否并联供电或发电机汇流条之间是否交互供电。

（4）外电源接触器（EPC）：飞机停在地面，接上外电源时，它决定外电源是否向机上电网供电。

飞机交流电源系统控制保护装置的主要功能就是人工或自动地接通、断开或转换上述开关装置。所谓控制，主要是根据供电方式的需要及一定的逻辑关系，控制上述那些发电机和电网的开关元件，以完成发电机和电网主要汇流条的接通、断开或转换工作。

除以上基本控制功能外，随着现代化运输机的发展，有的飞机（如波音 737-300、757、767 等）上还设置有自动卸载控制，在更新型的飞机上，如麦道-11、A340 等飞机的电源系统中，还有不中断电源转换（NBPT）的控制。

2. 常见故障及保护

在单台发电机供电系统中的故障保护项目一般有：过电压、欠电压、馈电线和发电机内部短路、低频、过频、不稳定、电压不平衡和火警、直流发电机反流保护等。在多台发电机并联的系统中，还有过激磁和欠激磁保护等。此外，还有一些飞机电网的保护，如同步汇流条短路故障的保护等。

所谓保护，一般是指在发电机或电网局部出现故障时，有选择性地自动断开某些开关装置，使故障部分与正常供电系统隔离，防止故障扩大，保证系统其他部分正常供电。

飞机电源系统的控制保护器主要有继电器型、磁放大器型、晶体管型 3 种及它们的混合形式。目前在国内外，晶体管型控制保护器已被广泛采用。其优点是：体积小、质量轻、耗电少、灵敏度高、动作迅速、抗振性强、工作可靠等。但也有受温度及过电压的影响大、线路复杂等缺点。随着电子技术的发展，集成电路在控制保护装置中得到了越来越广泛的应用。

1）直流发电机反流及反流保护

在飞机直流电源系统中，发电机是和蓄电池并联供电的（见图 8.15）。在正常情况下，发电机电压高于配电条电压，发电机向机上用电设备供电，同时也给蓄电池充电。但是，在发电机起动或停车过程中，发电机的转速很低，其电压低于配电条电压，蓄电池的电流就会流入发电机。两台或两台以上的发电机并联供电时也会出现这种情况，电流会从电压高的发电机流入电压低的发电机。这种流入发电机的电流叫作反流。反流不仅白白地消耗蓄电池或发电机的电能，而且过大的反流还会烧坏发电机和蓄电池。

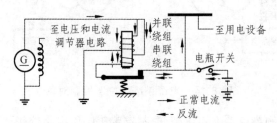

图 8.15 反流及电磁继电器式反流切断继电器

要避免反流的危害，必须适时地接通和断开发电机输出电路，即在发电机电压高于配电条电压时才将发电机电路接通，这时不会产生反流。当发电机电压低于配电条电压而出现反流时，要在反流不很大的情况下就将发电机输出电路断开——割断反流。发电机输出电路的接通和断开是由自动控制装置来完成的。

发电机的自动控制装置和反流保护装置都是在发电机电压低于配电条电压时将发电机电路断开，通常把这两种装置的电路结合在一起，它既可起到自动控制发电机输出电路的作用，又可起到反流保护的作用。直流发电机的自动控制和反流保护装置习惯上称为反流割断器。目前在飞机上使用的反流割断器有电磁继电器组成的电磁式（见图 8.15）和晶体管电路组成的晶体管式两种，装于蓄电池与发电机电路之间，主要功用是在发电机电压低于配电条电压出现反流时，将发电机输出电路自动断开，反之自动接通。

2）发电机相断路故障及保护指标要求

当发电机的某一相负载电流远小于其他两相电流时，就认为发生了发电机相断路故障。它往往是由于发电机电枢绕组的失效，或馈电线路中的某些不正常状态所造成的。出现断相故障后，要求断开发电机励磁断路器。具体的保护指标是：当检测到负载最小电流还不足其他两相中负载较轻相电流的 15% 时，应在 4 s 内断开 GCR，采用固定延时方式。

3）发电机电压故障、保护指标及要求

发电机输出电压超过规定值一定时间后，就认为发生了发电机过压故障。持续过压危害极大，发生过压故障特别容易损坏灯光照明与电子设备，且过压越高，造成损坏所需时间越短；发电机也会因过载发热而烧坏，直流发电机过压还会将蓄电池充爆。出现这种故障的主要原因是由于发电机励磁电路不正常，如旋转整流器短路或开路、励磁机电枢绕组短路等，或由调压器故障导致。当发电机输出电压幅值波动时，很可能是由于调压器或 CSD 中的调速器的工作不稳定造成的。

电源系统中大功率感性负载断开，或短路故障切除时，系统电压也会出现大幅度波动，这是允许的，保护装置不应该动作，因此过压保护指标及要求是：当交流发电机最高相电压超过 129.5 V 时，断开 GCR，发电机不能发电，保护电路采用反延时方式。

欠压保护指标及要求是：当发电机三相电压平均值为 103 ~ 106 V 时，要求在 8 ~ 10 s 内将发电机的 GCR 断开，保护电路采用固定延时。该故障的保护装置功能往往被欠速和欠频故障保护装置的保护功能所覆盖。

电压不稳定保护指标及要求是：当发电机输出电压的幅值波动，且波动幅值超过了额定电压的 7%，频率的波动值超过了 9 Hz 时，要求断开 GCR，采用反延时方式。

4）发电机频率故障、保护指标及要求

发电机输出电压的频率超过规定值一定时间后，就认为发生了发电机频率故障。该故障是由于恒速传动装置（包括调速器）以及飞机发动机的不正常工作引起的。在发动机起动和停转过程中，发电机的频率要随发动机转速变化而变化，这是正常工作状态，无须保护。

过频保护指标及要求是：当发电机的输出频率为 425 ~ 430 Hz 时，要求在 1 s 内断开发电机的 GCR，保护电路采用固定延时方式。

欠频保护指标及要求是：当发电机的输出频率为 370 ~ 375 Hz 时，要求在 1 s 内断开发电机的 GCR；当发电机的输出频率为 345 ~ 355 Hz 时，要求在 0.14 s 内断开发电机的 GCR。同时，封锁欠压保护电路，欠频保护电路采用固定延时。

5）发电机欠速故障、保护指标及要求

欠速故障一般由组合电源中的 CSD 或发动机故障引起。发动机起动和停转过程中，发电机转速出现偏低则是正常现象。发电机欠速故障的保护指标及要求是：当 IDG 的输入转速低于额定转速的 55% 时，应 0.1 s 内迅速断开 GCB，保护电路采用固定延时。

6）旋转整流器短路故障、保护指标及要求

当励磁机的励磁电流出现异常时，则可判断出现了旋转整流器短路故障。

一旦发现旋转整流器中的任何一个二极管短路，则应在 5.5 ~ 7 s 内将 GCR 断开，保护电路采用固定延时方式。

7）副励磁机短路故障、保护指标及要求

当电源调压器的直流输入电源中出现较多的交流分量时，则可判断副励磁机短路故障。当永磁发电机任一绕组发生短路时，应在 2 s 内将发电机的 GCR 断开，保护电路采用固定延时方式。

8）馈电线短路故障、保护指标及要求

当发电机内部或发电机端到 GCB 之间的馈电线出现相对相或相对地之间的低阻抗短接现象时，则电源系统出现了馈电线短路故障。此时，故障相电流大、电压低，三相电压严重不均衡，同时还会出现正常相过压的现象。故障产生原因是振动断线搭地、绝缘磨损或偶然性接地等因素。

当检测到故障短路电流大于 20% 额定电流值时，应在 0.02 s 内断开发电机的 GCR。

8.4.3　现代飞机电源控制保护器

发电机控制装置 GCU（Generator Control Unit）、汇流条电源控制装置 BPCU（Bus Power Control Unit）都是典型的现代飞机电源控制保护器。

1. 发电机控制装置

现代飞机将发电机调压器、控制保护电路组合，构成发电机控制装置 GCU，使调压、控制、故障检测与保护几项功能集成于一体。

GCU 中的电压调节器用于保持调节点三相电压平均值于一定范围内，出现不对称故障时限制高相电压，如果发电机的输出功率超过允许值，通过减小发电机的励磁电流来限制发电机的最大输出功率。为了检测故障，需监测的系统参数主要是电流、电压和频率。

GCU 通常要对以下的故障进行监控：

（1）过频：425 ~ 430 Hz（延时 1 s）。

（2）欠频：370 ~ 375 Hz（延时 1 s）；345 ~ 355 Hz（无延时）。

（3）过压：最高相电压大于 129.5 ~ 132 V（延时 0.5 s）。

（4）欠压：三相电压平均值低于 103 ~ 106 V（延时 8 ~ 10 s）。

（5）相开路：最低相电流小于（6 ± 5）A，而次低相电流大于（40 ± 5）A（延时 4 s）。

（6）差动电流保护。

（7）永磁电机短路：任一永磁电机线圈短路（延时 2 s）。

（8）过载。

（9）欠速：IDG 的输入速度低于 95%（延时 100 s）。

（10）转子二极管短路：任一二极管短路（动作延时 5.5 ~ 7 s）。

（11）微机保护。

在使用 VSCF 电源的飞机上，GCU 变为发电机/变换控制器（GCCU）。

2. 汇流条功率控制装置

汇流条功率控制装置（BPCU）的主要功能是实现电气系统外电源的监测和保护、电源系统卸载、汇流条短路保护、自动着陆、功率传送，以及自检测 BIT。

BPCU 具有为外电源监测和保护、通用汇流条和分汇流条的卸载、同步汇流条短路保护，以及外电源接触器、接地继电器和地面服务继电器的控制所必需的全部电路。微处理器所需要的信息来自峰值敏感电路（该电路敏感外电源的电压、电流、频率和相位），还输入外电源和地面服务开关的信息、外电源接触器和辅助接触器的信息，以及 GCU 的有关信息。

8.4.4　飞机电气综合控制系统

虽然常规配电在近几十年得到了充分发展，但大型飞机的配电系统中断路器、电缆、继电器等数量多、质量大、使用维修困难。为了克服以上缺点，研制出了以计算机为中心的通过多路数据总线和固态混合式功率控制器构成的新型配电系统，称为飞机电气综合控制系统。

1. 电气综合管理系统结构

电气综合管理系统的基本思想是使用分布式计算机系统实现电气设备的综合管理，并使用双余度数据总线完成电气控制系统间的数据交流与信息共享，通过非航空电子信息处理机进行信息的综合与管理，其系统结构如图 8.16 所示。

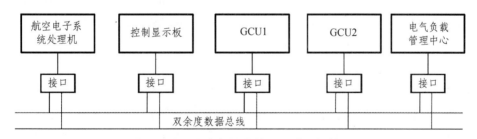

图 8.16　航空电气综合管理系统结构框图

采用综合管理系统以后，各个子系统的信息采集、传输、处理、存储、显示、告警诸环节，不再独立、互不影响，而是采用了信息综合、资源共享、局部处理与统一处理相结合的方式，实现了电气系统管理的高度自动化。当电源系统出现故障时，该系统不仅可以报告、显示、存储已发生的故障，而且可以通过功能转移、系统降级等措施完成电气系统的重构，以保证飞机各系统能够完成各项基本功能，不影响飞行任务的执行。机组成员还可以根据实际需要进行必要的人工干预，超控综合管理系统。

2. 电气负载管理中心

电气负载管理中心是一个智能管理系统，它的结构框图如图 8.17 所示。

电气负载管理中心主要包括：配电中心、智能终端、固态功率控制器（SSPC）等部分组成，并通过双余度数据总线与电气系统处理主机交换信息。

图 8.17　电气负载管理中心方框图

1）配电中心

配电中心内有直流汇流条、交流汇流条和蓄电池汇流条，每个汇流条采用自动后备方式，正常时由基本电源供电，基本电源故障后，转为备用电源供电。直流电源通过反向阻断二极管向汇流条供电，二极管在汇流条的附近。由于二极管的隔离作用，多个直流电源可直接通过二极管接到汇流条。

配电中心并不单单是为负载提供电源，还通过对系统内电源及汇流条的工作状态的监控，最大限度地实现不间断供电，而且能够完成在通道主电源恢复正常功能后，切除备份电源继续投入工作。

2）固态功率控制器（SSPC）

SSPC 是一种无触点开关电器，它是先进电气管理系统中不可缺少的组成部分。它在功能上取代了传统的机械开关、断路器、继电器和接触器；它能向处理器提供"正常""故障""跳闸" 3 种状态信息，并接受来自主机的控制命令。

3）智能终端

智能终端是电气管理系统的神经中枢，相当于常规飞机供电系统中的配电盒，它监视电源系统各汇流条的运行情况，并采集 SSPC 的状态，根据系统运行状态的不同，采取适合的控制策略。当发现故障时，及时存储故障信息，并把它们放到总线上，以便上位机读取并处理。

飞机电气综合控制系统是一个分布式微机系统，由电气负载管理中心内埋入式终端、远程终端、发电机控制器中的计算机、汇流条控制器中的计算机和控制与显示部件等构成，以实现对飞机电气系统的自动控制，实现各电源的组态控制和根据电源状态进行用电设备的优先级排列与控制。也就是各电源正常情况下，保证所有需要用电设备的供电；在 1 台或若干台电源故障的情况下，合理配置电源和保证重要用电设备的供电。由于实现了自动管理，用电设备优先级可划分为多级，以使在电源故障情况下让尽量多的用电设备工作，从而提高了飞机完成任务的能力。由于用电设备通过 SSPC 由电气负载管理中心内的计算机控制，而各终端间信息均由总线传递，可实现地面维修自检和运行自检，正确地记录与隔离故障，从而显著地改善使用和维修性能。

8.5　飞机用电设备

飞机用电设备是飞机电气系统的一个重要组成部分。通常将飞机用电设备分为以下 5 部分：

（1）灯光信号及照明设备。

（2）飞机电子设备。

（3）远距操纵设备，包括各种继电器、电测仪表和一些指示器等。

（4）电加温及防冰设备：这在民航运输机上也是用电量较大的一部分用电设备。

（5）飞机电力传动设备：包括各种电力传动机构和电动泵，电磁传动装置以及发动机的电力起动设备和点火系统等。这些设备往往是飞机电源系统的最大负载部分。

必须指出，上述 5 个部分只是一个大致范围，对于有的具体设备不能简单地归属于某个部分。例如飞机上有许多自动控制（或操纵）设备，既实行了远距操纵，又采用了电力传动机构和各种实现自动控制的电子电路，还可能有电子显示，灯光及音响信号等。

8.5.1　灯光照明设备

飞机的灯光照明设备主要分为机外照明、机内照明和应急照明。

1. 机外照明

机外照明主要包括有着陆灯、滑行灯和其他外部灯光信号。它们是飞机在夜间或复杂气象条件下飞行和准备时必不可少的条件之一。在不同的飞机上，机外照明设备的种类、数量和安装位置都是不同的。一种典型运输机机外照明平面布置图如图 8.18 所示。

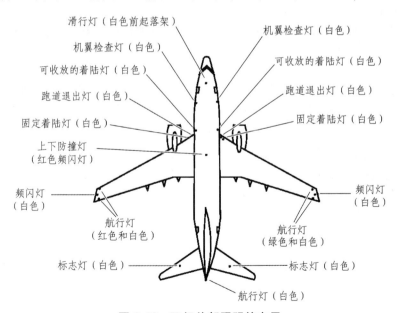

图 8.18　飞机外部照明的布局

（1）着陆灯。着陆灯（Landing Light）主要是为飞机在夜间或能见度不良的条件下起飞或着陆时提供照明，以便飞行员观察跑道和目测高度。

（2）滑行灯。滑行灯（Taxi Light）供飞机在地面滑行时照明滑行道。

在某些大型飞机上，除了滑行灯外，还装有把光束射向跑道两边的灯，叫作转向灯或转弯灯。其主要功能是：飞机着陆后在跑道上滑行过程中照明沿跑道的某些“点”，遇到这些“点”时，飞机要转弯滑离跑道。

（3）航行灯。航行灯（Navigation Light）又叫导航灯。其主要功能是夜航时指示飞机在空中的位置及航向；必要时可用来进行飞机与飞机之间或飞机与地面之间的紧急联络；夜间在地面进行发动机试车、飞机滑行和牵引时，也用它来标志飞机的位置和外部轮廓，以免车辆、人员与飞机相撞。

航行灯的颜色色度图按国际照明学会（CIE）规定的三色坐标系统表示，以便与星光和地面灯光相区别，一般左翼尖或靠近左翼尖处设红灯，右翼尖或靠近右翼尖处设绿灯，飞机尾部则设白灯。

航行灯可以有连续工作和闪光工作两种工作状态。后者可在防撞灯故障时代替防撞灯。

（4）防撞灯/频闪灯。在夜间或能见度较差的白天飞行时，可用防撞灯（Collision Light）标示飞机的位置，以防止飞机相撞。在大中型飞机上，通常安装两个防撞灯，一个装在机身下部，另一个装在机身上部或垂直安定面前缘。在另一些大型飞机上，为了改善位置标志功能，除了在机身上下安装红色闪光灯外，还在翼尖处（通常在航行灯的后面位置）安装白色闪光灯，这些灯称为频闪灯（Strobe Light）。

（5）探冰灯。探冰灯又称机翼检查灯。它们一般装于大中型飞机上，供机组人员目视检查机翼前缘或发动机进气口等部位的结冰情况，以便采取相应措施。

（6）识别灯。识别灯（Recognition Light）可以用来判断飞机翼展的宽度，在滑行时可以辅助滑行灯工作。

（7）标志灯。标志灯（Logo Light）用于照亮飞机垂直安定面上航空公司的标志。

2. 机内照明

机内照明是飞机在夜间或复杂气象条件下飞行和准备时，为空勤和地勤人员的工作或检查维修提供照明，并给旅客提供舒适而明亮的环境。依照机内不同的部位，飞机内部照明可分为驾驶舱照明、客舱照明、服务设备舱和货舱照明等。

驾驶舱照明有助于空勤人员进行舱内外交替观察，准确地判读仪表指示，辨别各种操纵控制机构和监视荧光屏，以及瞭望其他飞机和搜索地面上微弱的目标。

按照不同需要，驾驶舱照明通常分为普通照明、局部照明、仪表板和操纵台以及各仪表设备的照明。

客舱照明和服务设备舱照明等包括机内各舱室的灯光设备（除驾驶舱以外）。除了主要舱室照明外，还有为乘客服务板提供灯光的设备，用来照明主要的乘客信息符号，如“系好安全带”“禁止吸烟”“返回座位”等。

3. 应急照明

飞机处于应急状态（如夜间应急着陆等），主电源断电，为完成迫降和客机迫降后机上人员进行应急撤离时，则需应急照明。

应急照明主要包括确保飞机安全迫降所需要的仪表如磁罗盘、地平仪等的照明，以及客机迫降后为机上人员迅速撤离飞机而配置的客舱主通道、应急出口区域、出口指示牌、出口标记的内部应急照明和照亮应急撤离路线及应急撤离设施的外部照明。应急照明设备是独立于正常照明系统的，由对飞机主电源独立的应急电源供电，具有规定的亮度、照度、颜色和照明时间。

8.5.2　飞机电力传动设备

飞机电力传动就是利用电力来驱使飞机上的某些工作机构运动。

1. 电力传动设备基本组成（图 8.19）

（1）电动机或电磁铁。

（2）控制装置。其作用是控制电动机或电磁铁的工作状态，如电门、按钮、继电器、定时器等。

（3）电动机与工作机构之间的传动装置。如减速器、离合器、运动转换装置等。

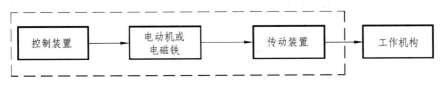

图 8.19　电力传动设备组成方块图

例如在操纵调整片时，驾驶员必须扳动操纵电门（控制装置），使电动机转动，通过减速器、离合器（传动装置）带动调整片（工作机构）转动。

为了使工作机构运行，电动机或电磁铁必须给工作机构以力矩或力。这一力矩或力克服由工作机构所形成的阻力矩或阻力后，就能迫使工作机构做旋转运动或直线运动。

根据飞机上某些工作机构的需要，电力传动设备采用电动机或电磁铁作为动力。以电动机作为动力的传动设备，有电力传动机构（简称电动机构，它是电动机与传动装置的组合体）和电动泵；用电磁铁作为动力的传动设备，叫电磁传动装置（如电磁活门等）。

电动泵用来输送油料或酒精，并使其增压；电磁活门用来控制各种油路、气路的通断或转换。电动机构用以操纵飞机和发动机上某些工作机构，如调整片、着陆灯、发动机的散热风门、发动机增压器以及某些气路和油路的开关，等等。由于电动机构能够实现远距离操纵，因而在飞机上得到广泛应用。电动机构是根据飞机和发动机上工作机构的不同需要而设置的。工作机构一般要求电动机构的输出端具备运动速度低，力矩或力大，有一定的运动形式和工作行程等条件，并要求电动机构工作时安全可靠、准确与操纵简便等。因此，电动机构中不仅要有合适的电动机，还要有传动装置，以满足工作机构的需要。

2. 电力传动部件功用

电力传动装置还包括减速器，电磁制动器或电磁离合器，机械过载保护器、运动转换装置与自动断电器等。

（1）减速器的作用。为了减小电机的体积和质量，电动机的转速一般较高，每分钟可达几千转到一万多转。而被电动机带动的工作机构则要求较低的转速，并且其负载转矩又往往比电动机转矩大很多。为此，在电动机构中设有减速器，以达到降低转速、增大转矩之目的。

（2）电磁制动器和电磁离合器的功用。当飞机附件被操纵到预定位置，电动机电路被切断时，因电动机存在惯性，并不能做到要停就停，这就会影响飞机附件工作的准确性。为了克服惯性的影响，电动机构中采用了电磁制动器或电磁离合器。

（3）机械过载保护器的功用。电动机构在带动工作机构运动的过程中，如果由于某种原因负载过大或被卡住，将会导致烧坏电动机或损坏传动装置。为了避免这种后果，在电动机构中采用了机械过载保护器，这就是摩擦离合器。

（4）运动转换装置的功用。在许多电动机构中，需要将旋转运动变换为直线运动，以适合工作机构的要求，为此在许多电动机构中还采用了运动转换装置。

（5）自动断电器的功用。当电动机构的输出轴或输出传动杆到达预定的极限位置时，自动断电器能自动切断电动机的电路，使电动机构停止工作，既使操纵简便，又能避免因输出轴或输出传动杆卡死而损坏电动机或传动装置。也有的自动断电器用来控制某个信号灯的电路，以便通过信号灯指示出工作机件的某一工作位置（较多的是指示中立位置）。自动断电器一般由按压机构和微动电门组成。

8.5.3　飞机发动机的电力起动设备

使飞机发动机由静止的不工作状态逐步转变到独立运转的工作状态，就叫作起动。电力起动设备的功用就是在起动发动机时，将起动电源的电能转变为起动机旋转的机械能，带动发动机转动部分加速旋转，并逐步达到独立工作状态。目前我国民航飞机上使用的发动机大致可分为3类，即活塞式发动机、涡轮螺旋桨发动机和涡轮风扇发动机。不同类型的发动机采用了不同的起动方法。

1. 活塞式发动机的电力起动设备

活塞式发动机的电力起动通常有3种方式：直接起动、惯性起动与复合（或联合）起动。

直接起动系统如图8.20所示。起动时，接通蓄电池（或外部电源）的供电电路；接通起动机开关，来自汇流条的直流电首先使起动继电器线圈通电，其接触点接通起动电动机电路，电动机即可通过减速器、摩擦离合器带动棘轮旋转。棘轮刚一旋转即伸出并与发动机曲轴的棘轮啮合，又带动发动机曲轴旋转，从而起动了发动机，如图8.21所示。

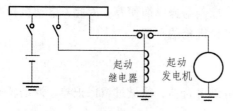

图 8.20　直接起动控制系统

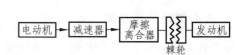

图 8.21　直接起动机组成方块图

直接起动时起动电机的起动电流是很大的，这就需要功率大的起动机和起动电源。因此这种起动方法仅适用于某些小型飞机。要起动较大型的活塞式发动机，通常采用惯性起动。

采用惯性起动时，起动电动机不是直接带动发动机曲轴旋转，而是先带动一个转动惯量很大的飞轮高速旋转，待飞轮储备大量动能后，再由飞轮驱动发动机曲轴旋转，使飞轮储存的动能在很短的时间内传送出去，以增加起动功率。

图 8.22 所示为某型电动惯性起动机的基本结构，它主要包括直流串励电动机、滚棒离合器、钢制飞轮、减速器、摩擦离合器、衔接装置、手摇装置（手摇起动发动机时用）等。起动时，先接通电动机电路，电动机带动飞轮旋转，待积蓄足够能量后，再断开电动机电路，电动机停止工作，飞轮由于惯性作用继续高速旋转；同时，衔接继电器工作，将接合爪顶出，与发动机曲轴齿轮组衔接，飞轮便带动曲轴旋转；此时，点火线圈工作，将高压电送到电嘴点火，点燃混合气，发动机即可起动。

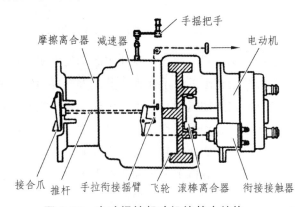

图 8.22　电动惯性起动机的基本结构

复合起动实际上是惯性起动与直接起动的联合作用。即在开始起动时，由电动机带动飞轮旋转储能，飞轮与曲轴衔接时，并不断开电动机电路，而是由飞轮与电动机同时驱动发动机曲轴。

2. 涡桨式发动机的电力起动设备

发动机工作时，空气由进气道口进入发动机内，经空气压缩机增压后压力增大，随即进入燃烧室。在燃烧室内，空气与喷油嘴处的燃油相混合形成混合气，进行连续的燃烧，获得大量的热能，温度大大提高。高压、高温的燃烧气体流入涡轮，推动涡轮转动，涡轮又带动同轴旋转的空气压缩机和螺旋桨工作，如图 8.23 所示。要将涡桨发动机起动起来，必须先给发动机的中心轴加上外力矩，将空气压缩机带动起来，供给燃烧室以增压空气；与此同时，还必须通过起动装置向燃烧室供油、点火。

起动涡桨发动机的起动机通常采用起动发电机。起动时，这台起动发电机以电动机状态工作，在起动自动控制装置的操纵下，可以逐步增加转速，带动发动机转子加速旋转；当发动机转子转速大于起动发电机转子转速时，起动发电机可由电动机状态自动转变为发电机状态工作，发动机又可带动起动发电机发电。

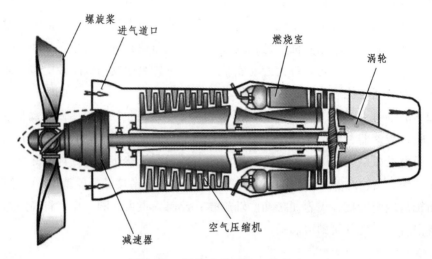

图 8.23 涡桨式发动机工作示意

要使涡桨发动机能迅速可靠地起动起来，就要求起动发电机在起动过程中保持足够大的电磁力矩。但是它的输出力矩是有限的，不能大于其最大允许力矩，而且此力矩又随转速的升高而减小，这就会影响发动机的加速起动。为了使起动发电机在起动过程中尽可能输出比较大的力矩，目前的涡桨发动机起动系统都采用分级起动，而且分级起动的各级转换，都是按一定的时间顺序实行自动控制，从而使起动发电机的输出力矩按一定的规律变化。

根据起动机（此处即为起动发电机）力矩和涡轮力矩的变化情况，基本的起动过程可分为 3 个阶段。在起动的初始阶段，由起动机单独产生力矩，带动发动机转子转动，并由起动装置点火、供油。起动的第二阶段，由于涡轮与空气压缩机已有一定转速，混合气开始燃烧，涡轮开始产生旋转力矩。起动发电机的涡轮共同带动发动机转子转动。起动的第三阶段，发动机已可独立工作，能自行加速到慢车状态，这时起动供油和点火均可停止工作，起动发电机自动转变为发电机状态工作。

3. 涡喷发动机的起动设备——辅助动力装置（APU）

在大、中型飞机上，为了有效地起动大功率涡轮喷气（或涡轮风扇）发动机，起动系统所需的功率很大，由于恒速传动装置性能方面的限制，如果还是采用电力起动方法，需要大功率专用的电动起动机，使系统质量大大增加。目前，对于大功率涡轮发动机的起动往往采用只需数安培电流的较简单控制电路的气源起动系统。这种起动系统可由地面气源车、飞机上的辅助动力装置（APU）或在运转中的发动机压气机提供压缩空气，利用压缩空气的冲击力驱动空气起动机，起动机再带动发动机的涡轮转子，从而起动涡轮发动机。

用 APU 起动涡喷发动机的方块图如图 8.24 所示。起动时，先由地面蓄电池或地面电源给 APU 中的电动起动机供电，电动起动机即可消耗较小的电流起动功率较小的燃气涡轮发动机。这台小发动机正常运转以后，即可连续不断地提供压缩空气起动涡轮喷气发动机。因此，这种起动方式可简称为电-气起动。

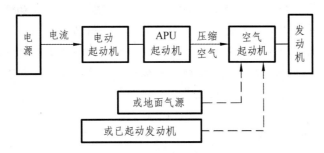

图 8.24　用 APU 起动涡喷发动机方块图

APU 通常由一台小功率的燃气涡轮发动机、压缩空气控制和供应系统、附件齿轮箱、起动电动机等组成。燃气涡轮发动机包括一个连接到单级涡轮上的二级离心压气机，压缩空气控制和供应系统可自动调节压气机供应给飞机供气系统的供气量。附件齿轮箱上安装的一台起动电动机通常是直流串励电动机，可由飞机蓄电池或地面电源供电，用来起动燃气涡轮发动机。这台发动机正常工作以后，除了驱动安装于附件齿轮箱上的滑油泵和燃油泵之外，还可驱动一台安装于附件齿轮箱上的发电机。这台发电机根据具体飞机的需要，可提供直流电或交流电。

总之，飞机上装有辅助动力装置以后，如有必要，可以不依赖地面设备的支援。这种装置由飞机蓄电池直接起动之后，可为主发动机的起动和地面空调提供气源；也可为地面通电检查飞机用电设备提供电源。飞行中，当主发电机失效时 APU 还可用于提供后备电源和/或提供压缩空气源。

复习题

8-1　简述飞机供电系统的组成和功用。

8-2　以 A320 为例说明飞机电源系统由哪几部分组成，各有何功用。

8-3　说明飞机常用的基本供电系统种类及电压、频率参数。

8-4　分别说明直流发电机、交流发电机的主要额定值及其定义。

8-5　为什么现代中大型飞机通常采用交流电供电？

8-6　简要说明三级式无刷交流发电机的组成及其功用。说明旋转变流机、静止变流器、变压整流器的功用。

8-7　简述蓄电池的功用及分类。其主要性能参数及定义是什么？简述铅酸蓄电池使用注意事项。与铅蓄电池比较，镉镍蓄电池有哪些主要特点？

8-8　简述飞机电源系统的典型形式及其基本特点。

8-9　电压调节的基本途径和晶体管电压调节器基本的工作原理是什么？

8-10　飞机交流电源系统的主要控制对象有哪些？

8-11　何谓供电保护？电源系统有哪些常见故障保护？

8-12　何谓直流发电机反流？反流有什么危害？如何保护？

8-13　简述发电机控制装置 GCU 汇流条功率控制装置（BPCU）的主要功能。

8-14　电气负载管理中心主要由哪几部分组成？各有何功用？

8-15　飞机用电设备分为哪五大部分？飞机电力传动设备的基本组成及功用是什么？

8-16　分别说明着陆灯、滑行灯、航行灯和防撞灯的功用。何时需使用飞机应急照明？

8-17　活塞式发动机电力起动方式是什么？说明涡桨式发动机电力起动的基本设备及起动特点。

8-18　简述涡扇式发动机电-气起动。

*第9章 直升机基本构造与操纵系统

直升机属于旋翼航空器，是由发动机驱动旋翼旋转提供升力、推进力和操纵的垂直起落飞行器。为了提高飞行速度，有的组合式直升机也装有产生拉力的发动机和固定机翼。直升机在航空发展中研究很早，但直到 1937 年才获得初步成功，1939 年才出现有实用价值的直升机。当今全世界大约有 6 万架直升机，广泛应用在军事和民用各个领域。直升机飞行性能在不断提高，第四代先进直升机最大平飞速度已达 315 km/h 左右；目前直升机使用升限一般在 4 000 ~ 6 000 m 以下，个别型号已接近 8 000 m 高度；航程一般为 800 km 以内，部分直升机达 1 000 km 多，个别机型已超过 3 800 km。

我国目前使用的直升机型号有：

直-5、直-6、直-8、直-9、直-10、直-11、米-4、米-6、米-8、贝尔 206、贝尔 212、贝尔 214、斯瓦泽 300、云崔 III、超黄蜂、美洲豹、超美洲豹、海豚、美洲驼、S-55、Sm76A、EC155B1 等。此外，还有小羚羊、空中卡车、单峰骆驼、空中农夫等。其中国产直升机有：直-5、直-6、直-8、直-9、直-10、直-11、701 型、S-55、延安 2 号等。

直升机与定翼机相比，具有以下特点：

（1）能垂直起飞、着陆和飞行。

（2）可临近地（水）面快速、机动、灵活飞行。

（3）能在空中悬停和定点转弯。

（4）能沿任何方向飞行。

（5）对起降场地没有特殊要求。

（6）能吊装体积比货舱大得多的物件。

由于直升机具有的特殊性能，在民用上和军事上得到了广泛的应用。

本章主要介绍直升机的典型部件及功用、直升机飞机操纵系统组成、功用、操纵原理。

9.1 直升机的分类与基本构造

9.1.1 直升机的分类

1. 按用途分类

直升机按用途可分为军用直升机和民用直升机两大类。前者执行军事使命，后者担负民用任务。

军用直升机可分为武装、运输和战斗勤务三大类。民用直升机按用途大体可分为：通用运输、旅客运输、公共服务、特种作业、起重、教练 6 类。

2. 按起飞重量分类

直升机按起飞重量可大致分为：轻小型、轻型、中型、大型和重型直升机。

轻小型直升机：最大起飞重量<2 t

小型直升机：最大起飞重量 2～4 t

中型直升机：最大起飞重量 4～10 t

大型直升机：最大起飞重量 10～20 t

重型直升机：最大起飞重量>20 t

目前，轻型直升机在民用直升机中占有相当大的比例，轻型直升机是民用直升机的主体。

3. 按结构形式分类

直升机典型结构形式为单旋翼直升机和双旋翼直升机。此外，还有复合式、组合式及桨尖喷气驱动式等。

单旋翼直升机上仅安装一副旋翼，升力和推力均由旋翼产生，安装在机身尾部的尾桨提供平衡旋翼的反力矩（见图 9.1）。这是当今技术最成熟、数量最多的直升机形式。

现在也出现用其他方式来平衡反力矩的单旋翼直升机，如无尾桨的单旋翼直升机（见图 9.2）。

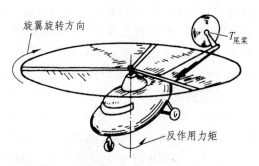

图 9.1 单旋翼直升机的反作用力矩

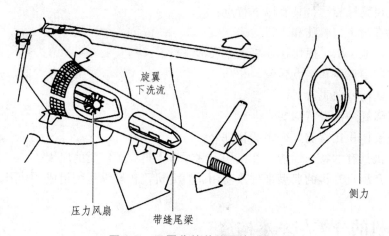

图 9.2 无尾桨的单旋翼直升机

双旋翼直升机按旋翼的不同布置，可分为纵列式双旋翼直升机、横列式双旋翼直升机、交叉式双旋翼直升机和共轴式双旋翼直升机（见图 9.3）。

纵列式双旋翼直升机两副旋翼沿机体纵轴前、后排列，转向相反使反扭矩相互平衡。

横列式双旋翼直升机两副旋翼沿机体横向左、右排列，转向相反使反扭矩相互平衡。

交叉式双旋翼直升机的两副旋翼沿机体左右横向排列，但其轴线呈 "V" 形交叉，反向协调旋转。

共轴式双旋翼直升机两副旋翼上下共轴安装且转向相反，反扭矩相互平衡。

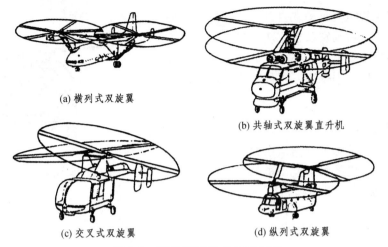

(a) 横列式双旋翼

(b) 共轴式双旋翼直升机

(c) 交叉式双旋翼

(d) 纵列式双旋翼

图 9.3　双旋翼直升机旋翼布置

现在还有一种倾转旋翼飞行器，其实质是直升机和固定翼飞行器的一种组合形式。垂直起降、飞行和悬停由旋翼提供升力，前飞时将旋翼倾转成为推进螺旋桨，升力则由固定翼提供，如 V-22 倾转旋翼飞行器（见图 9.4）。

图 9.4　V-22 倾转旋翼飞行器

复合式直升机其实质是在定翼机上安装旋翼系统的一种直升机。前飞时推进力主要由推进装置提供，升力由机翼和旋翼共同产生，垂直飞行、悬停和垂直起降主要由旋翼提供升力（见图 9.5）。

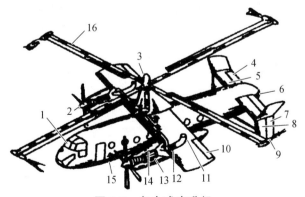

图 9.5　复合式直升机

1—空勤组舱；2—拉力螺旋桨；3—旋翼桨毂；4—升降舵；5—水平安定面；6—货舱门；
7—方向舵；8—垂直安定面；9—燃烧室；10—副翼；11—辅助压气机进气口；
12—辅助压气机；13—涡桨发动机；14—压缩空气导管；
15—客舱；16—旋翼（4 叶）

另外还有桨尖喷气驱动式直升机，该直升机在旋翼的桨叶端装有喷气发动机，或由机内提供的压缩空气通过桨尖喷管喷出，驱动旋翼旋转。这种旋翼对机体不产生反作用扭矩，因而无须采取平衡措施（见图 9.6）。

图 9.6　桨尖喷气驱动式直升机

4. 按动力装置

直升机按动力装置可分为活塞式直升机和涡轴式直升机。目前，安装涡轴发动机的直升机占直升机总数的 80% 以上。

9.1.2　直升机的应用

直升机具有固定翼飞机和其他飞行器所没有的飞行特点，可以出色地完成特有的使命，从其诞生之日起就得到人们的青睐。历经半个多世纪的发展，直升机技术日趋成熟，直升机的应用日益广泛。

在民用领域，直升机是一种临近地（水）面快速、机动、灵活的平台，能够完成其他飞行器及地面运输交通工具难以承担的作业。经过几十年的发展，民用直升机已经渗透到国民经济、社会公共事务乃至家庭生活的各个领域：从农、林、牧、副、渔到地球物理勘探、高压线和石油天然气管路巡检、建筑起重吊运；从公安执法、巡逻观察到消防救火、医疗救护，直升机都发挥了特有的作用。特别是在海上石油开采中，直升机得以大量使用。在各种救灾抢险行动中，直升机能快速、及时、准确地赶到现场，实施最有效的救援，可以说现代社会从经济建设到公共事务都离不开直升机。

到 2004 年，世界民用直升机的保有量为 29 670 架。其中美国占 42%，俄罗斯占 10%。民用直升机主要集中在少数发达国家。

2004 年世界民用直升机拥有量前 10 位的国家和数量：

美　国	12 446 架	英　国	1 122 架	俄罗斯	3 030 架
德　国	772 架	加拿大	1 854 架	澳大利亚	1 070 架
日　本	839 架	巴　西	736 架	法　国	922 架
南　非	566 架				

到 2004 年，中国民用直升机拥有量为 119 架，仅相当于美国的 1%。

在军事领域，因为武装直升机"火力加机动"的特点，使其成为超低空的威慑力量，具有强大的对地攻击能力；运输直升机快速机动，使陆军如虎添翼；各种战勤直升机在现代立体战场上能有效地完成多种战斗任务，为战斗的胜利创造条件。军用直升机也使海军航空兵在临近波涛的海面上空，具有反潜攻舰、快速机动、滩头登陆的强大战斗力。各级指挥员凭借直升机能更好地发挥其军事艺术，按作战思想，运筹空、天、地、海一体战，赢得战争的主动权。

9.1.3　直升机的基本组成及其功用

目前广泛采用的是单旋翼带尾桨的直升机，基本组成有旋翼、尾桨、动力装置、传动系统、起落装置、机身和特种设备等（见图 9.7），各部分的功用如下。

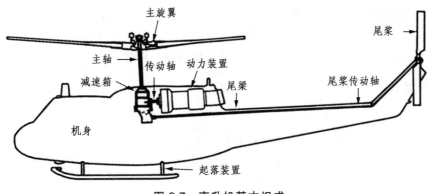

图 9.7　直升机基本组成

旋翼是产生升力的部件，它安装在机身上方的铅垂轴上，由动力装置驱动。它除了产生升力外，还可改变升力的方向，实现直升机纵向、横向和升降操纵。

尾桨是安装在直升机尾端的小螺旋桨，它产生拉力，用以平衡旋翼旋转时给直升机的反作用力矩，保持飞行方向；改变尾桨桨叶的安装角，可改变拉力，实现方向操纵。

动力装置包括发动机和有关附件。现代直升机主要采用涡轴发动机；也有少部分轻小型直升机采用活塞式发动机。

传动系统的功用是将发动机产生的动力传给旋翼和尾桨，并且保证它们具有适当的转速。

操纵系统的功用是将驾驶员的操纵传到有关的操纵机构，以改变直升机的飞行姿态和方向。操纵系统主要由驾驶杆、脚蹬、油门总距杆、自动倾斜器、液压助力器、感力机构、配平机构、自动控制系统等组成。

起落装置主要用于地面滑行和停放，同时在着陆时起缓冲作用，常见的形式是轮式起落装置，有的小型直升机采用滑橇式起落装置。它可在泥泞的土地和松软的土地上起降。

机身的功用是装载人员、货物、设备和燃油等，同时它将各个部分连成一个整体。

特种设备包括各种指示仪表、电气系统、防冰和加温系统、灭火系统以及与直升机用途相配合的特种设备。

9.1.4　直升机旋翼

直升机最显著的标志是有由动力驱动的旋翼——旋转的翼面，利用旋翼旋转时提供的升力、前进力和操纵力，能有效地完成空中悬停、垂直起落和前飞、后飞、侧飞等飞行，这就是直升机有别于飞机等其他航空飞行器的基本特点。直升机独有的飞行能力、别具一格的构造形式都源于此。

1. 旋翼的功用和组成

（1）产生向上的升力（占拉力的主要部分）用以克服直升机的重力，类似于飞机机翼的作用。即使直升机的发动机空中停车时，驾驶员可通过操纵旋翼使其自转，仍可产生一定升力，减缓直升机下降趋势。

（2）产生向前的水平分力克服空气阻力使直升机前进，类似于飞机上推进器的作用（例如螺旋桨或喷气发动机）。

（3）产生其他分力及力矩对直升机进行控制或机动飞行，类似于飞机上各操纵面的作用。

旋翼由数片桨叶（即翼面）及一个桨毂（又称轴套）组成。工作时，桨叶与空气做相对运动，产生空气动力；桨毂则是用来连接桨叶和旋翼轴，以转动旋翼。

2. 旋翼桨叶

1）桨叶特性和参数

桨叶特性和参数描述包括：桨叶平面形状、桨叶剖面形状、桨叶剖面安装角和桨距、桨叶剖面迎角、桨叶的几何扭转、桨叶剖面的来流角等。

桨叶平面形状常见的有矩形、梯形和矩形加后掠形桨尖等。近年来桨尖的形状变化发展较多。目前已从第一代矩形、第二代简单尖削加后掠、第三代曲线尖削加后掠发展到下反式三维桨尖。这是因为桨叶尖部速度对旋翼性能有着十分密切的影响。例如"山猫"直升机的前、后掠桨尖较大地提高了旋翼效率（见图 9.8）。

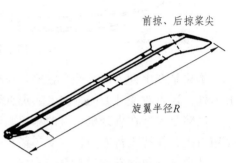

图 9.8　前、后掠桨尖

桨叶剖面形状与飞机机翼剖面形状类似，均称作翼型。为了具有良好的旋翼性能，要求有最佳翼型。为使旋翼获得最佳性能，往往要把桨叶翼型设计成沿桨叶展向变化，采用成套的翼型族去分别满足桨叶不同半径处在不同方位角的不同要求，使桨叶在不同气动环境中发挥不同翼型的性能。国外许多有实力的研究单位，无不关注翼型的发展研究，通过大量研究、实验，发展了许多优良的翼型族，图 9.9 所示为美国波音公司的 VR 翼型族，该公司从 20 世纪 50～80 年代先后发展了四代翼型。

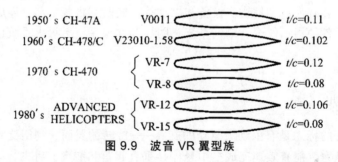

图 9.9　波音 VR 翼型族

桨叶某一剖面的翼弦与桨毂旋转平面之间的夹角，叫桨叶该剖面的安装角，用 φ 表示（见图 9.10）。把桨叶半径 0.7R 处的剖面（称特性剖面，在有些文献中，以 0.75R 为准）的安装角叫作该桨叶的桨距。各片桨叶桨距的平均值，叫旋翼的总距。驾驶员通过直升机的操纵系统可以改变旋翼的总距和各片桨叶的桨距，根据不同的飞行状态，总距的变化范围为 2°～14°。

桨叶旋转时，桨叶剖面的相对气流合速度与翼弦之间的夹角，叫桨叶剖面迎角，用 α 表示。

为使空气动力沿桨叶的分布比较均匀，减小由于诱导速度分布不均引起的附加功率损失，通常按从根到尖，桨叶安装角逐渐减小的方法将桨叶做几何扭转，如图 9.11 所示。桨叶的扭转，可分为线性扭转和非线性扭转。线性扭转比较好制造，非线性理想扭转则是根据空气动力优化设计的需要进行扭转，但制造上较困难。

桨叶剖面的相对气流合速度由平行于桨毂旋转平面的和垂直于该平面的相对气流所合成，参看图9.10。它与桨毂旋转平面的夹角叫来流角，用 ε 表示。

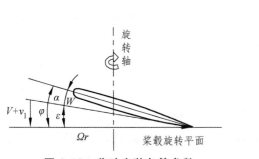

图9.10 桨叶安装角等参数

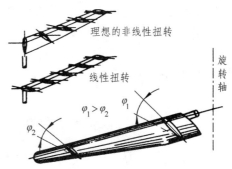

图9.11 桨叶的扭转

2）桨叶结构特点

旋翼系统中，桨叶是提供升力的重要部件，除去对桨叶气动力方面的要求之外，还有动力学和疲劳方面的要求。例如，所设计的桨叶的固有频率不与气动激振力发生共振，桨叶挥舞、摆振基频满足操纵稳定性和"地面共振"等要求；桨叶承力结构能有高的疲劳性能或采用破损安全设计，等等。旋翼桨叶的发展是建立在材料、工艺和旋翼理论基础上的。依据桨叶发展的先后顺序，它有混合式桨叶、金属桨叶和复合材料桨叶3种形式。由于混合式桨叶在20世纪50年代后期逐渐被新式桨叶所代替，目前只在重型直升机米-6、米-26上使用。

某典型金属桨叶由挤压的"D"形铝合金大梁和胶接在后缘上的后段件组成。后段件外面包有金属蒙皮，中间垫有泡沫塑料或蜂窝结构，如图9.12所示。这种金属桨叶比混合式桨叶气动效率高，刚度好，同时加工比较简单，疲劳寿命较高。因此在50年代后期，金属桨叶逐渐替代了混合式桨叶。到了70年代初，随着复合材料的普遍使用，旋翼桨叶又进入一个新的发展阶段，即使用复合材料桨叶。

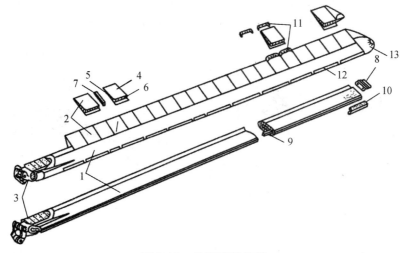

图9.12 金属桨叶构造

1—大梁；2—分段件；3—桨根接头；4—上蒙皮；5—下蒙皮；6—蜂窝支持件；7—翼肋；
8—桨尖可调配重；9—防振装置；10—挡块；11—调配片；
12—不锈钢包皮；13—桨尖整流罩

图 9.13 所示为"海豚"直升机的复合材料桨叶结构，主要承力件"C"形大梁主要承受离心力并提供了大部分挥舞弯曲刚度，它是由抗拉及弯曲方面比刚度和比强度较高的零度单向玻璃纤维预浸带构成。在翼型前部和后部各布置了一个"Z"形梁。前后"Z"形梁与蒙皮胶接在一起，使桨叶剖面形成多闭室结构；另外，桨叶蒙皮全部采用了与展向呈 ±45. 的碳纤维布铺成，显然这些都是为了提高桨叶的扭转刚度。桨叶采用泡沫塑料作为内部支承件，前缘包有不锈钢片防止磨蚀。

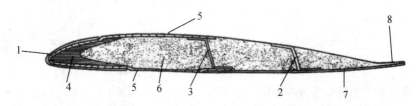

图9.13 "海豚"直升机的桨叶构造

1—前缘包皮；2、3—Z 形梁；4—大梁；5—蒙皮；6—泡沫塑料支持件；7—蒙皮；8—后缘

3. 旋翼形式

旋翼形式是由桨毂形式决定的。它随着材料、工艺和旋翼理论的发展而发展。典型的旋翼形式有全铰式、半铰式、无铰式和无轴承式。

1）全铰式

全铰式（又称铰接式）旋翼桨毂有轴向铰、垂直铰和水平铰（见图9.14）。操纵旋翼绕轴向铰转动时，可以改变旋翼的桨距，因此轴向铰又称为变距铰。垂直铰消除桨叶在旋转面内的摆动（摆振）引起的旋翼桨叶根部弯曲，从而减小结构尺寸。为了防止摆振，一般在垂直铰处设置减摆器而起阻尼作用，因此垂直铰又称为摆振铰（或阻尼铰）。水平铰让桨叶上下挥舞，消除或减小飞行中在旋翼上出现的左右倾覆力矩，因此水平铰又叫挥舞铰。典型的铰接式桨毂铰的布置顺序（从里向外）是由挥舞铰、摆振铰到变距铰，如图9.14所示。全铰式旋翼桨叶根部弯曲载荷及结构质量较小，但组成复杂且维修不便。

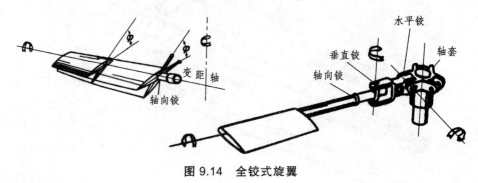

图9.14 全铰式旋翼

2）半铰式

半铰式旋翼有万向接头式和跷跷板式（见图9.15），半铰式由全铰式去掉了垂直铰（摆振铰、减摆器），保留轴向铰并且两片桨叶共用水平铰（即挥舞铰）。20 世纪 40 年代中期，在全铰式旋翼得到广泛应用的同时，贝尔公司发展了万向接头式旋翼，并将其成功地应用在总

质量 1 t 级的轻型直升机 Bell-47 上。50 年代中期又
把万向接头式进一步发展为跷跷板式，并将其运用于
总质量达 4 t 多的中型直升机 UH-1 和 9 t 级的
Bell-214 直升机上。

半铰式与铰接式相比，其优点是桨毂构造简单，
两片桨叶共同的挥舞铰不负担离心力而只传递拉力
及旋翼力矩，轴承负荷比较小，没有"地面共振"问
题。但是，对于机动性要求较高的直升机，其操纵功
效和角速度阻尼比较小的缺点是很突出的。

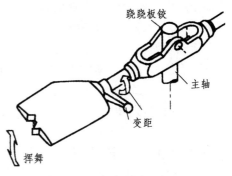

图 9.15 半铰式旋翼

3）无铰式

无铰式旋翼取消了水平铰与垂直铰，只保留轴向铰。此种旋翼构造简单，但桨叶在摆振
和上下挥舞时根部弯矩增大，易疲劳损坏。20 世纪 60 年代末 70 年代初无铰式旋翼进入实用
阶段。采用无铰式旋翼的直升机有德国的 BO-105，法国的"海豚"SA-365N，英国的"山猫"
WG-13（见图 9.16）等。

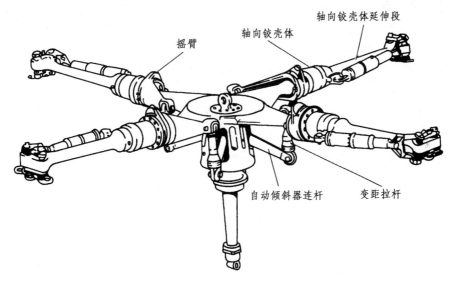

图 9.16 "山猫"WG-13 直升机无铰式旋翼

4）无轴承式

上面所说的无铰式旋翼只是没有挥舞铰和摆振铰，却仍然保留了变距用的轴向铰，因此
也还不是真正的"无铰"。由于保留了承受很大力矩和离心力的变距铰，结构质量难以减轻，
结构的简化也受到了限制。无铰式旋翼合乎逻辑的进一步发展，就是取消变距铰。无轴承旋
翼就是取消了挥舞铰、摆振铰和变距铰的旋翼，桨叶的挥舞、摆振和变距运动都以桨叶根部
的柔性元件来完成。

图 9.17 所示是西科斯基公司研制出的一种"交叉梁"式无轴承旋翼。桨叶的主要承力件
是一根单向碳纤维大梁，玻璃钢蒙皮桨叶。蒙皮与大梁之间充填泡沫塑料，到达根部蒙皮就
转变成空心的扭管，作用在操纵摇臂上的操纵力从扭管向外传至大梁，使大梁在扭管中的那

一部分产生扭转变形而实现变距。与一般无铰式旋翼相比，质量可减轻50%。

无轴承旋翼的优点十分突出，主要表现为：

（1）结构简单，零件数目少，制造成本低。

（2）提供很高的操纵功效，因而改善直升机的驾驶品质，这对要求大机动能力的武装直升机特别重要。

（3）外形尺寸小，阻力小，质量轻。

（4）全复合材料结构，破损安全性能好，无须维修，寿命长。

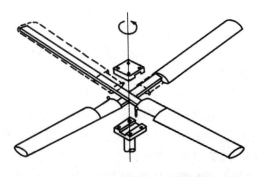

图9.17 "交叉梁"式无轴承旋翼的构造原理

从以上优点可以看出，无轴承旋翼是旋翼技术的重大突破和飞跃，它将是今后大有发展前途的旋翼形式。

9.1.5 直升机尾桨

1. 尾桨的功用

尾桨像一个旋转平面垂直于旋翼转速平面的小螺旋桨，工作时产生拉力（或推力）。尾桨的作用可以概括为以下3点：

（1）尾桨产生的拉力（或推力）通过力臂形成偏转力矩，用以平衡旋翼的反作用力矩（即反扭转）。

（2）相当于一个直升机的垂直安定面，改善直升机的方向稳定性。而且，可以通过加大或减小尾桨的拉力（推力）来实现直升机的航向操纵。

（3）某些直升机的尾桨轴向上斜置一个角度，可以提供部分升力，也可以调整直升机重心范围。

2. 尾桨的类型

尾桨通常包括常规尾桨、涵道尾桨和无尾桨系统等3种类型。

1）常规尾桨

这种尾桨的构造与旋翼类似，由桨叶和桨毂组成。常见的有跷跷板式、万向接头式和铰接式。

2）涵道尾桨

涵道尾桨由两部分组成：一部分是置于尾斜梁中的涵道；另一部分是位于涵道中央的转子。其特点是涵道尾桨直径小、叶片数目多。涵道尾桨的推力有两个来源：一是涵道内空气对叶片的反作用推力；二是涵道唇部气流负压产生的推力。涵道尾桨的构造如图9.18所示。

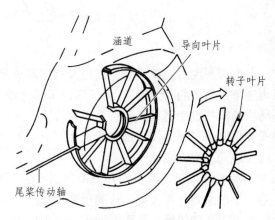

图9.18 涵道尾桨

3）无尾桨系统

无尾桨系统主要是用一个空气系统代替常规尾桨，该系统由进气口、喷气口、压力风扇、带缝尾梁等几部分组成，参见图9.2所示。

工作时风扇使空气增压并沿空心的尾梁向后流动。飞行中，一部分压缩空气从尾梁侧面的两道细长缝中排出，加入旋翼下洗流中，造成不对称流动，使尾梁一侧产生吸力，相当于尾部产生了一个侧向推力以平衡旋翼的反作用力矩；另一部分压缩空气由尾部的喷口喷出，产生侧向推力，以实现航向操纵，喷气口面积由排气罩的转动控制，受驾驶员脚蹬操纵。

常规尾桨技术发展比较成熟，应用广泛，缺点是受旋翼下洗流影响，流场不稳定，裸露在外的桨叶尖端易发生伤人或撞击地面障碍物的事故；涵道尾桨的优点是安全性好，转子桨叶位于涵道内，旋翼下洗流干扰、影响较轻，且不易发生伤人撞物的事故，缺点是消耗功率比较大；无尾桨系统的优点是安全可靠、振动和噪声水平低，前飞时可以充分利用垂直尾翼的作用、减小功率消耗，缺点是悬停时需要很大功率，目前已进入实用阶段。

9.2 直升机操纵系统

操纵系统是直升机的重要组成部分，驾驶员通过操纵系统来控制直升机的飞行，保持或改变直升机的飞行状态，完成各阶段的飞行。

直升机不同于固定翼飞机，一般都没有在飞行中供操纵的专用活动舵面。这是由于在小速度飞行或悬停中，其作用也很小，因为只有当气流速度很大时舵面或副翼才会产生足够的空气动力。

单旋翼带尾桨的直升机通过对旋翼和尾桨的操纵、双旋翼直升机通过对两副旋翼的操纵，来控制直升机的飞行。对旋翼实施操纵的关键部件是自动倾斜器。直升机操纵系统典型的操纵机构是油门总距杆、驾驶杆（周期变距杆）和脚蹬。

9.2.1 直升机驾驶员座舱操纵机构及配置

直升机驾驶员座舱主要的操纵机构是：驾驶杆（又称周期变距杆）、脚蹬、油门总距杆。此外还有油门调节环、直升机配平调整片开关及其他手柄，如图9.19所示。

驾驶杆位于驾驶员座椅前面，通过操纵传动机构或装置与旋翼的自动倾斜器连接。驾驶杆偏离中立位置：向前——直升机低头并向前运动；向后——直升机抬头并向后退；向左——直升机向左倾斜并向左侧运动；向右——直升机向右倾斜并向右侧运动。脚蹬位于座椅前下部，对于单旋翼带尾桨的直升机来说，驾驶员蹬脚蹬操纵尾桨变距改变尾桨推（拉）力，对直升机实施航向操纵。油门总距杆通常位于驾驶员座椅的左方，由驾驶员左手操纵，此杆可同时操纵旋翼总距和发动机油门，实现总距和油门联合操纵。

油门调节环位于油门总距杆的端部，在不动总距油门杆的情况下，驾驶员左手拧动油门调节环可以在较小的发动机转速范围内调整发动机功率。

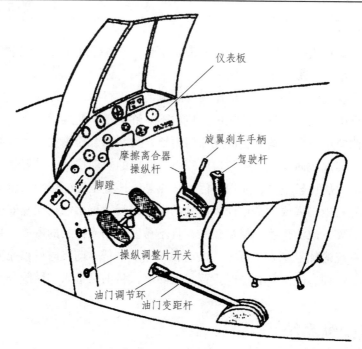

仪表板

旋翼刹车手柄

驾驶杆

摩擦离合器
操纵杆

脚蹬

操纵调整片开关

油门调节环

油门变距杆

图 9.19　直升机主要操纵机构

　　调整片操纵（又称配平操纵）的主要原因是因为直升机在飞行中驾驶杆的载荷不同于飞机的舵面载荷。如果直升机旋翼使用可逆式操纵系统，那么驾驶杆要受周期（每一转）的可变载荷，而且此载荷又随着飞行状态的改变而产生某些变化。为减小驾驶杆的载荷，大多数直升机操纵系统中都安装有液压助力器。操纵液压助力器可进行不可逆式操纵，即除了操纵系统的摩擦之外，旋翼不再向驾驶杆传送任何力。

　　为了得到飞行状态改变时驾驶杆力变化的规律性，可在操纵系统中安装纵向和横向加载弹簧。因为直升机平衡发生变化（阻力及其力矩发生变化），驾驶杆的位置便随飞行状态变化而变化，连接驾驶杆的加载弹簧随着驾驶杆位置的变化而变化时，则驾驶杆力随着飞行速度不同也出现带有规律性的变化，这对飞行员来说是十分重要的。

　　为消除因飞行状态改变而产生的驾驶杆的弹簧载荷，可对弹簧张力进行调整，相当于飞机上的调整片所起的调整作用，因此在直升机上通常把此种调整机构称为调整片，或称为调平机构。弹簧张力是由调整片操纵开关或电动操纵按钮控制的。

9.2.2　倾斜盘

　　直升机飞行操纵系统中的主要部分就是将飞行操纵从系统中的非转动组件传递到转动组件的机械装置，通常有两种装置，即倾斜盘和星形件。

　　倾斜盘主要用作操纵主旋翼，而星形件则是应用在尾桨操纵上。也有直升机采用星形件操纵主旋翼。

1. 倾斜盘

　　倾斜盘分为旋转倾斜盘和固定倾斜盘两种，它是把直升机总距杆和周期变距杆的操纵位移分别转换成旋翼桨叶的总距操纵和周期变距操纵的主要操纵机构。典型倾斜盘的安装和组成如图 9.20，图 9.21 所示。

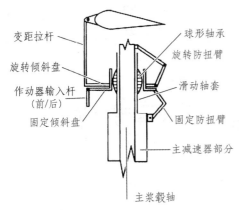

图 9.20　典型倾斜盘的安装

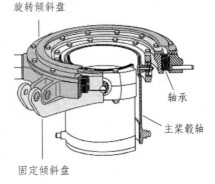

图 9.21　典型倾斜盘组件

2. 工作原理

操纵直升机的驾驶杆时，旋转倾斜盘和固定倾斜盘一起向前、后、左、右倾斜或同时绕水平面的任意轴倾斜。因为旋转倾斜盘用变距拉杆同桨叶相连，所以旋转倾斜盘的旋转面倾斜会引起桨叶绕纵轴做周期性转动（旋翼每转一周重复一次），即每一桨叶的桨距都将进行周期性变化。为了了解桨距的变化，应分别分析直升机的两种飞行状态，即垂直飞行状态和水平飞行状态（实际上这两种飞行可结合在一起）。

垂直飞行，靠改变总桨距实现，即同时改变所有桨叶的桨距实现，如图 9.22 所示。当上提油门变距杆时，则旋转倾斜盘和固定倾斜盘向上升起，各桨叶的桨距增大，直升机上升；当下压油门变距杆时，各桨叶的桨距减小，直升机下降。

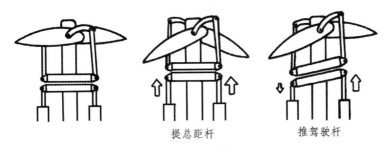

提总距杆　　　　　推驾驶杆

图 9.22　倾斜盘的工作

直升机水平飞行要使旋翼旋转平面倾斜，使旋翼的总空气动力矢量倾斜以获得水平分力。旋翼旋转平面倾斜是靠周期性改变桨距得到的。这说明，旋翼每片桨叶在每一转动周期中（每转一周），先增大到某一数值，然后下降到某一最小值，继而反复循环。各种方位的桨距周期性变化如图 9.23 所示。

为了解桨距变化同桨叶方位的相互关系，我们研究 9.23 所画的桨叶。

习惯上将桨叶在直升机正后方称 0°（或 360°）方位，顺着旋翼转过 90° 时为 90° 方位，桨叶在正前方称 180° 方位，顺着旋翼转过 270° 时为 270° 方位。在自动倾斜器未倾斜的原来位置上，设桨距等于 10°，而桨叶在任意方位均产生固定不变的升力。此时各力相对水平铰的各力矩得到平衡。桨叶保持锥角 β（锥角就是桨叶离开旋翼桨毂旋转面的上翘角）沿正锥面进行旋转。假设驾驶杆倾斜时倾斜盘倾斜，即绕 α-α 轴转动，180°方位的桨距减小 $\Delta\varphi$ 角，设 $\Delta\varphi = 2$°（见图 9.23），从图中可看出，桨距是按下列规律变化的：

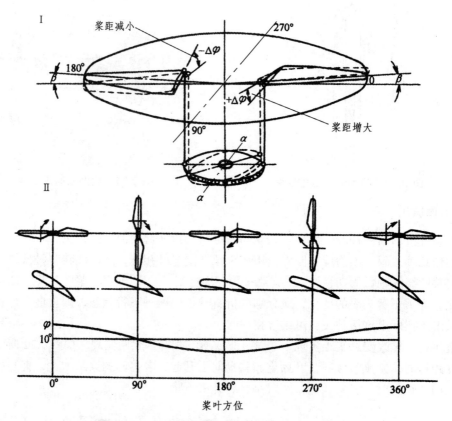

图 9.23 自动倾斜器倾斜时桨距的周期性变化

（1）0° 方位，桨距最大（12°）。

（2）0°～90° 方位，桨距减小，而在 90° 方位桨距等于原来的数值（10°）。

（3）0°～180° 方位，桨距继续减小，而在 180° 方位桨距最小（8°）。

（4）180°～270° 方位，桨距增大到原来的数值（10°）。

（5）270°～0° 方位，桨距继续增大到最大（12°）。

旋翼由 90° 旋转到 270°，在旋翼旋转面左侧，由于桨距减小桨叶切面迎角减小，桨叶升力也开始减小，这使水平铰上的力矩平衡遭到破坏，因而桨叶开始下垂。

旋翼由 270° 旋转到 90° 时，桨距增大，桨叶上扬。

由于桨距周期性变化，桨叶在旋转时产生挥舞。此时，桨叶运动轨迹形成新的锥体，新的锥体的桨尖平面比原旋转面倾斜一定角度。

应指出，旋转平面的倾斜落后于桨距的周期性变化。当桨距最小时，桨叶下垂速度最大，尽管继续旋转，桨距增大，桨叶还要继续下垂。同样，桨距达到最大值之后开始下降，桨叶还继续上升，而此时上升已经减慢。由于旋转平面倾斜迟缓，桨距的周期性变化要求带有一定的方位前置量。

9.2.3　直升机的操纵原理

直升机在空中具有 6 个自由度：沿纵轴 X、立轴 Y、横轴 Z 三轴的移动和绕三轴的转动。直升机处于平衡状态时，作用于直升机上的合力为零，合力矩为零。直升机的操纵主要是对三轴产生力和力矩来实现所需的飞行状态控制。

直升机的纵向移动与俯仰转动、横侧移动与滚转是不能独立分开的，因此 6 个自由度只需要以下 4 个操纵：

（1）垂直操纵：改变旋翼桨叶角而改变升力，操纵直升机升降。

（2）纵向操纵：改变旋翼桨盘纵向倾斜角而改变升力方向，操纵直升机前进或后退。

（3）横向操纵：改变旋翼桨盘横向倾斜角而改变升力方向，操纵直升机横侧运动。

（4）偏航操纵：改变尾桨桨距而改变尾桨拉力，操纵直升机转弯。

单旋翼直升机主要靠操纵旋翼和尾桨，双旋翼直升机或多旋翼直升机主要靠操纵所有旋翼，操纵旋翼和尾桨主要是改变桨叶角——变距。

直升机操纵系统的特点主要是，桨距与油门联动，桨叶的周期变距。改变旋翼桨距的同时必须调节油门和尾桨距，才能保证直升机按所需的状态飞行；周期变距就是在改变直升机纵向与横向姿态时，通过联动装置使旋翼桨盘相对旋翼轴倾斜，从而使旋翼各桨叶的桨距在每一转动周期中改变，导致旋翼旋转锥体倾斜，由总升力的分力实现直升机的纵向与横向操纵。

单旋翼带尾桨的直升机纵向、横向及总距操纵系统又称为手操纵系统，通过驾驶员手操纵总距杆改变旋翼总桨距，手操纵周期变距杆使旋翼周期性变距而实现。方向操纵系统又称为脚操纵系统，通过驾驶员蹬脚蹬改变尾桨桨距而实现。驾驶杆即周期变距杆，与自动倾斜器相连；油门变距杆即总桨距杆，又称油门联动杆；脚蹬机构与尾桨变距机构相连。操纵机构的操纵方向及直升机姿态改变和人体的习惯动作一致，如图 9.24 所示。

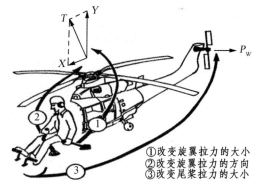

①改变旋翼拉力的大小
②改变旋翼拉力的方向
③改变尾桨拉力的大小

图 9.24　直升机操纵机构的操纵示意

1. 单旋翼直升机的操纵原理

对单旋翼直升机的操纵原理归纳如下：

（1）垂直升降。上提总桨距杆，旋翼桨距增大而升力增大，直升机上升。与此同时发动机节气门（油门）增大，保证直升机上升所需功率；下压总桨距杆则旋翼桨距减小而升力减小，直升机下降。同时发动机节气门（油门）减小，直升机功率下降。

（2）前进或后退。前推驾驶杆，旋翼各桨叶桨距作周期性变化，改变旋翼拉力方向，锥体前倾，产生向前的拉力分量 P 使直升机前进，如图 9.25 所示。后拉驾驶杆则旋翼锥体后倾，拉力分量向后而使直升机后退。

（3）侧向操纵。左压驾驶杆，旋翼各桨叶桨距作周期性变化，改变旋翼拉力方向，锥体向左倾斜，拉力的横向分量使直升机向左横侧滚转和移动。向右压驾驶杆时则直升机向右横侧滚转和移动，如图 9.26 所示。

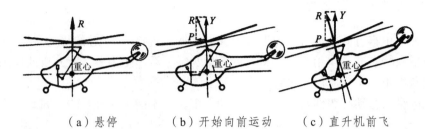

（a）悬停　　　　（b）开始向前运动　　　（c）直升机前飞

图9.25　直升机前飞操纵原理

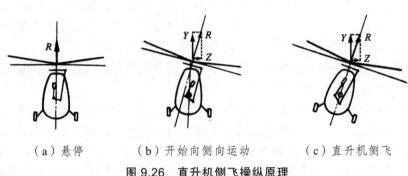

（a）悬停　　　　（b）开始向侧向运动　　　（c）直升机侧飞

图9.26　直升机侧飞操纵原理

（4）方向操纵。蹬左脚蹬，尾桨桨叶桨距改变而使侧向拉力改变，对重心形成偏转力矩而使直升机向左转弯，如图9.27所示。与此同时还必须向左压驾驶杆，改变横侧拉力而保证直升机横向平衡。使直升机右转弯的操纵则相反。

2. 双旋翼直升机的操纵原理

对双旋翼直升机的操纵原理归纳如下：

双旋翼横列式和纵列式直升机的水平飞行或垂直飞行的操纵原理，同单旋翼直升机的操纵原理是一样的。每一旋翼产生的现象大致相同，双旋翼的效能一般是两个单旋翼效能之和。只是纵列式直升机在纵向操纵

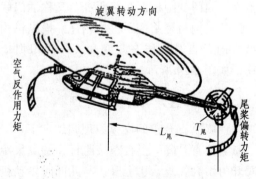

图9.27　直升机方向操纵原理

方面和横列式直升机在横向操纵方面有些不同。对于纵列式直升机，为了提高效能，在旋翼旋转锥体向前或向后倾斜的同时，前旋翼和后旋翼总桨距将产生差动变化，此时，随着自动倾斜器的倾斜，在倾斜方向那一方的旋翼其桨距减小，另一旋翼的桨距此时增大。

双旋翼横列式直升机向侧方飞行要通过改变差动旋翼总桨距来实现。向左、右压杆时，一个旋翼桨距减小而总空气动力随之减小，而另一旋翼的总桨距增大而总空气动力随之增大。这将使直升机出现坡度，并使总空气矢量倾斜，因而出现总空气动力的横侧分力，直升机便开始向侧方运动，如图9.28所示。

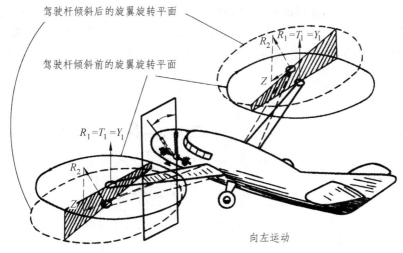

图 9.28　双旋翼横列式直升机横向操纵

双旋翼横列式、纵列式和共轴式直升机方向的操纵，要借助于旋翼自动倾斜器进行差动操纵。若左旋翼旋转平面向前倾斜而右旋转平面向后倾斜，则旋翼相应得到向前的总空气动力水平分力，而右旋翼相应得到向后的水平分力。结果出现绕重心的作用力偶，因而直升机向右偏转，如图 9.29 所示。

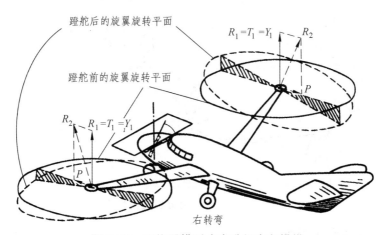

图 9.29　双旋翼横列式直升机方向操纵

9.2.4　典型操纵系统

与飞机飞行操纵系统一样，根据操纵信号传递及传动动力的提供方式不同，目前直升机使用的典型飞行操纵系统有：无助力机械式操纵系统、液压助力机械式主操纵系统、液压助力电传式主操纵系统。直升机光传操纵系统、智能操纵系统目前还在研究和试验中。

1. 无助力机械式操纵系统

早期的直升机采用无助力机械式操纵系统（亦称简单机械式操纵系统），许多小型直升机至今还在采用。无助力机械式操纵系统由操纵机构经过传动杆、摇臂等与自动倾斜器相连（见

图 9.30）。在尾桨操纵中也有利用钢索、滑轮来传递操纵信号及操纵力的。机械式操纵系统的突出优点是简单、直接、可靠（故障少），其缺点是旋翼桨叶的变距力会传到驾驶杆上，因而杆力较大且易发生杆抖。此外，操纵线系中累积的间隙、摩擦都会表现在驾驶杆上，使驾驶员感到不悦，损害操纵品质。

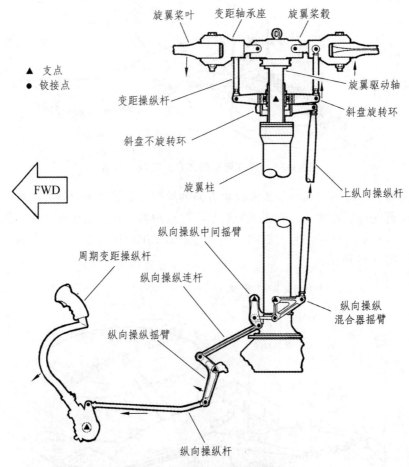

图 9.30　无助力机械式操纵系统的示例

2. 液压助力机械式主操纵系统

当代大多数直升机采用液压助力机械式操纵系统，其构成如图 9.31 所示。直升机助力操纵系统工作原理及形式与定翼机助力式飞行主操纵系统类似，液压助力机械式主操纵系统是把液压助力系统增加到机械式操纵系统中。操纵机构并不直接操纵倾斜盘或尾桨，而是控制液压作动筒的伺服阀，由作动筒驱动倾斜盘或尾桨运动。

这种操纵系统的优点是操纵力大、无回力，驾驶杆力可以按照理想规律由感力与配平系统提供。此外，还可以增装电子增控增稳系统（SCAS），将其信号接入伺服阀，以改善直升机的操稳特性。

液压助力机械式操纵系统的缺点是复杂、质量大，而且液压系统易出故障，为确保安全，必须设置双套液压系统并具有切断或泄油旁路。

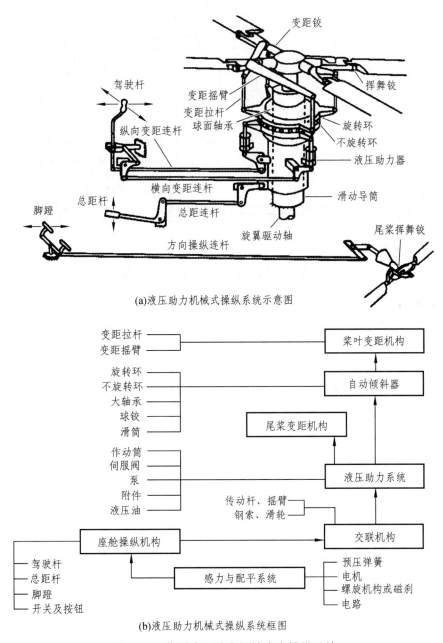

(a)液压助力机械式操纵系统示意图

(b)液压助力机械式操纵系统框图

图 9.31 典型液压助力机械式主操纵系统

3. 液压助力电传式主操纵系统

目前最先进的几种直升机（如 NH90、V-22"鱼鹰"、"虎"式直升机等）已采用液压助力电传式主操纵系统（简称电传操纵系统），图 9.32 为三余度电传操纵系统原理示意图。

液压助力电传式主操纵系统不使用拉杆摇臂等机械连接，而是由驾驶杆经多余度电路向计算机输入操纵指令，计算机控制电的或液压的作动器来驱动自动倾斜器使旋翼变距。

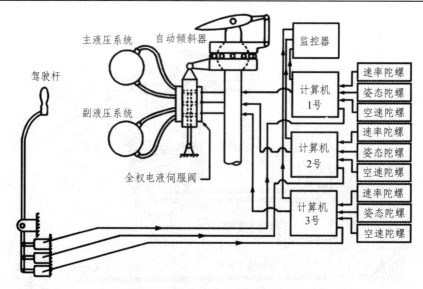

图 9.32　三余度电传操纵系统原理图

电传操纵系统具有以下突出的优点：

（1）依靠计算机软件可以有效地保证直升机具有良好的稳定性和操纵响应，使直升机达到满意的飞行品质。

（2）全系统尺寸小、质量轻、便于安装。

（3）容易实现多余度及具有故障自应变能力，使直升机的生存力大为改善。

这种系统的缺点是易受电磁脉冲（如雷电）静电感应的影响，使可靠性受损。一般认为，电子系统不及机械系统结实耐用，因而电传操纵系统必须是多余度的。

复 习 题

9-1　简述直升机的特点。

9-2　直升机按起飞重量和结构形式分类有哪些？

9-3　简述直升机的基本构造及功用。

9-4　简述旋翼的功用和组成。

9-5　说明桨叶剖面安装角、桨距、桨叶几何扭转、旋翼和尾桨变距。

9-6　直升机旋翼有哪些典型形式及特点？

9-7　简述尾桨的功用和类型。

9-8　简述直升机机械式操纵系统的操纵机构及功能。

9-9　对自动倾斜器的主要要求有哪些？

9-10　简述直升机飞行操纵原理。

9-11　简述直升机的典型飞行操纵系统。

第 10 章　航空动力装置概述及活塞发动机

纵观航空发展的历史，尤其是民用航空发展的历史，我们可以看出，航空发动机在促进航空发展、保障飞行安全上的地位和作用都是很重要的。

航空动力装置为大部分航空器提供动力（有的航空器不带动力装置，如热气球、无动力滑翔机等），为飞机提供推进力使飞机升空并维持空中飞行，为直升机提供升力和拉力等。当飞机或直升机在飞行中，一旦航空发动机损坏而停车，飞机会由于失去推进力而丧失速度和高度，直升机会丧失升力而下坠，此时若处理不当，就会出现安全事故。从这个意义上讲，航空发动机可谓飞机的"心脏"。不仅如此，航空发动机性能的好坏对飞机的性能也有很大的影响，如我国民航早期使用的苏制立-2 飞机采用两台阿莎 62 航空发动机，单台功率 1 000 HP（1 HP = 735.499 W），飞行速度最大仅为 325 km/h，载客约 25 人；而现在中国民航广泛使用的 B737 或 A320 型飞机，采用两台 CFM56 系列等航空发动机，单台推力可高达 13 000 kgf*以上，巡航飞行速度可达 860 km/h，载客约 200 人。还有更多更先进的高涵道比大涡扇发动机，如 CFMI 公司的 Leap 系列发动机和普惠公司的 GTF（齿轮风扇发动机）系列发动机等，新一代的发动机采用了很多新技术，如采用更多复合材料和 3D 打印技术等等。此外，航空发动机的可靠性，维修性和寿命也直接影响营运者的经济效益。

10.1　航空发动机概述

航空动力装置包括发动机与推进器两部分，其中发动机将燃料释放出来的热能转化成机械能，而推进器则将机械能转化为推动飞机前进的动力。推进器一般为螺旋桨、风扇、桨扇或者直升机的旋翼。因此，可以看出，仅仅只有发动机的飞机一般是飞不起来的，这里有一个例外，对航空喷气式发动机而言，转换出的机械能若全部以喷气推进力表现出来，则航空喷气式发动机将动力机和推进器合二为一。若部分机械能通过螺旋桨转换成推进力，则推进器和动力机仍是分开的。因此，航空喷气式发动机加上必要的附件系统，或航空喷气式发动机加上螺旋桨再配上附件系统，就形成航空喷气式动力装置。

10.1.1　航空发动机的类型

本质上，航空发动机是热机，即它将热能转变成机械能。这一过程分两步：第一步是燃油燃烧释放热能，第二步是将释放出的热能转变成机械能。根据能量转换规律，航空发动机可分为两大类型：第一类为航空活塞式发动机或称往复运动航空发动机，如图 10.1 所示；第二类为航空喷气式发动机，如图 10.2 所示。

---

* kgf（千克力）为非法定计量单位，1 kgf = 9.806 65 N。

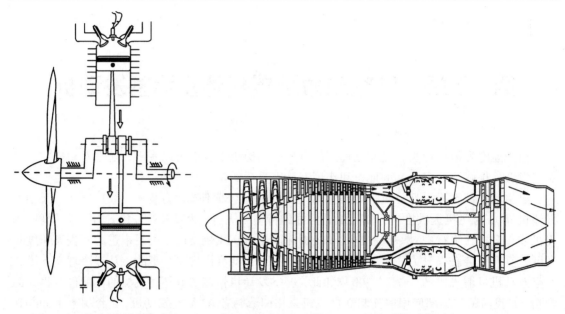

图 10.1　航空活塞式发动机　　　　　　　　图 10.2　航空喷气式发动机

　　航空活塞式发动机功率较小，主要用于低空、低速的私人飞机、农用机或飞艇，但它的经济性较好。航空活塞式发动机采用的燃油为航空汽油或航空煤油，航空喷气式发动机相对而言重量较轻，但功率很大，多用于高空、高速飞行，然而经济性相对较差，航空喷气式发动机采用的燃油是航空煤油。

　　航空活塞式发动机转换出的机械能，必须通过螺旋桨才能转变成飞机的推进力，因此螺旋桨即为飞机的推进器，航空活塞式发动机为动力机，航空活塞式发动机加上螺旋桨再配上必要的附件系统即组成航空活塞式动力装置。

10.1.2　对航空发动机的一般要求

　　航空发动机工作的好坏直接影响飞行安全、飞机的性能和营运者的经济效益。因此，要对航空发动机应做出相应的要求，一般衡量航空发动机品质的主要指标是性能参数、可靠性、维修性和总寿命。

1. 性能参数

　　航空发动机主要的性能参数包括推重比或重功比、耗油率、加速性和高空性等。

　　推重比是指航空发动机产生的推力与自身重量的比值，它反映了航空发动机单位重量所产生的推力，该值越大，说明同样重量的航空发动机能产生更大的推力，或说明产生相同的推力航空发动机的重量就越轻。推重比通常用来衡量航空喷气式发动机推力-重量方面的性能。例如，CFM56-5B 航空发动机的推重比可高达 6.0，RB211-535E4 航空发动机的推重比约为 5.5。

　　相反，对航空活塞式发动机，常用重功比来衡量航空发动机的重量-功率性能。重功比是指航空发动机的自身重量与航空发动机产生功率的比值，它反映了每产生单位马力的功率所需负担航空发动机的自身重量，该值越小，则说明单位马力负担的自身重量就越小，产生同样的功率，航空发动机重量就越轻，或同样的航空发动机重量能产生更大的功率。例如，IO-540 航空发动机的重功比为 0.74，而阿莎 62 航空发动机的重功比为 0.56。

航空发动机的燃油消耗率是指航空发动机在单位时间产生单位推力（功率）所消耗的燃油量，目前常用的单位是 kg/（kgf·h）。例如，CFM56-3 航空发动机的巡航耗油率为 0.66 kg/（kgf·h）；IO-540 航空发动机的巡航耗油率约为 0.19 kg/（HP·h）。耗油率的大小，表明了航空发动机的经济性好坏，直接影响飞机的有效载重、航程和续航时间，同时也影响营运者的经济效益。

航空发动机的加速性是指快推油门时航空发动机推力（或功率）上升的快慢程度，通常以慢车转速增加到最大转速所需的最短时间来衡量；时间短，加速性好，反之则差。加速性明显影响飞机的机动性能，对民用机，主要影响起飞越障能力和复飞性能。目前，航空活塞式发动机的加速性为 2~4 s，航空喷气式发动机的加速性为 5~15 s，因此单从加速性上衡量则活塞发动机更好。

航空发动机的高空性是指航空发动机的性能随飞行高度增加而下降的程度。高度增加后性能下降多或下降快，则高空性差，下降慢或下降少，则高空性好，航空发动机的高空性主要限制了飞机的实用升限。目前航空活塞式发动机适用的高度范围在 7 km 以下，航空喷气式发动机可适用高达 30 km 的高度范围。

2. 航空发动机的可靠性

航空发动机的可靠性是指航空发动机在各种工作条件和外界环境下，在规定的寿命期内完成其规定性能的能力。航空发动机的可靠性对使用者具有十分重要的意义，具有良好可靠性的航空发动机，能够保证飞行安全，确保航班正点率，降低维修成本，使寿命期总成本降低，提高营运者的效益。民用航空发动机的可靠性常用空中停车率和提前换发率等参数来衡量。

空中停车率是指航空发动机在每 1 000 飞行小时中因航空发动机本身故障引起的空中停车次数，单位为"次/1 000 飞行小时"。

提前换发率也叫非计划换发率，它是指航空发动机每 1 000 飞行小时中因航空发动机本身的故障而造成提前更换航空发动机的次数（不是计划之内的换发次数），单位为"次/1 000 飞行小时"。表 10.1 列出了部分航空发动机的可靠性参数。

表 10.1　部分民用航空发动机的可靠性参数

航空发动机型号	空中停车率	提前换发率	统计时间
PT6 涡桨	0.002	0.018	1990
CFM56-2C	0.018	—	1994
CFM56-3	0.004	—	1994
CFM56-5A	0.003	—	1994
CF6-6	0.017	—	1994
CF6-50	0.010	—	1994
CF6-80A	0.004	—	1994
CF6-80C2	0.004	—	1994

航空发动机型号	空中停车率	提前换发率	统计时间
RB211-524D4	0.042	0.07	1990
RB211-535E4	0.018	0.029	1989
RB211-524G/H	0.022	0.018	1990
PW4000	0.034	0.087	1991
PW2037	0.03	0.16	1989

3. 维修性

航空发动机的维修性是指航空发动机在规定的条件下（包括维修等级，人员技术水平与资源等），在规定的时间内，按规定的程序和方法进行维修时，保持或恢复航空发动机性能的能力。由于航空发动机是飞机的核心部件，零件数量多，系统复杂，工作条件恶劣，容易出现故障，而且出现故障后对飞行安全造成的危害较大。因此，提高航空发动机的维修性，一方面可以确保飞行安全和飞行任务的完成，另一方面可以大大减少人力、物力和财力。根据通用电气公司的调查表明，因航空发动机维修不当，造成客机延误、航班取消的经济损失远大于航空发动机耗油率降低带来的好处。如 B747 飞机，航班延误 1 min，公司损失 1 800 美元，取消 1 次航班造成 5 万美元损失，而航空发动机耗油率降低 0.05%，每台航空发动机每年获益约 1 700 美元。在航空发动机行业中，通常采用航空发动机每飞行小时直接维修工时、更换航空发动机时间、外场可更换组件等参数来衡量航空发动机的维修性。

4. 航空发动机的寿命

航空活塞式发动机与早期的航空喷气式发动机常用翻修寿命和总寿命来表示航空发动机的使用期限。翻修寿命是指新航空发动机出厂到第一次翻修或两次翻修之间人为规定的航空发动机可工作时间，从新航空发动机出厂到航空发动机退役或报废时航空发动机的总工作时间称为总寿命。长期使用经验说明，这种航空发动机寿命的定义方法有较大的局限性，特别是对航空喷气式发动机，因为航空发动机的总寿命或翻修寿命只是取决于部分关键零部件寿命的长短，若将整台航空发动机报废或拆架翻修，势必造成极大的资源浪费，严重影响航空发动机的使用经济性。根据这种理论，现代航空发动机（特别是航空喷气式发动机）多采用单元体结构并采用视情维修概念。这样，航空发动机的寿命并不是指航空发动机整机，而是指其中的某些关键零部件，当这些零部件达到其寿命极限时被更换，航空发动机仍继续使用，其余零部件视情况确定维修方案。这样可大大缩短维修时间，减少维修费用，还可保证航空发动机的可靠性，提高航空发动机的使用经济性。

航空发动机的总寿命或航空发动机零部件的寿命主要以航空发动机工作小时数或循环次数表示。

以上叙述的是对航空发动机的一般要求，另外还有其他要求没有仔细表述，如环境污染小，包容性好，吞冰吞水能力强，抗鸟撞能力强等。所有这些要求有时是相互一致的，有时又是相互矛盾的，如提高航空发动机的推力、降低耗油率及改善加速性后将增加航空发动机零部件或使航空发动机工作条件更加恶劣，这样会使航空发动机的可靠性和维修性变差。因此，在设计和使用航空发动机时，总的要求应为：在保证飞行安全的前提下，充分发挥航空发动机的性能并使航空发动机寿命期总成本最低。

10.1.3 航空发动机的历史发展概况

1903 年，莱特兄弟完成了人类历史上第一架有动力、载人、稳定、可操纵的重于空气的飞行器的首次成功飞行，当时他们采用的航空发动机是自制的一台 4 缸、水冷式航空活塞式发动机，可产生 12 HP 的功率。随后约 10 年时间，由于人们主要探索带动力飞行器的操纵性和稳定性问题，而对飞行器的飞行速度、航程和载重要求并不是很重视，再加上当时的航空活塞式发动机功率为 20~80 HP，基本满足要求。如 1909 年首次横渡英吉利海峡的飞机即采用一台三缸星型安扎尼航空发动机，功率为 25 HP。第一次世界大战导致了飞机性能的极大提高。而飞机的性能竞赛促使大功率高可靠性航空发动机的发展。第一次世界大战结束后，出现了一大批性能优良的航空发动机，航空发动机结构特点从气冷旋转气缸式转到水冷 6 缸或 8 缸直列式，民用航空事业迅速发展，此时航空发动机除增加功率外，还取得了 3 项重要的发展，一是采用增压器，明显改善航空发动机的高空性能，这样可使飞机飞得更高，提高飞行速度并使飞行更加平稳。二是采用了变距螺旋桨（即恒速螺旋桨），改善了航空发动机的高空性和经济性。三是出现了星型气冷式航空发动机，明显减轻了航空发动机的重量，这一期间航空发动机功率最大已到 1 300 HP。第二次世界大战中航空活塞式发动机性能趋于完善，航空活塞式发动机功率最大达到 1 800 HP，飞机速度达到 764 km/h，高度达到 10 033 m，但如果要继续提高飞机的性能，航空活塞式发动机已无能为力了，一是提高航空活塞式发动机的功率将使航空活塞式发动机的重量和体积大得难以接受，二是航空活塞式发动机带动的螺旋桨在高速飞行时效率急剧降低而且很不安全。因此，第二次世界大战后出现了航空发展的"喷气时代"。早在 1937 年英国人惠特尔和德国人欧海因均单独完成了世界上首台航空燃气涡轮发动机的设计和制造，1939 年第一架采用欧海因设计的航空发动机的飞机 He178 试飞成功，揭开了"喷气时代"的序幕，当时欧海因设计的航空发动机推力即为 4 080 N（代号 Hes3D），在此后的近 60 年中，航空燃气涡轮发动机的发展突飞猛进，成为现代飞机和直升机的主要动力装置。航空喷气式发动机的发展主要经历了几个阶段，首先是第二次世界大战后期以德国"尤莫 004A"轴流式航空发动机和英国"德温特"离心式航空发动机为代表的航空喷气式发动机，推力 8 000~2 000 kgf。与此同时，德国人取得了一些重要的技术成果，如环形燃烧室，轴流压气机，空心气冷叶片等，这些技术为战后航空发动机的发展奠定了基础，20 世纪 50 年代到 60 年代航空涡轮喷气式发动机发展达到高峰，推力可达 18 000 kgf，使飞机的速度和高度分别达到 3 倍声速和 30 000 m，但同时人们也发现，虽然航空涡轮喷气式发动机推力大，重量轻，高空高速性能好，但经济性却较差，因此在 50 年代初开始发展了航空涡轮螺旋桨发动机，这种航空发动机起飞性能和中低速的经济性较好，50 年代的很多旅客机和现在不少通用航空和支线飞机均采用这种动力装置，如英国的"达特"航空发动机装备了"子爵号"飞机。60 年代初期，开始采用小涵道比的航空涡轮风扇发动机，它的性能介于涡喷和涡桨两种航空发动机之间，它突出的优点是良好的经济性和起飞推力大，排气噪声小。此外，采用加力燃烧室后，也可改善它的高空高速性能。70 年代中期，采用了高涵道比的航空涡轮风扇发动机，进一步提高了飞机的性能，目前高涵道比的航空涡轮风扇发动机涵道比最大可达 10 以上，推力最大可达 54 000 kgf（GE90-115B），耗油率可达 0.52 kg/（kgf·h），从 80 年代后期开始，航空燃气涡轮发动机的发展虽有加速态势，但其主要的研制方向在于：进一步提高零部件性能，扩大航空发动机的稳定工作范围，降低耗油率，降低排气污染和噪声污染，提高航空发动机的可靠性和维修性，降低寿命期总成本。

10.2　航空活塞式发动机的分类、基本组成及工作情形

作为有动力的航空飞行器，航空活塞式发动机出现较早，发展期较长，理论研究和实际应用方面都已经比较成熟和完善了。直到现代，虽然出现了大功率的适用于高速飞行的航空喷气式发动机，但航空活塞式发动机仍占有重要的位置。在飞行速度不太高的情况下，航空活塞式发动机仍能发挥它最大的优点——耗油率低。因此，航空活塞式发动机在轻型低速飞机上仍广泛应用。本节就先对其分类、基本组成及工作情形作一一介绍。

10.2.1　航空活塞式发动机的分类

由于长期发展的结果，航空活塞式发动机的种类繁多，形式千差万别。但因航空事业的不断进步，有的类型已经逐渐淘汰掉了。因此，对航空活塞式发动机的分类，仅限于目前仍广泛采用的类型。

1. 按混合气形成的方式划分

根据混合气形成的方式不同，航空活塞式发动机可分为汽化器式航空发动机和直接喷射式航空发动机两种。

汽化器式航空发动机中装有汽化器，燃油与空气可在汽化器内根据航空发动机各工作状态所需组成足够均匀的混合气，然后再进入航空发动机气缸中燃烧。

直接喷射式航空发动机中装有直接喷射装置，同样可根据航空发动机各工作状态所需，将适量的燃油直接喷入气缸，与适量的空气在气缸内形成混合气。

2. 根据冷却航空发动机的方式划分

根据冷却航空发动机方式的不同，航空活塞式发动机可分为气冷式航空发动机和液冷式航空发动机。

气冷式航空发动机直接利用飞行中的迎面气流来冷却气缸。

液冷式航空发动机则利用循环流动的冷却液来冷却气缸。然后，冷却液再将所吸收的热量散入周围大气中。但由于其冷却方式极大地增加了航空发动机的重量，现在已基本上不被采纳，如图 10.3、图 10.4 所示。

图 10.3　气冷式航空发动机

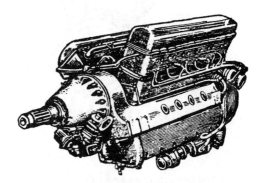

图 10.4　液冷式航空发动机

3. 按空气进入气缸以前是否增压划分

根据空气在进入气缸之前是否增压，航空活塞式发动机可分为吸气式航空发动机和增压式航空发动机。

吸气式航空发动机工作时，外界的空气直接被吸入气缸。

增压式航空发动机装有增压器，航空发动机工作时，空气先经过增压器将压力提高，然后再进入气缸。

4. 按气缸的排列方式划分

由于航空活塞式发动机目前都由多个气缸组成，因此根据气缸排列方式的不同可分为直列型航空发动机和星型航空发动机。

直列型航空发动机的气缸在机匣上从前到后排列成行。按行数的多少及排列的形状，通常可分为对立型、W 型等形式，如图 10.5、图 10.6 所示。

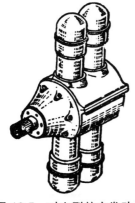

图 10.5　对立型航空发动机

图 10.6　W 型航空发动机

星型航空发动机的气缸沿机匣的周围均匀排列，从航空发动机的正面看，气缸以曲轴为中心，向外依辐射状安装。按气缸的排数不同，又可分为单排星型和双排星型两种，如图 10.7 所示。

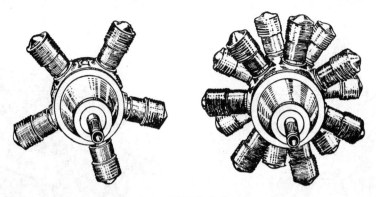

图 10.7　星型航空发动机

5. 按使用的燃料类型划分

按使用的燃料类型划分主要有使用航空汽油和航空煤油两种活塞式发动机。

目前广泛使用的活塞式发动机采用的燃料主要为航空汽油，例如 100LL（100 号低铅汽油），使用点火电嘴将燃油与空气的混合气点燃，也称为点燃式活塞发动机。近年来，由于技术的不断发展，也出现了多款使用航空煤油的活塞式发动机，例如 DA40 或 DA42 飞机所使用的 TAE CENTURION 2.0 发动机，如图 10.8 所示。其主要的特点为采用了高压共轨喷油和压燃式（无电嘴）技术，其工作循环为狄塞尔循环（DIESEL 循环）。本书中以传统的使用航空汽油的点燃式发动机为主进行介绍。

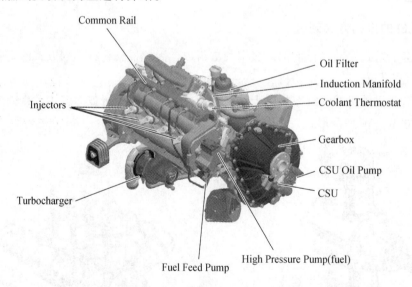

图 10.8　TAE CENTURION 2.0 发动机

以上每一项对航空发动机的划分，都仅说明了航空发动机的某一个侧面，对具体的航空发动机，应综合各方面加以说明。例如，国产活塞五型（670 型）航空发动机，是九缸、单排星型、气冷式、汽化器式航空发动机并带有增压器；美国阿维科莱康明（AVCO LYCOMING）厂生产的 IO-540-C4D5D 航空发动机为六缸、水平对置排列、气冷式、燃油直接喷射式、吸气式航空活塞式发动机。

10.2.2　航空活塞式动力装置的基本组成

装有航空活塞式发动机的飞机，它向前飞行的拉力都是由航空发动机带动的螺旋桨产生的。所以航空活塞式发动机加上螺旋桨就组成了飞机的动力装置。关于螺旋桨以后要专门介绍，下面首先分析一下航空活塞式发动机的基本组成。

航空活塞式发动机通常由主要机件及一些附件工作系统所组成。

航空活塞式发动机的主要机件包括气缸、活塞、连杆、曲轴、气门机构和机匣。这些机件的相互位置关系如图 10.9 所示。气缸呈圆筒形，固定在机匣上；活塞装在气缸里面，并借连杆同曲轴连接；曲轴由机匣支撑，它包括轴头、轴尾、曲柄和配重等部分，曲柄又由曲颈和曲臂组成。轴头前端与螺旋桨轴相连，轴尾则带动一些附件工作；气门机构由进气门、排气门以及凸轮盘（或凸轮轴）、推筒、推杆、摇臂等传动机件组成，这些机件分别安装在气缸和机匣上。

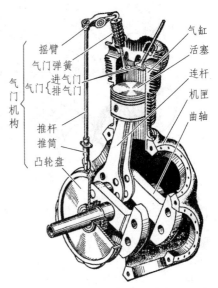

图 10.9　航空活塞发动机的主要机件

气缸是混合气进行燃烧并将燃油燃烧后放出来的热能转换为机械能的地方。活塞可以在气缸里面来回滑动。燃气膨胀时，产生很高的压力，作用在活塞的顶面上，活塞就被推动而做功。燃气所做的功，最终是要用来带动螺旋桨旋转，产生拉力，使飞机前进。但活塞在气缸内只能做直线运动，因此，必须把活塞的直线运动转变为螺旋桨的旋转运动，这个任务即由连杆和曲轴来完成。如前所述，连杆的一端连接活塞，另一端与曲轴的曲颈相连。当活塞承受燃气的压力做直线运动时，经过连杆的传动就能推动曲柄使曲轴旋转，从而带动螺旋桨。活塞、连杆和曲轴这 3 个在运动中密切关联的机件，通常又合称为曲拐机构，如图 10.10 所示。

航空活塞式发动机运转时，气缸内不断地进行着气体的新陈代谢，气门机构的作用就是控制气门的开启和关闭，以保证新鲜混合气（或空气）在适当的时机进入气缸，和保证燃烧做功后的废气适时地从气缸中排出，典型的气门机构如图 10.11 所示。

机匣是航空发动机的壳体，它除了用来安装气缸和支撑曲轴外，还将航空活塞式发动机所有的机件连接起来，构成一台完整的航空活塞式发动机。

大功率的航空活塞式发动机一般还安装有增压器和减速器。增压器安装在进气通道上，它可以使气体在进入气缸前获得一个压力的增值，从而增大航空活塞式发动机的功率；而减速器安装在螺旋桨轴和曲轴之间，使螺旋桨轴的转速低于曲轴的转速，从而保证螺旋桨工作时的效率较高。

另外，航空活塞式发动机不但要具备上面所述的主要机件，而且还必须有许多附件相配合，才能够进行工作。航空活塞式发动机的附件分属于几个工作系统，每个工作系统担负航空活塞式发动机工作中一个方面的任务。航空活塞式发动机一般都具有燃油、点火、润滑、冷却和起动等工作系统。有关这些工作系统的情况将在本章 10.4 节专门介绍。

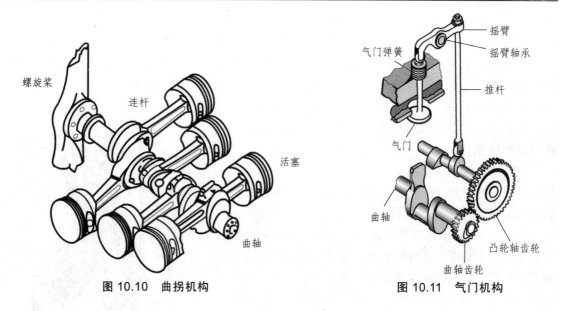

图 10.10　曲拐机构　　　　　　　　图 10.11　气门机构

10.2.3　工作循环与四行程航空活塞式发动机的工作

1. 工作循环

航空活塞式发动机工作时，热能转化为机械能是通过气体的膨胀来实现的。而气体只靠一个膨胀过程是不可能连续不断地把吸收的热量变为有效功的。因此，要使热能源源不断地转变为机械能，就必须使气体周期重复地膨胀。当气体完成一次膨胀后，要使其重复膨胀，就必须使气体再经过一些热力过程（如放热、压缩等），使气体重新回到原来膨胀前的状态，即进行一个热力循环过程。若热力循环中各过程都是可逆的，那么这个热力循环就是理想循环。

点燃式航空活塞式发动机的理想循环就是奥托循环，如图 10.12 所示。

在奥托循环中，气体从原始状态 1 开始经过绝热压缩过程 1—2，等容加热过程 2—3，绝热膨胀过程 3—4 和等容放热过程 4—1，回到原始状态 1。在以气缸内气体的比容为横坐标，压力为纵坐标的 pv 图上就形成了一个封闭曲线。

压燃式航空活塞式发动机的理想循环就是狄赛尔循环，如图 10.13 所示。

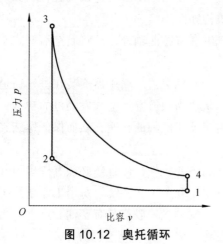

图 10.12　奥托循环

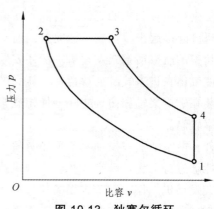

图 10.13　狄赛尔循环

在狄赛尔循环中，气体从原始状态 1 开始经过绝热压缩过程 1—2，等压膨胀过程 2—3 和绝热膨胀过程 3—4 以及等容放热过程 4—1，回到原始状态 1。在以气缸内气体的比容为横坐标，压力为纵坐标的 pv 图上也形成一个封闭曲线。

2. 四行程航空活塞式发动机的工作

根据奥托循环和狄赛尔循环，航空活塞式发动机实际工作时，是一次接一次地将燃油燃烧后放出的热能转换为机械能的。而每完成一次能量转换，活塞在气缸内要来回运动 4 个行程。如图 10.14 所示，这两种循环的 4 个行程相同，分别为：

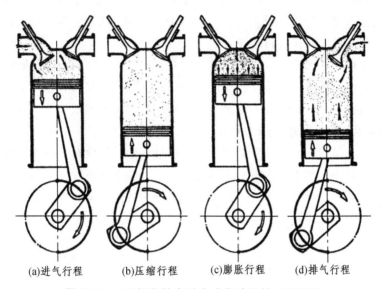

(a)进气行程　　(b)压缩行程　　(c)膨胀行程　　(d)排气行程

图 10.14　四行程航空活塞式发动机的工作原理

1）进气行程

进气行程的作用是使气缸内充满新鲜混合气。

进气行程开始时，活塞位于上死点，进气门打开，排气门关闭。活塞在曲轴的带动下，由上死点向下死点运动，气缸容积不断扩大，新鲜混合气被吸入气缸，如图 10.14（a）所示，曲轴转动半圈（180°），活塞到达下死点，进气门关闭，进气行程结束。

2）压缩行程

压缩行程的作用是对气缸内的新鲜混合气进行压缩，为混合气燃烧后膨胀做功创造条件。

压缩行程开始时，活塞位于下死点，进、排气门都关闭着。活塞在曲轴的带动下，由下死点向上死点运动，气缸容积不断缩小，混合气受到压缩，如图 10.14（b）所示，温度和压力不断升高。当曲轴旋转半圈，活塞到达上死点，压缩行程结束。在压缩行程结束的一瞬间，电火花将混合气点燃并使其燃烧，放出热能，气体压力、温度急剧升高。

3）膨胀行程

膨胀行程的作用是使燃油的热能转换为机械能。

膨胀行程开始时，活塞位于上死点，进气门和排气门仍然关闭着。燃烧后的高温高压燃气猛烈膨胀，推动活塞，使活塞从上死点向下死点运动，如图 10.14（c）所示，这样，燃气对活塞便做了功。在膨胀行程中，气缸容积不断增大，燃气的压力、温度不断降低，热能不断转换为机械能。当曲轴旋转了半圈，活塞到达下死点时，膨胀行程结束。燃气膨胀做功以后就变成了废气。

4）排气行程

排气行程的作用是将废气排出气缸，以便再次充入新鲜混合气。

排气行程开始时，活塞位于下死点，排气门打开，进气门仍然关闭着。活塞被曲轴带动，由下死点往上死点运动，废气被排出气缸，如图 10.14（d）所示。当曲轴又转了半圈，活塞到达上死点，排气门关闭，排气行程结束。

排气行程结束后，又重复进行进气行程、压缩行程……从进气行程开始到排气行程结束，活塞运动了 4 个行程，完成了一个工作循环。一个循环结束后又接着下一个循环，航空活塞式发动机连续不断地工作，热能就不断地转变为机械能。在点燃式航空活塞发动机一次工作循环过程中，曲轴共转了两圈（$4 \times 180° = 720°$），进、排气门各开、关一次，点火一次，气体膨胀做功一次；压燃式航空活塞发动机工作循环过程中只是没有了点火过程，其他相同。

活塞在 4 个行程中，只有膨胀行程获得机械功，其余 3 个行程都要消耗一部分功，消耗的这部分功比膨胀得到的功小得多。因此从获得的功中扣出消耗的那部分功，所剩下的功仍然很大，用于带动附件和螺旋桨，使飞机前进。

10.2.4 点燃式航空活塞式发动机气缸的点火次序

上面讨论了点燃式航空活塞式发动机里一个气缸内活塞 4 个行程的工作情形，但航空活塞式发动机往往不是只有一个气缸，而是由多个气缸组成的。不论多少气缸，每个气缸内活塞总是按 4 个行程的方式进行工作的，各缸相同行程的工作情形也都一样。但各缸相同行程开始的时间是不同的，有先有后，是按一定次序进行的。

气缸的点火次序与气缸的排列形式有关，排列形式不同，气缸的点火次序就不同。但点火次序的确定一般都应遵循以下 3 条原则：

（1）各气缸的点火间隔角应相等。

（2）曲柄的排列应两两相对称，以达到惯性离心力的自身平衡。

（3）应尽可能使连续点火气缸的曲柄不是相邻的，从而使机匣受力均匀。

下面就一些常见的航空活塞式发动机举例说明它们气缸的点火次序。

（1）以雅克 18 飞机的 M-11 单排星型五缸航空发动机为例，如图 10.15 所示，它的点火次序是：1—3—5—2—4—1。

同理，可推得运-五飞机单排星型九缸航空发动机的点火次序是：1—3—5—7—9—2—4—6—8—1。

（2）以 TB-20 飞机 IO-540-C4D5D 六缸水平对置排列航空发动机为例，如图 10.16 所示，它的点火次序是：1—4—5—2—3—6—1。

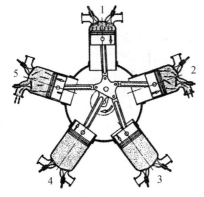

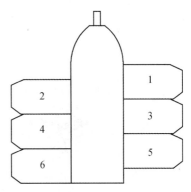

图 10.15　五缸星型航空发动机的工作情形　　图 10.16　水平对置六缸航空发动机的工作情形

10.3　航空活塞式发动机的主要性能指标与常见工作状态

衡量一台航空发动机性能的好坏，主要的指标就是航空发动机的有效功率、燃油消耗率以及航空发动机的加速性。本节我们就首先对这 3 个指标来分别加以论述。

10.3.1　有效功率

1. 有效功率的意义

航空活塞式发动机在工作时，首先由燃油燃烧释放出热能，此热能通过活塞的移动转变为机械能。在这个转变过程中能量要有所损失；而所获得的机械能再通过曲轴转动的机械传递形式来带动螺旋桨旋转产生拉力，这个过程能量又要损失一部分。这个剩余的用以带动螺旋桨的功率就是有效功率，也就是通常指的航空活塞式发动机功率，用 $N_{有效}$ 表示。

2. 有效功率的影响因素

我们总是希望航空发动机具有足够的有效功率，而影响有效功率的因素除了气缸数目、尺寸，点火时刻的设置外，在一个定型的航空活塞式发动机工作时，主要取决于以下几点：

1）进气压力和进气温度

进气压力和进气温度通常指气体在进入气缸之前进气管处的压力和温度，对于增压式航空活塞式发动机指的是气体流出增压器时的压力和温度。进气压力越大或进气温度越低则航空活塞式发动机的功率就越大。因此，当外界大气压力增加或大气温度降低时可使航空活塞式发动机功率增大。而当飞行高度增加时，大气压力降低，虽然大气温度也是降低的，但总的会使航空活塞式发动机功率减小。

以上我们所说的是在油门杆位置不动的情形，而实际工作时，在节气门的变化范围内，驾驶员可根据航空活塞式发动机的工作状态、外界的大气条件，通过改变油门杆的位置来调节节气门的开度得到相应的进气压力以便航空活塞式发动机获得足够的功率，如图 10.17、图 10.18 所示。

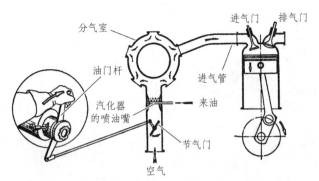

图 10.17　某吸气式航空活塞式发动机的进气情形

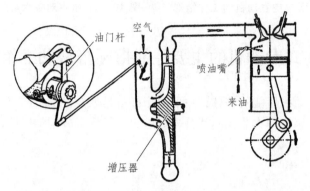

图 10.18　某增压式航空活塞式发动机的进气情形

当航空活塞式发动机转速不变时，航空活塞式发动机是以进气压力来表示其功率的大小，其数值可由座舱内仪表板上的进气压力表来显示，如图 10.19 所示。驾驶员可通过调节油门杆来改变进气压力从而改变航空活塞式发动机功率。

2）曲轴转速

曲轴转速增加时，航空活塞式发动机单位时间内的循环次数就增多了，因此转换成的机械能也就增大了。虽然此时航空活塞式发动机本身机械摩擦所消耗的能量也增大了，但由于这种消耗相对较小，所以航空活塞式发动机有效功率是增大的。相反，当曲轴转速减小时，有效功率是减小的。

实际工作时，飞行员可根据座舱内的转速表，如图 10.20 所示，通过调节变距杆的位置，在一定的范围内来改变曲轴的转速以获得相应的航空活塞式发动机功率。

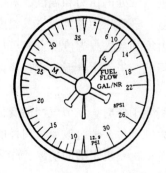

图 10.19　进气压力表与燃油流量表

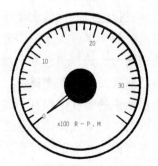

图 10.20　转数表

3）混合气余气系数

燃油在燃烧时，首先必须与空气组成混合气，而表示混合气成分的就是混合气余气系数，它是指一定量的燃油燃烧时，实际加入的空气量与理论需要的空气量的比值。用 α 表示，即

$$\alpha = \frac{L_{实}}{L_{理}}$$

从上式可以看出：

（1）当混合气余气系数小于 1，即 $\alpha < 1$ 时，有 $L_{实} < L_{理}$，说明实际投入燃烧的空气量小于理论所需空气量，燃烧后氧气不足，燃油多余，燃油得不到完全燃烧，这种混合气称为富油混合气。若余气系数比 1 小得越多，混合气越富油，燃油完全燃烧程度越低。

（2）当混合气余气系数大于 1，即 $\alpha > 1$ 时，有 $L_{实} > L_{理}$，显然，这种混合气中燃油均能完全燃烧，而氧气有富余，这种混合气叫贫油混合气，若余气系数比 1 大得越多，混合气就越贫油。

（3）当混合气余气系数等于 1，即 $\alpha = 1$ 时，有 $L_{实} = L_{理}$，说明实际提供的空气量正好满足燃油完全燃烧的要求，燃烧后，既无多余的氧气，也无多余的燃油，这种混合气叫理论混合气。

通过实验证明，只有当 $\alpha = 0.85$ 左右时，有效功率是最大的，余气系数大于或小于 0.85，有效功率都要减小。此时处于富油状态，但是燃烧反应的过程中燃油与氧气的单位体积的物质的量较大，因此化学反应速率也较大，从而单位时间内放出的热量高，最终有效功率也高。

实际工作时，飞行员可根据座舱内的排气温度表（或气缸头温度表），如图 10.21 所示，通过调节混合比杆（或高空杆）得到 $\alpha = 0.85$ 左右的混合气，使航空活塞式发动机的功率始终保持最佳值。

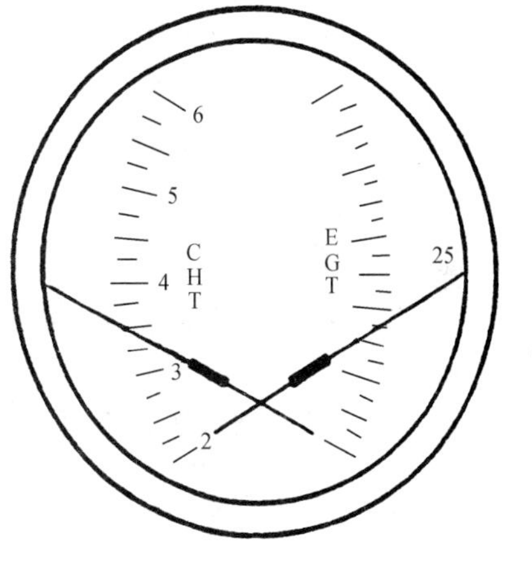

图 10.21　气缸头温度表和排气温度表

4）飞行高度

对吸气式航空活塞式发动机，随着飞行高度的增加，有效功率是减小的。而对增压式航空活塞式发动机，在额定高度上飞行时，有效功率是最大的，当高度大于或小于额定高度时，有效功率都要减小。

5）滑油温度

滑油温度的高低主要影响的是航空发动机工作时，机械传递过程中能量的损失情况。滑油温度适当，机械能损失最小，有效功率最大。滑油温度过大或过小，有效功率都会减小。

实际工作时，飞行员可根据座舱内仪表板上的滑油温度表（见图 10.22），通过调节滑油散热器风门的开度或通过改变航空活塞式发动机的工作状态及飞机的飞行姿态来获得适当的滑油温度以使航空活塞式发动机的功率保持为最大值。

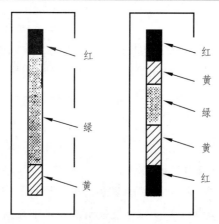

图 10.22　滑油温度和滑油压力表

10.3.2　燃油消耗率

1. 燃油消耗率的意义

航空发动机每小时消耗的燃油重量，叫燃油消耗量，用 $G_{时燃}$ 表示，单位是 kg / h。

当两台航空发动机发出同样功率时，燃油消耗量小的航空发动机，显然比燃油消耗量大的航空发动机经济。但当两台航空发动机发出不同的功率时，单看燃油消耗量就不能比较出航空发动机经济性的好坏了，此时就必须引入燃油消耗率的概念。燃油消耗率是指，航空活塞式发动机每产生一马力的有效功率，在一小时内所消耗的燃油重量，通常用 sfc 表示，单位是 kg / （HP · h），即

$$\text{sfc} = \frac{G_{时燃}}{N_{有效}}$$

2. 影响燃油消耗率的因素

根据定义，我们知道燃油消耗率这个概念是从消耗燃油多少的角度来衡量航空发动机经济性的，这点对我们民用机的载重量、续航性等尤为重要，燃油消耗率越小，航空发动机的经济性就越好。而影响燃油消耗率的因素主要有：

1 ）曲轴转速

如图 10.23 所示，航空活塞式发动机工作时，随着曲轴转数的增大，燃油消耗率是先减小后增大的。因此，实际使用中，在功率能满足飞行要求的情况下，应尽量使航空活塞式发动机工作于中转速，降低航空活塞式发动机的燃油消耗率。

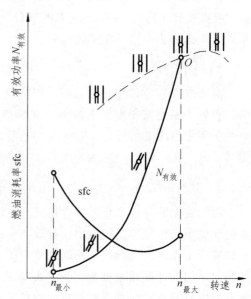

图 10.23　功率和耗油率与转数的关系

2）混合气的余气系数

试验证明，当混合气的余气系数接近于最经济的余气系数（$\alpha = 1.05 \sim 1.10$）时，燃油燃烧最完全，热损失最小，燃油消耗率也就最小。当混合气余气系数大于或小于最经济的余气系数时，燃油消耗率都会增加。

实际工作时，飞行员同样可根据座舱内的排气温度表（或气缸头温度表），通过调节混合比杆（或高空杆），观察排气温度表，当达到最高温度指示时，就得到 $\alpha = 1.05 \sim 1.10$ 的最经济余气系数，使燃油消耗率最小。

3）飞行高度

对吸气式航空活塞式发动机，随着飞行高度的增加，燃油消耗率是增大的；而对增压式航空活塞式发动机，在额定高度上飞行时，燃油消耗率是最小的，当高度大于或小于额定高度时，燃油消耗率都要增加。

4）滑油温度

当滑油温度保持为某一适当范围内，燃油消耗率最小，而当温度升高或减小时，燃油消耗率都会增加。

实际工作时，飞行员通过调节滑油温度保持为适当值，而使燃油消耗率最小。

10.3.3　航空发动机的加速性

航空发动机的加速性，是指快加油门时转速上升的快慢程度。通常以最小转速增大到最大转速所需的最短时间来衡量。所需时间越短，加速性就越好；反之，加速性就差。航空发动机加速性好，可以在较短的时间内增大航空发动机的功率，改善飞机的机动性。民用机在起飞时越障及着陆又突然需要复飞时尤为重要。现在航空活塞式发动机的加速性通常在 2 ~ 4 s。而实际工作时影响加速性的因素主要有：

1. 场温、场压

场温越高，场压越低，航空发动机的加速性就越差。反之，加速性就越好。

由于航空发动机的加速性受机场的大气条件影响较大，因此，高原、高温机场普遍存在着起飞较困难的问题。

2. 混合气的余气系数

加速时，当企图很快地增加航空活塞式发动机的转速及功率而猛推油门时，由于空气与燃油惯性的差异，会造成气缸内混合气严重的贫油。这样，航空活塞式发动机不但不能加速到最大转速，如果不及时关小节气门，反而会使航空活塞式发动机停车。因此，航空活塞式发动机都安装有加速时协调空气量与燃油量的部件，加速时，此部件工作性能的好坏就是决定航空活塞式发动机加速时间长短的另一个重要指标。所以，驾驶员在加速时推油门杆的动作不能过猛，应当柔和一些，因为任何机械部件工作时都有短暂的延时性。

3. 螺旋桨的桨叶角

为了降低螺旋桨的旋转阻力，缩短加速时所需的时间，加速时，桨叶角应该最小。也就是说，驾驶员在加速前应该把变距杆放在最前位。

10.3.4　航空活塞式发动机常见的工作状态及应用

1. 最大工作状态

航空活塞式发动机在地面用最大进气压力和最大转速工作的状态，叫最大工作状态，这时航空活塞式发动机发出的有效功率叫最大功率。

飞机在紧急起飞或短跑道起飞时，为了尽可能缩短起飞滑跑距离，使用最大工作状态；另外，在飞机快速爬高时，为了获得最大上升率，也可使用最大工作状态。

航空活塞式发动机在最大工作状态下工作时，节气门开度最大。这时，一方面由于单位时间内燃油燃烧发热量最多，航空活塞式发动机温度很高；另一方面，由于转速和燃气压力也是最大值，航空活塞式发动机机件承受的力很大。因此，最大工作状态连续工作时间一般不得超过 5 min。

2. 额定工作状态

额定工作状态，是在设计时所规定的基准工作状态。在额定工作状态工作时，航空活塞式发动机所使用的进气压力、转速和可发出的有效功率，分别称为额定进气压力、额定转速和额定功率。

额定功率比最大功率通常小 10% ~ 20%，额定转速比最大转速小 100 ~ 200 r/min。因此，规定航空活塞式发动机额定工作状态连续工作时间可以长一些，但不得超过 1 h。飞机爬高或大速度平飞，都可采用额定工作状态。有些飞机在非满载和非紧急起飞时，也常常用额定工作状态。

3. 巡航工作状态

飞机作巡航飞行时，航空活塞式发动机所使用的工作状态，叫作巡航工作状态。由于飞机在巡航工作时主要要求航程大和续航时间长。因此。航空活塞式发动机通常是用较小的功率来工作的。这种功率叫作巡航功率。航空活塞式发动机的巡航功率通常是额定功率的 30% ~ 75%。各种巡航功率可以通过调整不同的进气压力和转速来获得。

巡航工作状态包括最大航程巡航工作状态和最长续航时间巡航工作状态。最大航程巡航工作状态又叫有利巡航工作状态。航空活塞式发动机在有利巡航工作状态工作时，每千米航程消耗的燃油量最小，因而飞行航程最大。最长续航时间巡航工作状态又叫经济巡航工作状态，航空活塞式发动机在经济巡航工作状态工作时，每小时所消耗的燃油量最小，因此续航时间最长。有利巡航功率为额定功率的 50% ~ 60%，经济巡航功率为额定功率的 30% ~ 40%。

4. 慢车工作状态

航空活塞式发动机在地面以最小转速稳定工作的状态叫慢车工作状态，飞机在着陆、滑跑时通常使用此状态。由于此时航空活塞式发动机是在油门拉到最后位以最小的转速工作，因此如慢车转速过大，则螺旋桨仍有较大的拉力，飞机着陆平飘和滑跑距离都要增大；如慢车转速过小，则会使航空活塞式发动机工作不稳定，甚至造成熄火停车。

10.3.5　航空活塞式发动机的不正常燃烧

混合气的不正常燃烧是指破坏航空活塞式发动机正常工作的一些燃烧现象，如过贫油、过富油燃烧，早燃和爆震等。这些不正常燃烧现象的发生，不但会降低航空活塞式发动机的功率和经济性，严重时还会损坏机件，甚至造成事故。因此，我们必须了解这些不正常燃烧的现象、原因和预防办法。

1. 混合气过贫油和过富油燃烧

航空活塞式发动机在实际使用中，如果混合气过贫油（一般指 $\alpha > 1.1$）和过富油（一般指 $\alpha < 0.6$）燃烧时都会使航空活塞式发动机功率减小，经济性变差，气缸头温度降低，航空活塞式发动机振动。

另外，对于汽化器式航空活塞式发动机过贫油燃烧时，如果火焰传播速度大于进气管内的气体流速，火焰就会窜入进气管沿管路一直烧到汽化器，发生汽化器回火现象。此时应立即前推油门杆开大节气门，使航空活塞式发动机转速增加，将火焰吸入气缸，使回火现象消除。

航空活塞式发动机在低温条件下起动时，最容易发生混合气过贫油燃烧现象。因此，手册上都规定冬天起动航空活塞式发动机时应多注些油。如有必要，起动前还应对航空活塞式发动机进行加温。如起动时发生了过贫油燃烧现象应立即增加对航空活塞式发动机的供油，如快速前后活动油门杆等。

混合气过富油燃烧后，燃油中的炭质不能烧尽，容易造成气缸内部积炭、总排气管口冒黑烟和"放炮"，严重时甚至震坏航空活塞式发动机机件。

收油门杆动作过猛时，容易产生混合气暂时的过富油。因此，操纵油门动作要柔和。

起动时，当航空活塞式发动机由于过富油而不爆发，可将油门杆向前推，待航空活塞式发动机爆发后再迅速拉回。

2. 早　燃

压缩过程中，如果在电嘴跳火花以前，混合气温度已达到着火温度，混合气就要自行燃烧。这种发生在点火以前的自燃现象叫早燃。

早燃发生后会使航空活塞式发动机的功率减小，经济性变差，产生强烈的振动，甚至造成曲轴倒转而损坏机件。

引起早燃的原因主要是气缸头温度过高、气缸内炽热的积炭造成的。因此，为防止早燃的发生，在航空活塞式发动机工作时，飞行员应随时保持气缸头温度为正常值，并尽量避免过富油燃烧的发生。

从早燃发生的特点来看，对于刚停车的热航空活塞式发动机，不能随意扳动螺旋桨。因为这时航空活塞式发动机气缸头温度还很高，如果扳动螺旋桨，混合气受压缩可能发生早燃而使螺旋桨转动起来，有伤人的危险，如图 10.24 所示。

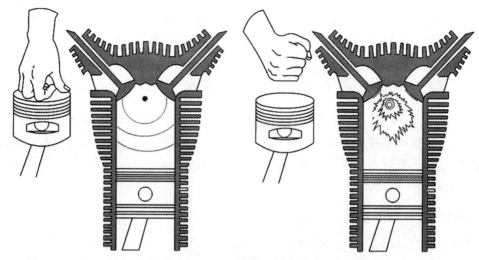

图 10.24　正常燃烧与爆震燃烧

3. 爆　震

在一定的条件下，气缸内混合气的正常燃烧遭到破坏，在未燃混合气的局部地区出现具有爆炸性的燃烧现象，叫作爆震燃烧，简称爆震。

爆震发生后，气缸内局部温度急剧升高。不但会使活塞、气门及电嘴等机件过热或者烧损，还会使燃油中游离出净碳，使排气总管周期性冒黑烟，造成航空活塞式发动机转速下降，功率减小，经济性变差。同时，爆震时产生的冲击波作用在活塞上，使曲拐机构受冲击负荷，航空活塞式发动机振动，机件易于损坏，这些都严重地危及飞行安全。

爆震产生的根本原因是由于气缸内局部未燃混合气在火焰前锋到达以前，其中已形成了大量的、化学性质活泼的过氧化物的缘故，如图 10.25 所示。而航空活塞式发动机实际工作中，当进气压力、进气温度过高，气缸头温度过高或转速过小时最容易发生爆震。

因此，为了防止爆震的发生，从使用航空活塞式发动机的方面来看，应注意以下几点：

（1）按规定使用燃油，切忌使用辛烷数和级数低于规定值的燃油，向油箱加油时必须检查所加油料是否符合规定。

航空活塞式发动机工作时会不会发生爆震，与所使用的燃油性质密切相关。航空活塞式发动机使用某种燃油会发生爆震，而使用另一种燃油就不容易发生爆震。这说明燃油本身具有抵抗、阻止爆震发生的性质，燃油的这种性能叫抗爆性。

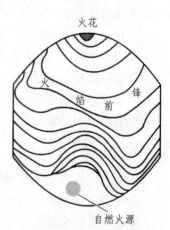

图 10.25　爆震示意图

燃油的抗爆性与混合气的成分有很大的关系。航空活塞式发动机使用中，通常用辛烷数表示贫油时的抗爆性，而用级数表示富油时的抗爆性。燃油的辛烷数和级数越高，表示其抗爆性越强，航空活塞式发动机使用这种燃油，就不容易产生爆震；反之，辛烷数和级数越低，抗爆性越差，航空活塞式发动机就容易产生爆震。各类航空活塞式发动机采用燃油的辛烷数和级数都有规定的数值。如某航空活塞式发动机使用的燃油，辛烷数为 95，级数为 130，那么，该航空汽油的牌号就是：RH-95/130。若使用燃油的辛烷数和级数比规定的数值低，航空活塞式发动机工作时就可能产生爆震。

另外，如果汽油的辛烷数低，可加入少量的抗爆剂来提高汽油的抗爆性。航空汽油通常使用的抗爆剂是铅水，铅水的主要成分就是四乙铅和溴化物（或氯化物）。但应注意，四乙铅是一种无色的毒性物质，能破坏人的神经系统和血液系统，并具有积聚性而不易排出。为了识别，在铅水中加入一些颜料，使含铅汽油带上颜色，如黄色、绿色和浅橘黄色等，以引起人们注意不要使它落在皮肤上和衣服上，不允许用乙基汽油来洗机件和洗手，并绝对禁止用口来吸（吹）乙基汽油。

（2）操纵使用航空活塞式发动机时，不可使进气温度过高；同时应按规定使用进气压力，使用最大进气压力的时间不超过规定。

（3）航空活塞式发动机在小转速工作时，不应使用大的进气压力，以免燃气压力过高发生爆震。

（4）航空活塞式发动机温度不能过高，尤其不能超过规定值。航空活塞式发动机在大功率状态工作的时间不能太长，以免航空活塞式发动机过热。

（5）避免航空活塞式发动机积炭，以免混合气局部过热引起爆震。防止积炭，应使混合气不要过富油。

切实按照上述要求使用航空活塞式发动机，航空活塞式发动机爆震是可以防止的。如果航空活塞式发动机工作时发生爆震，可采取以下措施：

① 把变距杆前推，减轻螺旋桨负荷，加大航空活塞式发动机转速。

② 后拉油门杆，减小进气压力。

③ 加强航空活塞式发动机的散热。

这样可以减弱或消除爆震。

10.4　航空活塞式动力装置的附件系统

在前面我们已经介绍了航空活塞式发动机的一些主要机件，它们是航空活塞式发动机能够连续不断地把热能转变为机械能的必要条件，但光具备这些必要条件，航空活塞式发动机还是不能工作起来，还必须要有一些附件来完成对航空活塞式发动机供给燃油，点燃混合气，以及润滑、冷却等工作。因此，航空活塞式动力装置的组成还必须具备以下几个附件系统。

10.4.1　燃油系统

实际的飞行是一个飞行速度、高度经常变化的过程。因此，不同的飞行状态需要不同的航空活塞式发动机功率与之相匹配。而飞行员改变航空活塞式发动机功率主要依靠供油量的变化，为了保证航空活塞式发动机有足够的功率、良好的经济性及安全可靠的工作，航空活塞式发动机又需要适当的燃油空气混合比。因而就要有一套机构来调节和控制混合气的余气系数，保证飞机在各个不同的条件下航空活塞式发动机都能有良好的工作状态，这套机构就是航空活塞式发动机的燃油系统。

1. 燃油系统的作用

燃油系统的作用，就是向航空活塞式发动机供给适量的燃油，并促使燃油雾化、汽化，以便与空气均匀地混合，组成混合比适当的混合气，满足航空活塞式发动机在各种工作情况下的需要。

2. 燃油系统的分类、组成和工作情形

航空活塞式发动机上采用的燃油系统有两种：一种叫汽化器式，另一种叫直接喷射式，如图 10.26、图 10.27 所示。

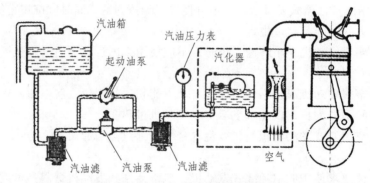

图 10.26　汽化器式燃油系统简图

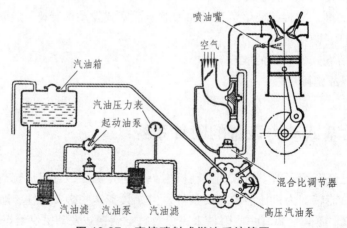

图 10.27　直接喷射式燃油系统简图

汽化器式燃油系统，主要由汽油箱、汽油滤、汽油泵、起动油泵（如手摇泵或电动起动油泵等）和汽化器等附件组成。

汽油箱用来储存汽油，其容量的大小、数目和在飞机上的安装位置随飞机形式和机体情况而定。汽油泵由航空活塞式发动机曲轴带动，航空活塞式发动机工作时，汽油泵将汽油箱内的汽油抽出输送到汽化器。汽化器即根据航空活塞式发动机在各种工作情况下的进气量，喷出适量的汽油，与空气混合，组成混合比适当的混合气，然后经进气管分配到每个气缸里去。航空活塞式发动机起动时，汽油泵尚未工作，就利用起动油泵输送汽油。此外，在汽油管路上装有汽油滤，以保证汽油清洁。汽油输送情况是否正常，可根据座舱中的汽油压力表的指示来判断。

直接喷射式燃油系统，主要由汽油箱、汽油滤、汽油泵、起动油泵、压力油泵、喷油嘴和混合比调节器等附件组成。

汽油泵和压力油泵都由航空活塞式发动机曲轴带动，航空活塞式发动机工作时，汽油泵将汽油箱内的汽油抽出输送到压力油泵，压力油泵则将汽油的压力提高然后经每个喷油嘴直接喷入气缸，喷油量的多少，由混合比调节器根据航空活塞式发动机各种工作情况下的进气量自动调节。空气则从进气管进入气缸，在气缸内与汽油混合，组成混合比适当的混合气。其余附件的作用与汽化器式燃油系统中相应附件的作用相同。

3. 两种燃油系统的燃油调节器

1）汽化器式

汽化器式的燃油调节器就是汽化器，图 10.28 所示为某航空活塞式发动机的汽化器。

它的基本组成部分是浮子室、文氏管和节气门。浮子室中有浮子机构，用来自动调节进油量，使浮子室经常保持一定的油面高度，浮子室中的空气是从文氏管进口狭缝经高空调节装置引入的。空气进入文氏管从上而下地流动，这样可以使未汽化的油珠借本身的重量更容易随着空气流动进入气缸，不致发生大量的油珠停积在管壁上，而造成混合气过贫油的现象。

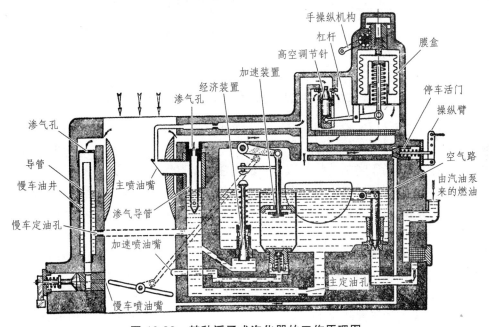

图 10.28　某种浮子式汽化器的工作原理图

另外，进气通道中，并列安装着 4 个文氏管（图上只画出 1 个）。每个文氏管内装有主喷油嘴，每个文氏管下面都有 1 个节气门。浮子室共有两个（图上只画出 1 个），每个浮子室向两个主喷油嘴供给燃油。4 个节气门是联动的，可以同时操纵，当节气门开大时，空气流过文氏管速度要增加、压力要减小。这样，在浮子室油面上与文氏管喉部处存在着的压力差就会增加。燃油就在这个气压差的作用下由浮子室从主喷油嘴喷出并迅速雾化、汽化与空气组成混合气一起流入气缸。同理，当关小节气门时，由于空气量的减小，气压差相应减小，喷油量也会减小。

　　同时，为满足航空活塞式发动机在各种条件下对混合气成分的要求，汽化器上还安装有慢车装置、经济装置、加速装置、高空调节装置和停车装置。

　　2）直接喷射式

　　如图 10.29 所示是某直接喷射式航空活塞式发动机的燃油调节器工作原理。

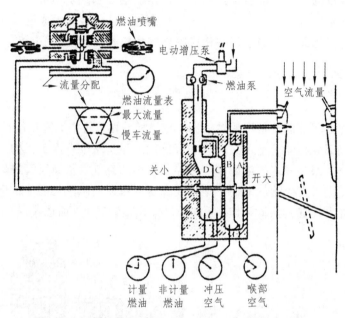

图 10.29　某种直接喷射式燃油调节器的工作原理图

　　它由文氏管、节气门、喷油嘴、空气室、燃油室和球形活门等组成。A 室和 B 室为空气室，中间由空气薄膜隔开，C 室和 D 室为燃油室，中间由燃油薄膜隔开。A 室通文氏管喉部，室内的空气压力为文氏管喉部的空气压力；B 室通冲压空气，其压力为大气压力。当文氏管内有空气流动时，A 室的空气压力低于 B 室的空气压力，其差值为气压差，气压差是空气流量的函数。节气门开度越大，气压差就越大。气压差作用在空气薄膜上，形成使球形活门开大的力量。

　　另外，从油泵来的燃油一路接通 C 室叫非计量燃油；另一路经定油孔后通 D 室为计量燃油。由于定油孔的限流作用，非计量油压大于计量油压，形成油压差，油压差是燃油量的函数，流量越大，油压差越大。油压差作用在燃油薄膜上形成使球形活门关小的力量。

　　因此，气压差与油压差的大小就决定了球形活门的开度。当两种力量相等时，球形活门处于平衡状态，开度不变，供油量为定值。节气门开大时，空气量增多，气压差增大，气压差大于油压差，球形活门开大，去喷嘴的流量增加。这时进入 D 室的流量也增加，油压差增加，当油压差等于气压差时，球形活门开度不再增加，处于新的平衡位置，喷油量又保持为定值。同理，当节气门关小时，球形活门又可找到另一新的平衡位置，使喷油量保持为另外的一个定值。

　　由上述可知，直接喷射式与汽化器式燃油调节器相比对喷油量的计量不光由气压差控制还要由油压差控制，因此计量更精确，从而燃油使用的效率更高，航空活塞式发动机更经济。但由于对设计、制造的要求也更高，所以价格也相对较高。

4. 燃油系统的使用注意事项

燃油系统工作的好坏，直接影响到航空活塞式发动机的功率、经济性以及飞行安全，因此使用时应着重注意以下几点：

（1）加油时应防止加错油。不同的航空活塞式发动机对航空汽油牌号的要求不同，尤其在繁忙机场特别要防止将航空喷气式发动机使用的航空煤油加入燃油系统。

（2）航空活塞式发动机工作时，燃油选择开关应打开，停车后应关闭。

（3）油门杆、混合比杆使用时应严格按飞行手册的规定，操纵动作应柔和。

（4）飞行中，应密切注意汽油压力表（或燃油流量表）以及排气温度表（或气缸头温度表）的指示，了解航空活塞式发动机燃油系统的使用情况。

10.4.2 点火系统

为了使气缸内的混合气燃烧，需要对混合气进行点火，现代航空活塞式发动机都是利用高压电产生电火花的方法来点燃混合气。因此，都装有产生高压电和电火花的附件，这些附件就构成了航空活塞式发动机的点火系统。

1. 点火系统的作用

点火系统的作用，是按规定的气缸点火次序，适时地产生高强度的电火花，点燃混合气。

2. 点火系统的组成

点火系统由磁电机、电嘴、磁电机开关、高压导线等组成，如图 10.30 所示。

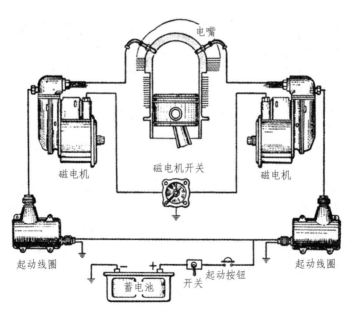

图 10.30 点火系统的主要组成部分

磁电机是航空活塞式发动机工作时用来产生高压电，并按各气缸的点火次序将高压电输送至各个气缸的电嘴，供产生电火花之用。

电嘴是用来产生电火花的附件。它安装在气缸头上，一端伸入气缸，磁电机产生的高压电，经高压导线输送到电嘴，在电嘴的两极间产生电火花，点燃混合气。

为了缩短燃烧时间以提高航空活塞式发动机的功率和经济性，保证航空活塞式发动机工作可靠，目前航空活塞式发动机普遍采用双点火制，即航空活塞式发动机上安装有两个磁电机，每个气缸上安装两个电嘴，每一个磁电机所产生的高压电只供每个气缸的一个电嘴点火，两个磁电机各自独立地工作，互不影响。航空活塞式发动机工作时，同一个气缸上的两上电嘴同时产生火花。一旦某一个磁电机（或电嘴）发生故障，另一个磁电机仍能保证一个电嘴产生电火花，使航空活塞式发动机继续工作，但在这种情况下，航空活塞式发动机功率会有一定程度的减小。

磁电机开关是用来控制磁电机工作的。

3. 磁电机的工作原理

磁电机由外壳、磁铁转子、软铁架、软铁心、线包（包括一级线圈和二级线圈）、断电器、电容器和分电器等组成，如图 10.31 所示。

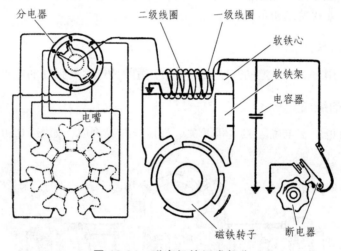

图 10.31　磁电机的组成部分

磁电机是航空活塞式发动机工作时点火系统的高压电源，怎样产生高压电，是磁电机工作原理的中心问题。

磁电机产生的高压电是分两步来实现的。首先，航空活塞式发动机工作时，磁铁转子由曲轴经传动齿轮带动旋转，由于磁铁转子与软铁架相对位置的不断改变，根据电磁感应原理就可以形成低压电。此时一级线圈感应电动势的最大值为 30 ~ 50 V、二级线圈为 2 400 ~ 2 800 V。但是，比起电嘴跳火所需要的电压值（10 000 V 左右）都小得多。所以，第二步就是利用断电器断开低压电路，使低压电流突然消失，从而在这一瞬间造成二级线圈因互感作用而产生 15 000 ~ 18 000 V 的高压电来满足电嘴点火的要求。

4. 电　嘴

电嘴的作用是将磁电机或起动线圈产生的高压电经高压导线输送来以后，在中央极与旁极之间的间隙（叫电嘴间隙）处产生电火花，从而点燃混合气。

那么，电嘴工作的好坏就直接影响到了航空活塞式发动机的功率以及经济性，甚至影响到了飞行的安全。据统计，在航空活塞式发动机中 2/3 的故障与点火系统有关，而影响电嘴正常工作的因素主要有以下几点：

1）电嘴间隙

每种类型的电嘴，都具有规定的电嘴间隙，例如某型电嘴，间隙为 0.28～0.36 mm。而电嘴间隙大于或小于规定值，都将引起电火花能量减弱，难以点燃甚至不能点燃混合气。

因此，为了避免因电嘴间隙变化而影响电嘴正常跳火，在使用中必须注意防止电嘴受到机械碰撞，并应按规定检查电嘴间隙。

2）电嘴挂油，积炭和受潮

航空活塞式发动机工作时，电嘴挂油、积炭和受潮同样会使电嘴产生的电火花强度减弱，甚至不能产生电火花。因此使用中应保持滑油压力为正常值，同时防止混合气过分富油，另外，小转速工作的时间不得过长，并按条例规定进行烧电嘴的工作。

烧电嘴就是在起飞前、停车前和航空活塞式发动机长期处于小转速状态工作后，利用热冲击的方法，烧掉电嘴上的积炭、水蒸气和漏入气缸内的滑油。方法就是利用油门杆将航空活塞式发动机调节在中转速下连续工作 10～15 s。

3）电嘴温度

要使电嘴正常地产生电火花，绝缘体下部和电极的温度不能过高，否则易引起航空活塞式发动机早燃或爆震等不正常的燃烧现象；但也不能太低，否则将引起电火花能量的减弱，甚至不能产生电火花。因此，飞行中要密切注意气缸头温度，从而使电嘴温度保持为正常值。

5. 磁电机开关

磁电机开关安装在座舱内，是用来控制磁电机产生或不产生高压电的部件，它由外壳、转柄和刻度盘等组成，如图 10.32 所示是某航空活塞式发动机的磁电机开关，它的刻度盘上有 "0" "1" "2" "1+2" 4 个刻度。

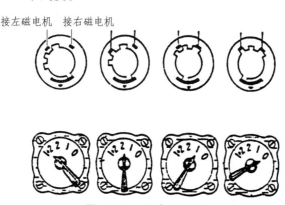

图 10.32　磁电机开关

磁电机开关与断电器并联在低压电路上，如图 10.33 所示。当磁电机开关接通时，磁电机不能产生高压电，电嘴不能产生电火花；只有在磁电机开关断开的情况下，断电器接触点再断开，磁电机才能产生高压电供电嘴点火用。

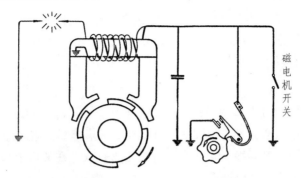

图 10.33　磁电机开关的工作原理图

　　当转柄在"1+2"的位置时，两个磁电机都产生高压电；当转柄在"2"的位置时，右磁电机产生高压电，左磁电机不产生高压电；当转柄在"1"的位置时，左磁电机产生高压电，右磁电机不产生高压电；当转柄在"0"的位置时，两个磁电机都不产生高压电。

　　为保证航空活塞式发动机的工作安全可靠，飞行中磁电机开关必须放在"1+2"的位置，严禁放在"1"或"2"的位置。

　　航空活塞式发动机停车后，磁电机开关必须放在"0"的位置，以免扳转螺旋桨时气缸内的混合气爆发，造成伤人事故。

　　飞行前，为确保点火系统正常工作，必须对磁电机及电嘴进行检查，方法就是，利用油门杆将转速调到 2 000 r/min，将磁电机开关从"1+2"位扳到"1"位，停 3～5 s，此时转速下降不超过 75 r/min，航空活塞式发动机工作稳定。然后，把磁电机开关扳回"1+2"位，待 15～20 s 后，再以同样的方法检查"2"磁电机的工作情况。

10.4.3　润滑系统

　　航空活塞式发动机内相互接触的机件做相对运动时产生摩擦，机件的摩擦，不但会使航空活塞式发动机功率减小，燃油消耗率增大，还会引起机件磨损和过热，以致航空活塞式发动机寿命缩短，甚至损坏。为了减轻航空活塞式发动机中相对运动机件间的摩擦，减少摩擦带来的危害，航空活塞式发动机上设置了润滑系统。

　　润滑系统的主要任务，是把数量足够和黏度适当的滑油循环不息地输送至各摩擦面上，使机件得到良好的润滑和冷却，以减小航空活塞式发动机的摩擦功率、减轻机件的磨损和避免机件过热，从而提高航空活塞式发动机的有效功率，增长航空活塞式发动机的寿命以及保证航空活塞式发动机工作正常；同时，还将加压后的滑油送到螺旋桨变距机构，供改变桨叶角用。

1. 航空活塞式发动机机件的润滑方式

　　目前，航空活塞式发动机机件的润滑方式主要有两种，即泼溅润滑和压力润滑。

1）泼溅润滑

　　借转速较大的旋转机件（如曲轴等），将滑油泼溅到摩擦面上去的润滑方式，叫作泼溅润滑。如图 10.34 所示，在航空活塞式发动机机匣内装有一定数量的滑油，曲柄转至机匣下部，

即浸入滑油内，航空活塞式发动机工作时，借助于曲
轴的转动，不断地将附着于曲柄与连杆上的滑油向四
周甩出，使滑油在机匣内部泼溅成细小的油滴。油滴
进入活塞、气缸、连杆和曲轴等机件的摩擦面，使这
些机件得到润滑。润滑后的滑油从摩擦面间隙流出，
靠自身的重力直接落入机匣。因此，这种润滑方式也
叫湿机匣润滑方式。

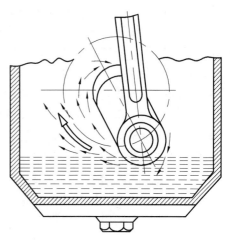

图 10.34　泼溅润滑示意图

2）压力润滑

滑油经油泵加压后，沿专门的油路流至各摩擦面
上去的润滑方式，叫作压力润滑。为了使滑油在航空
活塞式发动机内循环流动，润滑机件后的滑油用油泵
抽回，经过滤和冷却后，再次送往各摩擦面，所以这
种润滑方式也叫作干机匣润滑方式。

航空活塞式发动机单独采用泼溅润滑的方法，不能保证所有的摩擦面都得到良好的润滑
和冷却；而单独采用压力润滑的方法，对于某些无法从专门油路获得滑油的机件也不能进行
润滑。为了使所有的机件都能得到良好的润滑和冷却，现代航空活塞式发动机一般都采用以
压力润滑为主、泼溅润滑为辅的混合润滑系统。

2. 润滑系统的组成和工作情形

润滑系统通常由滑油箱、滑油泵（包括进油泵和回油泵）、收油池和滑油散热器等组成。
如图 10.35 所示为某航空活塞式发动机的润滑系统。

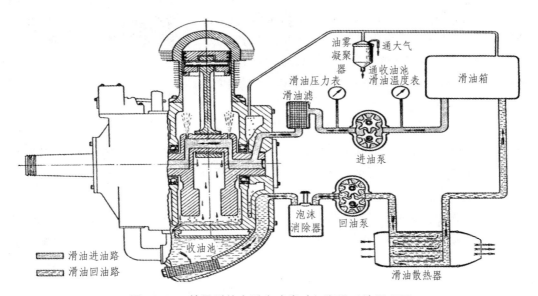

图 10.35　某星型航空活塞式发动机润滑系统原理图

航空活塞式发动机工作时，滑油箱内的滑油被滑油进油泵抽出、加压，经过滑油滤过滤
后，送入航空活塞式发动机。在航空活塞式发动机内部，滑油通过专门的油路进入曲轴、连

杆、凸轮盘（或凸轮轴）和齿轮轴等滑动轴承内进行润滑；其他不与油路相通的机件，如活塞与气缸壁、滚动轴承及齿轮等，则利用滑油泼溅至摩擦面上进行润滑。润滑后的滑油从各处汇集到机匣下部的收油池内，然后再由滑油回油泵抽出，经滑油散热器降低温度后，送回滑油箱。润滑系统就是这样不断地把滑油箱内的滑油送到航空活塞式发动机内去润滑，又把润滑后的滑油降低温度送回滑油箱，然后再输送出去，使滑油川流不息地循环流动。

润滑系统工作的好坏主要取决于滑油压力、滑油温度的高低。滑油压力的大小可以说明摩擦面之间所获得的滑油量是否足够，而滑油温度的高低则说明了滑油的品质，即摩擦面是否能够得到良好的润滑与冷却。

在润滑系统的油路上装有滑油压力表和滑油温度表的受感部，这些受感部把感受到的压力和温度变成信号，传到装在座舱内的仪表，仪表就可以指示出滑油压力的大小和滑油温度的高低。根据滑油压力和温度的数值，驾驶员可以判断润滑系统工作是否正常。

3. 滑油散热器

滑油温度的高低要影响到滑油黏度的大小，从而影响到航空活塞式发动机的正常润滑。滑油散热器的作用就是用来降低滑油温度，使之保持在规定的范围内。

如图 10.36 所示为某航空活塞式发动机的散热器，它由外壳、铜管、隔板、安全活门等组成。所有铜管的两端都压制成六边形并互相焊接起来，其形状好像蜂巢，这样，铜管与铜管之间，除了两端密合以外，其余部分都存在着空隙。

航空活塞式发动机工作时高温滑油从进口进入散热器，在铜管与铜管之间用隔板形成的通道内流动，其流动路线如图 10.36 中的箭头所示。滑油在流动过程中将热量传给铜管，飞行中迎面气流从铜管内部通过，把滑油传给铜管的热量带走，于是降低了滑油温度。为防止滑油温度过低，散热器还装有安全活门。

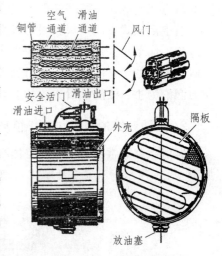

图 10.36　滑油散热器

滑油温度的高低取决于机件传给滑油的热量和滑油经散热器散走的热量，机件传给滑油的热量随有效功率的增大（或减小）而增大（或减小），滑油经散热器散走的热量，则取决于通过散热器的空气流量及其温度，空气流量与飞行速度和飞行高度有关，空气温度与飞行高度和季节有关。

在实际工作中，滑油温度的高低，由散热器风门来调节。风门装在散热器整流罩的后面，由电动机构带动，其操纵电门通常装在座舱里的中央操纵台上，由驾驶员控制。当滑油温度高时，将操纵电门向前压，这时风门的开度增大，流过散热器的空气量增多，散走的热量增多，使滑油温度降低；反之，后压操纵电门可使滑油温度升高。风门开度的大小，通常可由操纵台上的风门指位表指示。

因此，在使用中只有根据航空活塞式发动机的工作状态、飞行速度、高度和季节的变化等，适当地调节风门的开度，才能使滑油温度保持在规定值以内。

10.4.4 散热系统

航空活塞式发动机工作时,气缸内混合气燃烧后的温度很高(最高可达 2 500 ~ 3 000 ℃),与高温燃气接触的机件材料强度将显著减弱,这会引起气缸头翘皱、裂纹,活塞顶烧穿,气门裂纹、变形等;它还会使滑油温度升高,使航空活塞式发动机润滑不良,甚至磨损;航空活塞式发动机功率也会因此而降低;并可能产生早燃和爆震等不正常燃烧。因此,必须对航空活塞式发动机散热,但如果散热过度的话,也将使航空活塞式发动机功率减小,经济性变差。同时,在气缸头温度过低的情况下,汽油不易蒸发,混合气也就不能正常地燃烧,此外,气缸壁上的滑油黏度变大,使活塞摩擦损失增加。

所以,航空活塞式发动机散热的目的,就是保持气缸头温度在规定的范围内。

1. 散热系统的组成和工作情形

散热系统由气缸散热片、导风板、航空活塞式发动机整流罩和鱼鳞板等组成。

1)散热片

散热片用来增大散热空气与气缸外壁的接触面积,当空气流过气缸周围时,热量即经散热片随气流散走,如图 10.37 所示。

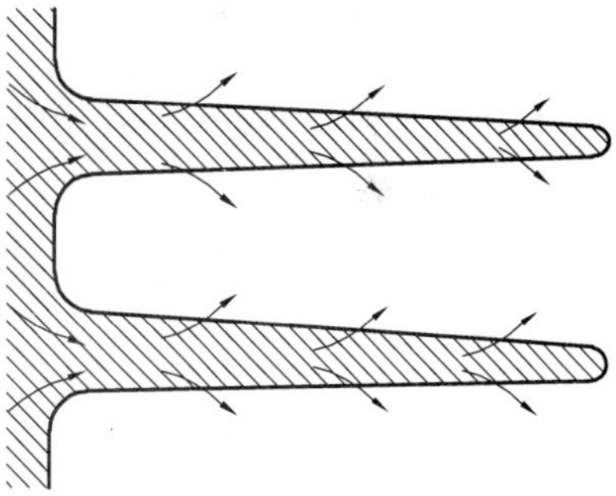

2)导风板

当空气流过航空活塞式发动机时,气缸前部壁面直接与空气相接触,散热情况较好,而气缸后部壁面背着气流,

图 10.37 散热片的散热情形

散热不良,为了保证气缸前后壁面散热比较均匀,在气缸周围装有导风板,同时,导风板还可以减少气缸后面的涡流,从而减小航空活塞式发动机的迎面阻力,如图 10.38 所示。

3)航空活塞式发动机整流罩及鱼鳞板

整流罩外部呈流线型,内部入口呈扩散形,因而它可以减少或消除航空活塞式发动机后面的涡流和气流分离现象,减小飞行阻力。

鱼鳞板安装在整流罩上,用以控制散热空气的流量,以调节气缸头温度。鱼鳞板的开启与关闭,由电动机构带动,驾驶员可通过座舱内中央操纵台上的电门控制。

当气缸头温度高时,将操纵电门前压,这时鱼鳞板开度增加,散热量增多,故气缸头温度下降;反之,后压操纵电门,可使气缸头温度升高,如图 10.39 所示。

而某些没有安装鱼鳞板的航空活塞式发动机,气缸头温度的调节,只能通过改变航空活塞式发动机功率或改变飞机的飞行姿态来间接控制。

2. 气缸头温度的影响因素及其调节

气缸头温度的高低,取决于气缸内燃气传给气缸壁的热量和散热空气所能带走的热量。前者主要受进气压力和转速的影响。进气压力和曲轴转速增加则气缸头温度升高;反之,则气缸头温度就降低。而后者主要受散热空气的温度和流量的影响,散热空气的温度低,流量大则气缸头温度就低;反之,则气缸头温度就高。

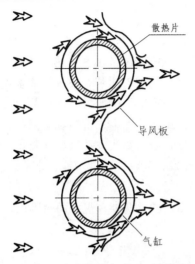
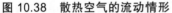

图 10.38　散热空气的流动情形

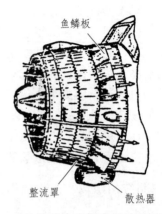

图 10.39　航空活塞式发动机整流罩及鱼鳞板

根据以上所述，下面就使用中常遇到的几种情况，说明气缸头温度的变化趋势和调节方法。

1）地面试车

地面试车时，飞机没有前进速度，航空活塞式发动机完全靠螺旋桨打来的空气进行散热。如果要开大节气门时就必须增大鱼鳞板的开度，才能保持气缸头温度不致超过规定的数值，特别是在夏季、炎热地区，航空活塞式发动机用大转速工作时，必须将鱼鳞板全部打开，即使如此，气缸头温度还可能过高。因此在地面试车时，用大转速工作的时间不能过长。

同理，加大油门增大平飞速度时，为保持气缸头温度必须增大鱼鳞板开度。

2）起飞与爬高

起飞与爬高时，航空活塞式发动机使用转速和进气压力较大，而飞机前进速度又较小，所以气缸头温度易于过高。特别是在夏季、炎热地区，大气温度较高，散热困难，更容易造成气缸头温度过高。因此，必须适当地增大鱼鳞板的开度，长时间爬高时，如全开鱼鳞板仍不能保持规定的气缸头温度，则可适当地减小转速或进气压力，减少上升角，改为平飞或转入下滑，以降低气缸头温度。

3）下滑与着陆

下滑与着陆时，航空活塞式发动机使用的转速和进气压力较小，而前进速度又较大，所以气缸头温度易于过低。特别在冬季、严寒地区，大气温度较低，更容易造成气缸头温度过低，甚至会因汽油汽化不良而熄火停车。因此，必须适当地减小鱼鳞板的开度。长时间下滑时，如全关鱼鳞板仍不能保持规定的气缸头温度，可适当地增大转速或进气压力，减小下滑角，改为平飞或转入上升，以提高气缸头温度。

10.4.5　起动系统

航空活塞式发动机由静止状态开始转动，直到航空活塞式发动机正常供油点火爆发加速到进入慢车工作状态，必须由外力带动，这套带动航空活塞式发动机开始转动的装置就叫作起动系统。

1. 起动系统应具备的条件

（1）要使航空活塞式发动机能够转动起来，首先要有足够的外部能源。此能源应能保证起动时曲轴转动两圈以上，且其平均转速应不低于 40～60 r/min。这样，才可以使航空活塞式发动机内混合气正常燃烧并发出足够的功率，保证曲轴加速到航空活塞式发动机独立的工作转速 90～150 r/min，然后过渡到慢车转速。

航空活塞式发动机起动时通常利用电能作为外部电源，即在曲轴的尾端装上电动机，起动时通电使其转动，带动曲轴旋转。有些航空活塞式发动机在电动机上还装有手摇起动装置，可保证在没有地面电源和机上电源电压不足的情况下将航空活塞式发动机起动起来。

（2）航空活塞式发动机起动时，由于转速太小，汽化器或压力油泵还不能供给所需的混合气，磁电机也不能产生足够的高压电。因此，要保证航空活塞式发动机起动，必须具备在起动时供给可燃混合气和产生高压电的装置。

航空活塞式发动机通常采用手摇泵、注油唧筒或电动油泵作为起动时供给混合气的装置，采用起动线圈或起动振荡器作为起动时供给高压电的装置。

2. 起动系统的组成和工作情形

如图 10.40 所示为运-5 飞机的起动系统，它由电动起动机、注油唧筒、起动线圈、起动操纵开关、手拉结合柄和起动继电器组成。

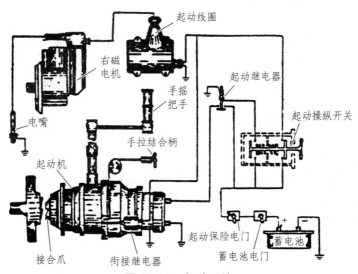

图 10.40　起动系统

起动航空活塞式发动机时，首先用注油唧筒向增压机匣注油。然后打开蓄电池电门、起动保险电门，将起动操纵开关向后拉，这时起动继电器接通电路，电动机即带动起动机内的飞轮旋转，使飞轮蓄能。蓄能完毕后，再将起动操纵开关向前压，这时，一方面起动继电器断开电路，电动机停止工作（飞轮靠惯性作用继续高速旋转）；另一方面将通往衔接继电器和起动线圈的电路接通。衔接继电器使结合爪伸出，与附件传动轴结合，带动曲轴转动；同时起动线圈产生高压电，并经右磁电机到各个气缸的前排电嘴去点火（不受磁电机开关控制）。于是，气缸内的混合气开始爆发。接着接上磁电机开关，航空活塞式发动机即转入正常工作，航空活塞式发动机起动起来后，松开起动操纵开关，起动电路断开，起动工作即告结束。

3. 起动时的注意事项

（1）起动前注油要适量。一般来说，夏季大气温度较高，汽油容易汽化，应少注一些油，冬季则应多注一些油，而热航空活塞式发动机不注油。如不根据实际情况决定注油，无论注油过多或过少，都会造成起动困难。

（2）扳转螺旋桨应按规定。星型航空活塞式发动机规定起动前，通常应扳转螺旋桨 4~6 圈。但对于气缸头温度高于 80 ℃ 的热航空活塞式发动机应禁止扳转螺旋桨，以免混合气被压燃而伤人。同时，此时为防止产生液锁损坏航空活塞式发动机，一般不用起动操纵开关，而用手拉结合柄结合，待螺旋桨转几圈后，再将磁电机开关放在"1+2"的位置，用磁电机产生的高压电供电嘴点火。

（3）航空活塞式发动机爆发后 30 s 内，如滑油压力达不到规定的数值，应立即关车，并查明原因。

（4）发生汽化器回火、放炮时，应连续短促地前后活动油门杆，严重时，则应立即停车检查。

（5）蓄能时间不得超过 9~12 s。连续起动时，中间间隔时间不得少于 1 min，若连续 4 次起动不成功，必须间隔 30 min。

（6）当航空活塞式发动机由于过富油而不爆发时，可将油门杆推向前，待航空活塞式发动机爆发后再迅速拉回。如果过贫油而不爆发时，可以利用注油唧筒等注油的方法起动航空活塞式发动机。

（7）起动时，拉、压起动操纵开关，应平稳迅速，以保证接触良好；使用手拉接合柄时，应拉得快，拉到底，以免损坏接合爪。

（8）起动时，应严格按照起动条例和规定的口令、信号进行联络。

10.4.6　螺旋桨与调速器

螺旋桨属于推进器，产生拉力或者推力为飞机提供飞行的动力，螺旋桨与燃气涡轮发动机配合组成动力装置，叫作涡轮螺旋桨发动机（简称涡轮发动机），螺旋桨当然也可以与航空活塞发动机组成动力装置，叫作活塞螺旋桨发动机。

航空活塞式发动机产生的机械能是以曲轴扭转力矩的形式表现出来的，而最终要通过带动螺旋桨转动产生拉力，使飞机获得前进的动力，如图 10.41 所示。因此，航空活塞式发动机的转速是决定航空活塞式发动机工作状态的重要参数之一。

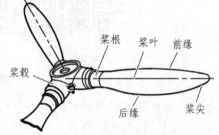

图 10.41　螺旋桨的基本组成

1. 名词术语与基本原理

1）名词术语

桨叶角：螺旋桨旋转平面和桨叶弦线构成的夹角，如图 10.42 所示。

桨叶迎角：桨叶迎角（又称迎角）是桨叶弦线和相对风的夹角。相对风的方向由飞机通过空气运动的速度和螺旋桨的旋转运动决定（见图 10.43）。对于一定的螺旋桨转速，飞机运动得越快，螺旋桨桨叶上的迎角就越小。然而，如果螺旋桨转速增加，桨叶迎角就增加。

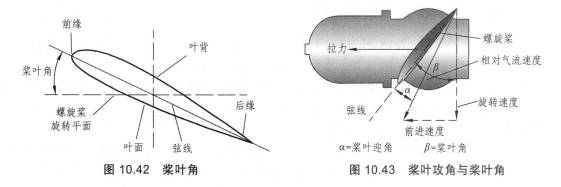

图 10.42　桨叶角　　　　　　　图 10.43　桨叶攻角与桨叶角

螺旋桨效率：螺旋桨的效率是螺旋桨的推进功率（螺旋桨拉力乘以飞行速度）和提供给螺旋桨的轴功率之比。因此，螺旋桨在原地工作时，速度为零，螺旋桨的效率等于零。

如其他条件不变，使螺旋桨效率最佳的迎角是在 2°～4°（见图 10.44）。如攻角超过 15°，桨叶将发生失速，推进效率急剧下降。

2）产生拉力的基本原理

当螺旋桨旋转通过空气时，类似于飞机机翼产生升力原理一样，在桨叶的叶背部即螺旋桨前面将会产生低压区。这个低压区同桨叶后面恒压区或高压区间的压力差使螺旋桨产生了前向的拉力（见图 10.45），该示意图中阴影部分为螺旋桨的中段某处截面，示意了气流流过该截面时的受力情况。

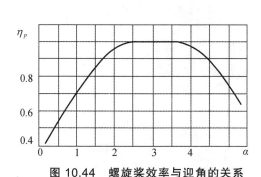

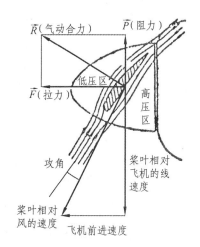

图 10.44　螺旋桨效率与迎角的关系　　图 10.45　空气流过螺旋桨综合示意图

3）螺旋桨拉力大小的影响因素

产生拉力的大小取决于几个因素：桨叶迎角、螺旋桨转速和翼型的形状。

2. 变距螺旋桨

目前，航空活发动机普遍采用变距螺旋桨（也叫恒速螺旋桨），它能根据飞行情况的需要，通过自动变距和操纵变距的方法，达到保持或改变转速的目的，使螺旋桨效率保持在较高水平（2°～4°迎角）。

1）变距的目的

航空发动机工作时，曲轴带动螺旋桨不断旋转，航空发动机转速变化的情况，是由螺旋桨轴的旋转力矩和螺旋桨的阻力力矩的大小来确定的。在飞行速度、高度等改变的时候，旋转力矩或阻力力矩都在不断地变化着，两个力矩相互平衡的情况只是暂时的，不平衡是经常的，因此，航空活塞式发动机的转速也会经常发生变化，而使航空活塞式发动机功率降低，机件磨损加剧，甚至可能产生飞转现象。

航空发动机，大多是采用改变螺旋桨桨叶角的方法改变螺旋桨的阻力力矩，实现保持或改变转速的目的，通常把改变螺旋桨桨叶角叫作变距。增大桨叶角，叫作变大距，减小桨叶角，叫作变小距。

必须指出，桨叶角的变化是有一定范围的，只能在这个范围内，利用变距来调节航空活塞式发动机的转速。如果螺旋桨已变至最大距或最小距，就不能再利用变距的方法，来继续改变或保持航空发动机的转速了。例如，在空中飞行时如果桨叶角小于某一角度，将可能导致螺旋桨无前进拉力，甚至会产生负拉力导致飞机失速而遇到巨大危险，因此，为了防止此类情况出现，很多螺旋桨上设计有小距限动装置。

2）变距的方法

以下变距原理的阐述是基于经典的液压双向变距类型的变距系统，实际的发动机上还有其他变距类型，原理基本类似。螺旋桨是由桨毂、桨叶和变距机构3部分组成的。

螺旋桨变距需要变距动力，变大距的动力是滑油压力和配重离心力，变小距则主要靠滑油压力，如图10.46所示。

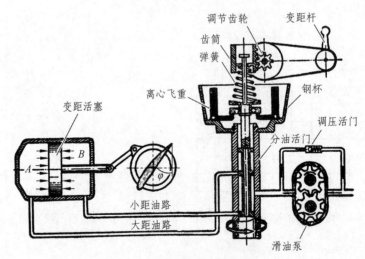

图10.46　调速器的工作原理图

当螺旋桨变大距时，调速器来的压力滑油由大距油路进入大距油室（A室），变距活塞在滑油压力和配重离心力的作用下，被带动向右移动，这时小距油室（B室）的滑油经小距油路回到机匣，从而使桨叶角变大。变小距时，调速器来的压力滑油经小距油路进入小距油室，推动变距活塞向左移动，这时大距油室的滑油经大距油路回到机匣，从而使桨叶角减小。

当飞机飞行速度增大时，依据图10.46分析可知，为了保持螺旋桨的转速恒定，应该使螺旋桨变大距，反之则变小距。例如，飞机下降飞行高度而增大了飞行速度时，变距系统将自动增大螺旋桨的桨叶角。

当螺旋桨的转速增加时，则应变小距，反之则变大距。例如，因前推功率杆增加了发动机供油而导致发动机转速上升时，则会自动变小距。

当前推变距杆时，将导致变小距，螺旋桨恒定转速上升。依据图 10.46 所示，调节齿轮下压齿筒，弹簧受压，则离心飞重向内收，螺旋桨处于欠速状态，分油活门将向下移动，使小距油路接通，使螺旋桨变小距，然后螺旋桨的负荷变轻，螺旋桨的转速上升又导致离心飞重向外甩开逐渐使分油活门关闭，螺旋桨又达到恒定转速状态，但此时转速会高于之前的恒定转速。

3）螺旋桨的顺桨、回桨和反桨

螺旋桨的顺桨是指螺旋桨桨叶角变到最大，如图 10.47 和图 10.48 所示。如运-7 动力装置的螺旋桨全顺桨时桨叶角变到 90°30′；夏延Ⅲ A 动力装置全顺桨时桨叶角变到 87°。螺旋桨的顺桨系统一般设在多发飞机的动力装置上，因为对于多发飞机，若飞行中出现单发停车时，可使停车发动机的螺旋桨顺桨，使螺旋桨在飞行中产生的阻力最小，便于飞机的操纵和尽可能地改善飞行性能。

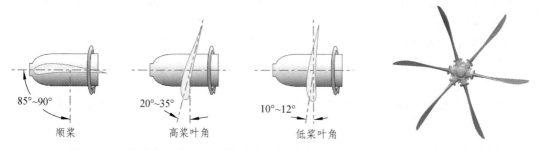

图 10.47　顺桨与正常飞行时桨叶角位置对比　　图 10.48　螺旋桨顺桨（正面视图）

螺旋桨的顺桨包括自动顺桨和人工顺桨。自动顺桨系统主要有扭矩自动顺桨、超转自动顺桨和负拉力自动顺桨，目前多采用扭矩自动顺桨，当航空发动机工作时，扭矩自动顺桨系统感受到航空发动机扭矩信号与油门位置差异到一定程度后自动使螺旋桨顺桨。人工顺桨通常是在自动顺桨后再进行一次顺桨或是当自动顺桨系统失效后对螺旋桨进行顺桨。因此，一般在同一台动力装置上都同时配有自动顺桨和人工顺桨系统。

回桨是使螺旋桨退出顺桨位置，一般是在航空发动机重新起动时，操纵回桨按钮或变距杆使桨叶角重新回到正常位置。

螺旋桨的反桨是指桨叶角变到最小，如图 10.49 所示。比如，运-7 飞机动力装置的螺旋桨全反桨时桨叶角为 8°，夏延Ⅲ A 飞机动力装置的螺旋桨全反桨时桨叶角为 - 5°。螺旋桨反桨的目的是为飞机着陆后提供负拉力，便于缩短着陆滑跑距离。螺旋桨的反桨可通过操纵油门到航空发动机慢车状态以后获得。对民用机，为了避免空中出现负拉力，专门设置了螺旋桨空中慢车桨叶角（即前文提到的小距限动装置），如运-7 的为 20°，夏延Ⅲ A 的为 21°，飞行中通过专门的保险装置可使桨叶角限制在空中慢车桨叶角以上，这样可避免桨叶角过小而出现负拉力。

由于航空活塞式动力装置多用于低速飞机，着陆速度较小，因而采用反桨系统的很少。航空涡桨发动机采用反桨系统的相对较多。

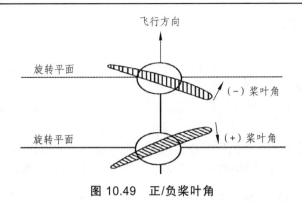

图 10.49　正/负桨叶角

3. 调速器

由于螺旋桨是变大距还是变小距，主要取决于变距机构油路的连通情况，而油路的连通情况，就是由调速器来控制的。

1）调速器的组成

如图 10.46 所示，调速器主要由离心飞重、弹簧、分油活门、调节齿轮、滑油泵和调压活门等组成。

分油活门装在分油活门衬套里可上下移动，上有 3 个凸起，可控制变距油路。分油活门上作用着两个力，一是飞重离心力，使分油活门向上移动；另一是锥形弹簧力，使分油活门向下移动。

飞重装在飞重盘上由曲轴经传动齿轮、传动齿轮轴带动旋转。飞重旋转时，受离心力的作用向外张开，把分油活门上抬，飞重是用来感受曲轴转速变化的，转速越大，飞重离心力越大。

锥形弹簧装在分油活门上部，弹簧的张力使分油活门向下移动，弹簧力的大小，决定于锥形弹簧的压紧程度，弹簧的松紧又通过调节螺杆、操纵臂，由驾驶舱内的变距杆来操纵。变距杆向前推，压紧锥形弹簧；反之，向后拉变距杆，则放松锥形弹簧。

2）调速器的工作原理

（1）自动变距——保持转速的工作情形。飞行中，当变距杆固定在某一位置，航空活塞式发动机以某一转速工作时，如飞行情况或航空活塞式发动机状态变化时，调速器能自动地通过改变桨叶角，维持航空活塞式发动机的旋转力矩与螺旋桨的阻力力矩的平衡，使转速恢复到原来的数值。

（2）操纵变距——改变转速的情形。飞行中需要改变转速时，可通过推拉变距杆来压紧或放松锥形弹簧，造成分油活门下移或上移。此时，调速器也能自动地通过改变桨叶角使弹簧力与飞重力重新恢复平衡，分油活门重新回到中立位置，航空活塞式发动机就能在另外一个新转速下稳定地工作。

3）变距杆的使用

（1）改变功率时变距杆的使用。飞行中，要改变航空活塞式发动机的功率，既要操纵油门杆，又要操纵变距杆。为了保证航空活塞式发动机工作状态的稳定，正确的操纵方法应该是：增加功率时，先推变距杆，后推油门杆；减小功率时，先收油门杆，后收变距杆。

（2）航空活塞式发动机不同的工作状态时，变距杆的位置。

① 起动前，变距杆应放在最前，以保证螺旋桨在最小距工作，使航空活塞式发动机在试车过程中便于推大转速。

② 起飞前，变距杆应放在最前，以保证得到起飞所需的转速。

③ 巡航时，按需要设置变距杆的位置。

④ 下滑着陆前，变距杆应在最前，以便需要复飞时，能很快得到起飞功率。

⑤ 停车前，变距杆应在最前，保证停车后螺旋桨在最小距便于下次起动。

⑥ 停车后，应将变距杆放在最后，以放松调速器内的锥形弹簧。

复习题

10-1　对航空发动机的一般要求有哪些？

10-2　航空发动机的一般分类是什么？

10-3　航空发动机的可靠性由哪些参数衡量？

10-4　航空发动机的燃油消耗率的定义是什么？

10-5　航空器动力装置由哪些部件组成？

10-6　航空活塞发动机的加速性能与航空涡轮发动机相比如何？

10-7　简述航空活塞式发动机的主要机件及其作用。

10-8　某航空活塞式发动机的转速为 2 400 r/min，那么每秒钟每个气缸点火多少次？

10-9　有效功率的定义及影响因素有哪些？

10-10　燃油消耗率的定义及影响因素有哪些？

10-11　加速性的定义是什么？影响因素有哪些？

10-12　航空活塞式发动机的工作状态有哪些？各工作状态的特点、使用条件及时间限制是什么？

10-13　各种不正常燃烧的定义、现象、危害及预防措施是什么？

10-14　燃油系统的功用及使用注意事项有哪些？

10-15　简述磁电机开关的工作原理、使用及使用注意事项。

10-16　润滑系统的功用是什么？

10-17　起动系统应具备哪两个条件？

10-18　起动系统使用中应注意些什么？

10-19　螺旋桨拉力大小的影响因素有哪些？

10-20　简述顺桨、回桨及反桨的意义。

10-21　调速器的作用是什么？

10-22　简述不同工作状态时变距杆的位置。

10-23　当飞行速度增加时调速器将如何作动变距系统？

第 11 章　航空燃气涡轮动力装置

　　自 20 世纪 50 年代喷气发动机在民航飞机上使用以来，开启了民航运输新时代，航空燃气涡轮发动机因为其突出的优点，迅速发展成为民航运输机和直升机最主要的动力装置。喷气发动机是一种将燃料的化学能转换为气体的动能，使气体高速喷出，从而产生推进力的动力装置。在本质上，它与活塞式动力装置产生推进力并无区别，只不过活塞发动机产生的机械能送到螺旋桨后，依靠螺旋桨将大量的空气进行小幅度的加速来产生推进力，而喷气发动机是将小量的空气（或燃气）进行大幅度加速来产生推进力。

　　本章主要介绍燃气涡轮发动机的工作原理、基本组成、正常及不正常工作、发动机性能、民用飞机动力装置的特点、发动机工作系统、发动机的起动等。

11.1　喷气发动机概述

11.1.1　喷气发动机的特点

　　航空燃气涡轮发动机是喷气发动机的一大类型，而且是民用航空的主要动力装置，因此主要以燃气涡轮发动机为主讨论喷气发动机的特点。与活塞动力装置相比较，喷气发动机的主要特点有：

1. 喷气发动机在质量轻、尺寸小的条件下能发出巨大的推力（或功率）

　　（1）喷气发动机与活塞发动机相比，进气量大得多。如 GEnx 发动机，在地面起飞状态下，每秒钟进气量最高可达 1 200 kg，而活塞发动机的进气量受气缸容积和数目的限制，大多数每秒不足 1 kg。

　　（2）喷气发动机的能量转换是连续的，而活塞发动机是间断的，活塞发动机完成一个热力循环后只有膨胀行程才能将热能转换成机械能。

　　（3）活塞发动机内有往复运动机械，发动机曲轴转速不能太大，否则机件的应力将大大超过材料的强度极限；而喷气发动机内只有旋转件，其转速很高，有的发动机转速高达每分钟 40 000 转以上。这都使得喷气发动机在质量轻、尺寸小的条件下能发出巨大的推力（或功率）。

2. 喷气发动机的速度性好

　　对活塞式发动机，功率随速度的变化较小，但必须依赖螺旋桨产生拉力。而随飞行速度增加，一是螺旋桨的拉力本身要降低，二是速度增加后螺旋桨效率的降低还要使拉力减少，使螺旋桨产生的拉力随速度的增加是迅速减小的。同时，就一般螺旋桨而言，当飞行速度超过 700 km/h 时，螺旋桨叶尖处的相对气流速度将超过声速而产生激波，使螺旋桨效率急剧降低，进一步加剧螺旋桨拉力的减小。而喷气发动机本身既是热机又是推进器，在一定范围内发动机推力随飞行速度的增加而增加，这正好与高速飞行时飞机的飞行阻力不断增加相适应，如图 11.1 所示。由此可见活塞发动机适合低速飞行而喷气发动机适合高速飞行。

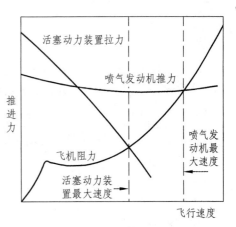

图 11.1　活塞发动机与喷气发动机推进力比较

3. 喷气发动机的经济性比活塞发动机差

由于喷气发动机是将少量的空气进行大幅度的加速，因而排出的动能较大，损失较大，使其燃油消耗偏高，经济性较差。但喷气发动机中的涡桨发动机的经济性与活塞发动机基本持平，为 0.20 ~ 0.30 kg/（HP·h）。

11.1.2　喷气发动机的分类

喷气发动机根据燃料燃烧时所需氧化剂的来源可分为火箭发动机、空气喷气发动机和组合发动机。

火箭发动机与空气喷气发动机最大的区别在于它本身除带有燃料外还带有氧化剂。因此，它可用作大气层内、外的飞行，但由于它携带的燃料和氧化剂有限，工作时间很短。根据所采用的推进剂不同，火箭发动机可以分为液体火箭发动机（见图 11.2）和固体火箭发动机（见图 11.3），一般用作发射导弹、人造卫星、宇宙飞船的动力装置，也可与其他发动机组合。

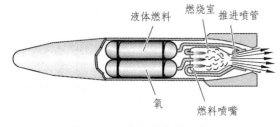

图 11.2　液体火箭发动机

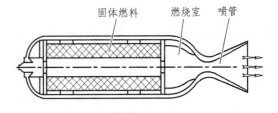

图 11.3　固体火箭发动机

空气喷气发动机工作时需要的氧气由空气中获得，因而只能在大气层中飞行。空气喷气发动机可分为燃气涡轮发动机（有压气机式）和冲压发动机（无压气机式）两种。

燃气涡轮发动机是目前民用航空的主要动力装置，根据其工作特点可分为 5 种类型。其中涡轮喷气发动机（见图 11.4）最适合高空高速飞行。涡轮螺旋桨发动机（见图 11.5）适合中低速飞行，适宜作中低速支线民航机、运输机的动力装置。涡轮风扇发动机（见图 11.6）和桨扇发动机（见图 11.7）适合高亚声速飞行，其中高涵道比涡扇发动机适宜作高亚声速大中型民航机、运输机动力装置。涡轮轴发动机（见图 11.8）一般用作直升机动力装置或用作地面车辆动力装置，也可以使用在舰船、坦克和发电机上。上述各型发动机的效率如图 11.9所示。

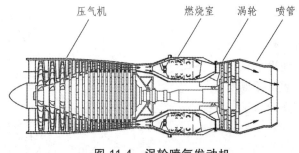

图 11.4　涡轮喷气发动机

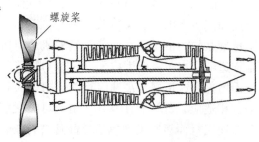

图 11.5　涡轮螺旋桨发动机

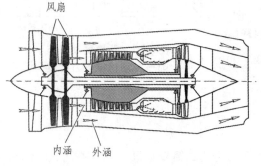

图 11.6　涡轮风扇发动机

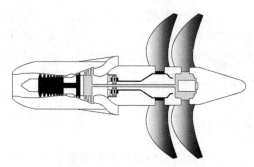

图 11.7　桨扇发动机

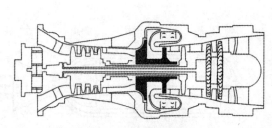

图 11.8　涡轮轴发动机

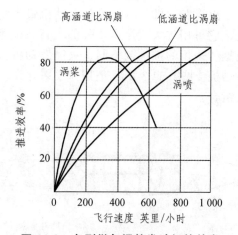

图 11.9　各型燃气涡轮发动机的效率

　　无压气机发动机可分为冲压发动机和脉冲发动机。其中冲压发动机（见图 11.10）利用高速气流的冲压作用来压缩空气，压缩后空气与燃油混合燃烧并从喷管喷出，产生巨大的推力。飞行速度越大，推力越大，效率越高，反之则越小。因此冲压发动机适合大气层内的高超声速飞行。但它在飞行速度为零时根本不产生推力，需要与其他发动机配合使用。脉冲式发动机（见图 11.11）采用间歇燃烧原理。经进气道压缩后的空气通过单向活门进入燃烧室与燃油混合后点火燃烧，燃烧后压力增大使单向活门关闭，同时高速向后喷出产生推力。燃气喷出后使燃烧室中压力下降，单向活门打开，又开始下一循环。脉冲发动机不适合作飞机的动力装置，因为它振动剧烈，耗油高而且工作寿命短。1944 年德国曾用作 V-1 导弹的动力装置。

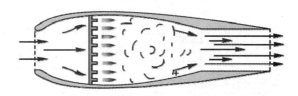

图 11.10　冲压发动机

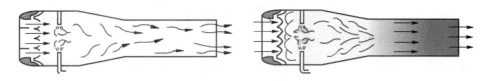

图 11.11　脉冲式发动机

组合发动机（见图 11.12）由两种类型以上的喷气发动机组合而成为一台发动机。比组合前的发动机优点显著，一般用作导弹、空天飞机、高速飞机等的动力装置。

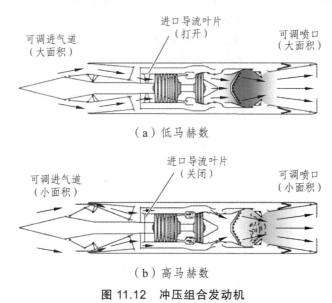

图 11.12　冲压组合发动机

11.1.3　航空燃气涡轮发动机的基本组成和工作

涡轮喷气发动机（以下简称涡喷发动机）是其他类型燃气涡轮发动机的基础。下面以涡喷发动机为主分析航空燃气涡轮发动机的工作。

1. 涡喷发动机的基本组成

如图 11.13 所示，涡喷发动机主要由进气道、压气机、燃烧室、涡轮和尾喷管组成。其中压气机、燃烧室和涡轮组成燃气发生器或叫核心机，燃气发生器是发动机中产生燃气进行能量转换的基本部分。

涡喷发动机除上述主要部件外，还需加上必要的附件系统才能进行正常工作和有效的控制，其附件系统主要包括燃油系统、滑油系统、起动系统、防冰和防火系统。

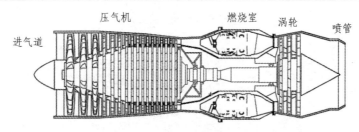

图 11.13 涡喷发动机的主要部件

2. 布莱顿循环与发动机的工作

　　航空燃气涡轮发动机以布莱顿循环作为其热力工作循环。理想的布莱顿循环由绝热压缩、等压加热、绝热膨胀和等压放热 4 个热力过程组成，分别由发动机不同部件完成。其中 0-2 绝热压缩过程：完成此过程的部件是进气道（0-1）和压气机（1-2）。空气在进气道和压气机中，由于速度冲压和叶轮做功，使其压力提高。2-3 定压加热过程：完成此过程的部件是燃烧室。理想情况下燃油在燃烧室内燃烧，视为等压条件下向工质气体加热，使其温度升高。3-5 绝热膨胀过程：完成此过程的部件是涡轮（3-4）和喷管（4-5）。高温高压燃气在涡轮和喷管中膨胀，将燃气的可用热能转化为涡轮的机械功和气体的动能，从喷口喷出。5-0 定压放热过程：此过程在发动机外部大气中完成。由此构成了一个封闭的循环，将燃料的化学能转化成气体的动能，产生推力，如图 11.14 所示。

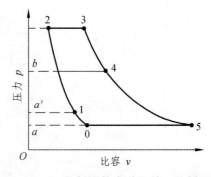

图 11.14 燃气涡轮发动机的工作循环

　　发动机工作时，空气首先经进气道进入压气机，在压气机中压缩后，压力、温度提高，然后进入燃烧室，在燃烧室中与喷油嘴喷出的燃油混合并燃烧，释放大量热能，温度大大提高，形成高温高压燃气。燃气进入涡轮后，在涡轮中膨胀，推动涡轮高速旋转，从而带动压气机（包括部分附件或螺旋桨）。经过涡轮膨胀做功后的燃气进入尾喷管，在喷管中继续膨胀，把剩余的可用热能转换成动能，使燃气从喷口高速喷出，发动机产生推力。发动机工作中，气体压力、温度和轴向速度的变化情形如图 11.15 所示。

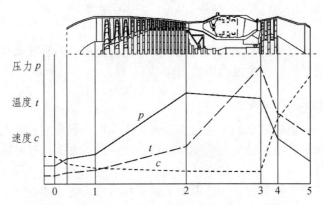

图 11.15 气体在涡喷发动机内的流动及参数变化

3. 发动机的气动参考站位

发动机的气动参考站位是用来表示发动机的某些特征截面的习惯用法。熟悉各站位，有助于对发动机工作的理解和学习，也便于对发动机截面参数的表示和理解。发动机的常用参考站位如图 11.15 所示，图中：

0 截面：远前方未受扰动截面；

1 截面：进气道出口或压气机进口截面；

2 截面：压气机出口或燃烧室进口截面；

3 截面：燃烧室出口或涡轮进口截面；

4 截面：涡轮出口或尾喷管进口截面；

5 截面：发动机出口截面。

对于双转子发动机，可以用 2.5 截面表示低压压气机出口（高压压气机进口）截面，可以用 3.5 截面表示低压涡轮进口（高压涡轮出口）截面。

4. 发动机在飞机上的安装

发动机的安装位置是根据飞机的设计目的在飞机布局中综合考虑的。大型民用飞机发动机通常安装在发动机吊舱内，用挂架吊在机翼下（见图 11.16）或安装在飞机尾段（见图 11.17）。对涡桨发动机，通常安装在机翼或机头中（见图 11.18）。对于超声速飞机，发动机通常安装在飞机内部。

图 11.16　翼下吊装发动机

图 11.17　机身后部安装发动机

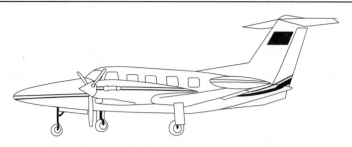

图 11.18　涡桨发动机在飞机上的安装

　　动力装置安装的位置选择应考虑到发动机的工作、维护和飞机总体的平衡和受力要求，考虑不能影响进气道的效率；废气排放必须离开飞机及其控制面；安装后造成的飞行阻力最小。

　　当发动机安装好后，发动机的编号是从飞机的后部向前看，从左向右数。

　　当发动机在地面工作时，发动机前部有大量空气被吸入进气道，发动机后部喷出高温高速的燃气。因此，发动机的前后都存在危险区域（见图 11.19 和图 11.20），且危险区大小随发动机工作状态变化而变化。必须注意保持发动机前方区域清洁，不要使地面人员或车辆接近发动机，以免地面人员和发动机受到伤害。

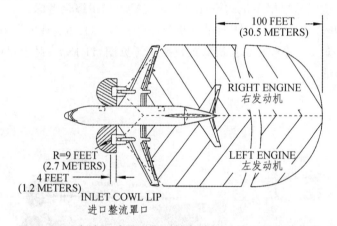

图 11.19　发动机地面工作时的危险区（地面慢车状态）

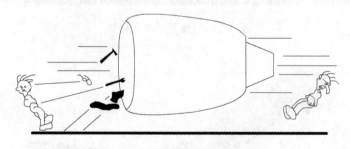

图 11.20　发动机地面工作危险区

11.1.4　喷气发动机的推力

　　喷气发动机的推力是指流过发动机的气体作用在发动机内部机件和发动机内外壁面的力在轴线方向的总和。根据牛顿第二和第三定律，流过发动机内部的气体经过压缩，燃烧膨胀后从喷口处加速流出，说明发动机的机件对气体有力的作用，那么气体对发动机机件的反作用力就是我们所说的推力。

推力的大小可表示为

$$R = \dot{m}(c_5 - v) + A_5(p_5 - p_0)$$

式中，R 表示发动机的推力；$\dot{m}$ 为流过发动机的气体质量流量，即 1 s 流过发动机的空气质量和燃油质量之和；c_5 为发动机出口截面处的气流速度；v 为飞行速度；A_5 为发动机出口截面面积；p_5 发动机出口截机处的气体压力；p_0 为未受扰动处的外界大气压力。

对民用发动机而言，在绝大多数情况下气体在发动机内完全膨胀，因此出口截面处的压力等于外界压力。推力公式可简略为

$$R = \dot{m}(c_5 - v)$$

从上述公式看，影响发动机推力的因素主要是流量和速度增量 $(c_5 - v)$。流量越大，意味着虽然每千克气体获得的速度增量不变，但总的速度增量增加了，则推力也增加。另外，速度增量越大，意味着虽然流过发动机的气体质量不变，但每千克气体所得到的速度增量增加，总的速度增量也增加，发动机的推力也增加。

图 11.21 表示涡喷发动机的推力在各部件上的分布。由图可以看出涡喷发动机进气道、压气机、燃烧室上的轴向力是向前的，而涡轮、尾喷管上的轴向力是向后的。应该指出，发动机各部件上承受的轴向力的大小随发动机的工作状态和飞行速度的变化将要发生变化。

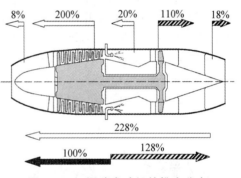

图 11.21　涡喷发动机的推力分布

11.2　发动机基本部件的工作

燃气涡轮发动机基本部件正常工作，是发动机产生推力的条件。了解燃气涡轮发动机基本部件的正常工作和不正常工作，有利于确保飞行安全。

11.2.1　进气道的工作

进气道通常被认为是飞机而不是发动机的部件。但它对发动机工作和性能的影响很大，因此在讨论发动机时必须加以考虑。

进气道的功用是把足够的外界空气，以较小的流动损失顺利引入压气机。进气道工作正常与否，直接影响到发动机其他主要部件的工作，影响到发动机的推力和经济性。进气道分为亚声速进气道和超声速进气道两种。亚声速进气道适合马赫数小于 1.5 的飞机使用，超过 1.5 马赫数后，亚声速进气道的流动损失增加到不能接受的程度，只能用超声速进气道（见图 11.22）。

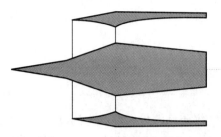

图 11.22 超声速进气道

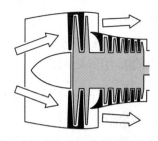

图 11.23 民用涡扇发动机进气道

大型民用涡扇发动机的进气道采用亚声速短圆形进气道（见图 11.23），在亚声速飞行时，它可充分利用飞行速度造成的冲压效应，而且造成的流动损失最小。对涡桨发动机，由于发动机前都装有减速器和螺旋桨，其进气形式较复杂。

11.2.2 压气机的工作

在常压下，燃油与空气混合燃烧后，释放出的热能转换成机械能的效率很低，只有提高压力，才能提高能量的转换效率。在航空燃气涡轮发动机中，压气机的功用就是提高气体压力。

航空燃气涡轮发动机采用的压气机类型主要是离心式（见图 11.24）、轴流式（见图 11.25）和轴流-离心混合式（见图 11.26）。离心压气机的优点是简单结实，缺点是效率低且流量受到限制。而轴流式压气机虽然结构复杂，但效率高、流量大，因而所产生的推力也大。混合式压气机通常用在中小功率的涡桨和涡轴发动机上，如 PT6A 发动机。目前大型民用运输机所装发动机几乎都采用轴流式压气机。

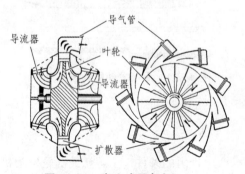

图 11.24 离心式压气机

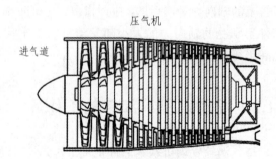

图 11.25 轴流式压气机

1. 离心式压气机的工作

离心式压气机由进气系统、叶轮、扩压器和集气管 4 部分组成（见图 11.24 所示）。叶轮由涡轮驱动高速旋转，空气连续被吸入叶轮中心，在离心力作用下径向流向叶轮外缘部，流速增加，压力提高。进入扩器后，部分动能转换成压力能，气体压力进一步提高。因此，离心压气机靠离心增压和扩散增压提高气体压力，但根本原因仍是叶轮对气体做了功。

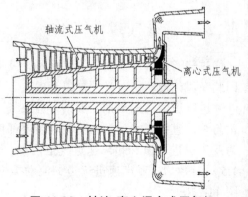

图 11.26 轴流-离心混合式压气机

2. 轴流式压气机的工作

轴流压气机可分为单转子和多转子两种，高涵道比涡扇发动机多用多转子形式，包括双转子和三转子。单转子和多转子压气机的增压原理是一致的，我们以单转子为例阐述轴流压气机的增压原理。

轴流压气机由转子和静子组成。转子包括连接涡轮的轴和多排沿周向均匀排列的转子叶片；静子包括压气机机匣和安装在机匣内的多排静子叶片。转子叶片和静子叶片相间排列，一排转子叶片加上一排静子叶片组成一个压气机的级，一级压气机是提高气体压力的基本单元。单级压气机提高气体压力的程度有限，一般可提高到 1.1～1.6 倍，为进一步提高气体压力，轴流压气机都采用多级，如 CFM56-7B 发动机高压压气机共采用了 9 级。多级轴流压气机的叶片呈现出从前向后高度和宽度（弦长）不断减小，数目不断增加的特点。

轴流式压气机提高气体压力的根本原因是转子叶片对气体做了功，加入的机械能通过扩散增压的方式转变成气体的压力。每级压气机相邻两个转子叶片或静子叶片之间的气流通道是扩散形的，如图 11-27 所示。在转子叶片中，加入的机械能一部分使气体压力提高，另一部分提高气体的速度，增速后的气体进入静子叶片后将增加的动能转换成气体的压力，速度降低。压气机中速度与压力的变化如图 11.28 所示，气体压力在压气机出口达到最高。

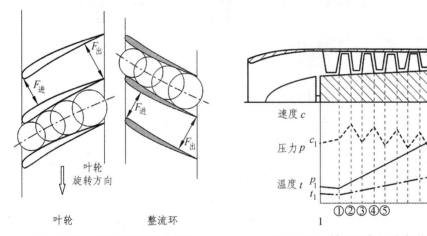

图 11.27 压气机的叶栅通道　　图 11.28 轴流压气机中气体参数变化

压气机提高气体压力的程度，可用压气机增压比表示。压气机增压比定义为压气机出口气流总压与压气机进口总压之比。提高压气机的增压比可明显改善发动机的经济性，降低耗油率。目前压气机增压比最高可达 50 以上。

3. 轴流式压气机的喘振

压气机增压比的提高，虽然改善了发动机的经济性，但使压气机的稳定工作更难保证。特别是在发动机工作条件比较恶劣时，往往造成压气机的喘振。压气机的喘振是压气机内的气流沿轴线方向低频高幅地来回振荡现象。通常喘振造成的后果是使发动机推力降低，排气温度升高，转速降低；同时伴有发动机振动和低沉的喘息声。严重的喘振可能使压气机叶片出现裂纹甚至断裂，可能因排气温度急剧上升使涡轮叶片损坏，甚至可能造成发动机停车，直接威胁到飞行安全。

造成压气机喘振的根本原因是压气机内部气流发生了严重的分离。当压气机的转速减少或进口温度升高造成压气机增压比下降，或是当进入压气机的空气突然减少时，会造成压气机前几级或后几级气流分离，分离区扩大后堵塞前后级的通道后，即造成了压气机的喘振。在实际使用中，有几种情况会引起压气机喘振：① 地面慢车工作时遇到大侧风或大顺风；或是着陆滑跑使用反推装置不正确使流量骤然减少；② 在飞行中突遇较强颠簸气流，或是飞机操纵动作过猛，以及进气道严重结冰造成进气道气流严重紊乱或分离时；③ 在飞行中推、收油门过猛或吸入冰块、飞鸟时。一旦确认出现喘振趋势后，应采取的措施是立即收油门，然后顶杆增加飞机速度，增加空气流量，尽量减少发动机处于喘振的工作时间。空中飞行时，如果喘振无法控制，应对发动机实施停车。

为了防止压气机喘振，在结构上采用压气机中间级放气（见图 11.29），双转子或三转子压气机和可调静子叶片（见图 11.30）3 种措施。但这些结构措施并不能完全避免喘振的发生。要进一步预防喘振的发生还需要注意发动机使用过程中的正确操纵。

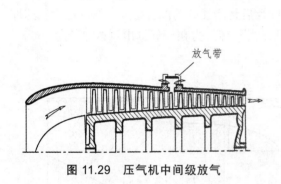

图 11.29　压气机中间级放气

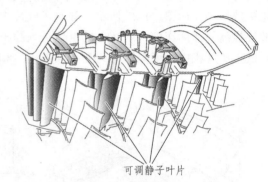

图 11.30　可调静子叶片

4. 压气机引气

压气机压缩空气，除压力提高外，还伴随温度升高。有的发动机的压气机出口处，空气温度可达 500 ~ 600 ℃。压气机引气与压气机防喘放气完全不同，压气机引气的功用主要用于飞机座舱的空调和增压以及用于飞机机翼的除冰或进气道前沿的防冰，还用于起动其他发动机；有时还用于其他特殊用除。

压气机引气通常是从压气机中间级和压气机出口引出，如 CFM56-3 发动机是从高压压气机第 5 级和第 9 级引出热空气。压气机引气后将会造成发动机性能的变化，通常会引起发动机推力的损失和耗油率的增加，还会引起排气温度的升高；但引气可以增加压气机稳定工作范围，使发动机不易进入喘振。

11.2.3　燃烧室的工作和排气污染

燃烧室的功用是将空气和燃油混合并燃烧释放热量，便于燃气在涡轮中膨胀做功。燃烧室常用的有 3 种类型：单管燃烧室、环管燃烧室和环形燃烧室，如图 11.31 所示。现代大型民用发动机多采用环形燃烧室，主要是因为它的质量轻，燃烧效率高和出口燃气温度分布较均匀。

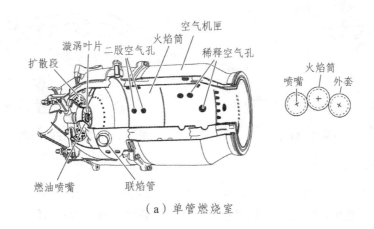

（a）单管燃烧室

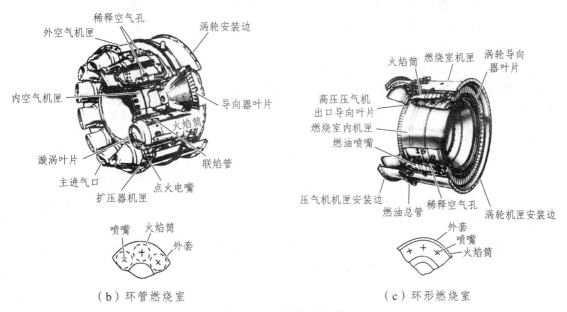

（b）环管燃烧室　　　　　　　　　（c）环形燃烧室

图 11.31　燃烧室分类

1. 燃烧室的工作特点

燃烧室中的燃油燃烧有两个特点，一是进口气流速度快，使得点火、火焰稳定和燃油完全燃烧困难较大；二是燃烧室出口的燃气温度不能过高，它受到涡轮叶片材料强度的限制。根据上述特点，燃烧室内安装了火焰筒（见图 11.32），采用先扩压减速，再使气流分股，燃烧分区的方法解决燃烧困难。

如图 11.33 所示，从压气机来的气流，速度为 100～140 m/s，经扩压器减速后，约为 30 m/s。其中 20%～30% 的空气从火焰筒头部经旋流器进入主燃区，形成局部低速区域。在此与燃油混合燃烧，燃烧后温度可达 2 000～2 200 ℃。其余 70%～80% 的空气从火焰筒后部大孔和小孔进入掺混区，用于冷却火焰筒壁面，补充燃烧并降低燃气的温度，最后汇同前部进入的空气一起进入涡轮，此时，燃气温度 800～1 200 ℃。

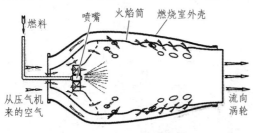

图 11.32　燃烧室原理图

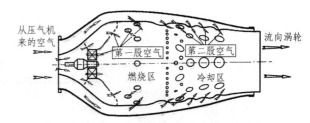

图 11.33　气流在燃烧室中的分配图

2. 燃烧室的熄火

发动机正常工作时，点火电嘴在起动点燃混合气后就停止工作。这时，燃烧室的余气系数只要保持在一定范围内就可以保证燃烧室内的火焰保持稳定。我们把这个范围叫燃烧室的稳定燃烧范围，如图 11.34 所示。稳定燃烧范围是变化的，当飞行高度增加或发动机转速减低时，稳定燃烧范围变窄；当飞行高度降低或发动机转速增加时，稳定燃烧范围变宽。因此，发动机在高空小转速状态最容易熄火。为了有利于发动机在空中稳定燃烧，燃气涡轮发动机设有空中慢车和地面慢车两个慢车状态，空中慢车转速高于地面慢车，而且应随飞行高度升高而增大。

当发动机处于恶劣工作条件时，余气系数可能会超出稳定燃烧范围，这将会导致发动机熄火停车。如压气机进入严重喘振状态；发动机吸入大量的冰和水；或是进入严重颠簸气流；以及处置发动机不当，如推、收油门过猛，误将工作发动机停车，误关燃油系统等。当发动机停车后，首先必须控制飞机的姿态和方向，然后严格按检查单执行后继工作，有条件的情况下，应该重新起动发动机。

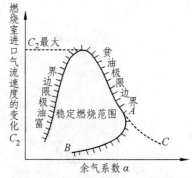

图 11.34　燃烧室稳定燃烧范围

3. 排气污染

发动机的排气是大气污染的来源之一，排气污染对环境的危害十分严重，使某些疾病的发病率增加，甚至危及人类的生存和发展。航空发动机在低空的排气还会使机场附近能见度降低，影响飞行安全。

航空燃气涡轮发动机排放的污染物主要为氮氧化物（NO_x），一氧化碳（CO），未燃的碳氢化合物（UHC）和碳颗粒。碳氢化合物和一氧化碳均属不完全燃烧产物，不仅污染环境，而且影响燃烧效率，它们主要在发动机慢车或低功率状态下产生。固体碳粒是形成排气冒烟的主要因素，它主要在燃烧室主燃区内的高温富油区域里生成。氮氧化物在主燃区温度最高处生成，一般在发动机处于起飞状态时，氮氧化物的排放量较多。

目前发动机采用精确的燃油控制——发动机数字电子控制和先进的燃烧室设计，可大大减少污染物的排放，如通用电气公司的双环腔燃烧室等，如图 11.35 所示。但由于现在环境保护的要求越来越高，发动机的排气污染要完全满足国际民航和美国联邦航空局最新的标准难度很大。

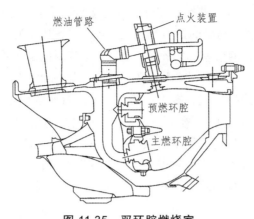

图 11.35 双环腔燃烧室

11.2.4 涡轮的工作

涡轮的功用是将燃气的部分可用热能转变成机械能用于带动压气机和发动机附件,在涡桨和涡轴发动机中,还用来带动螺旋桨或旋翼(及尾桨)。

1. 涡轮的工作

涡轮的结构(见图 11.36)与压气机的结构十分相似,也是由转子和静子组成,但有 3 个区别,一是静子在前,转子在后,组成一级涡轮,通常涡轮静子也叫涡轮导向器;二是每级相邻两个叶片之间的通道是收敛形的;三是涡轮的级数比压气机的级数少。

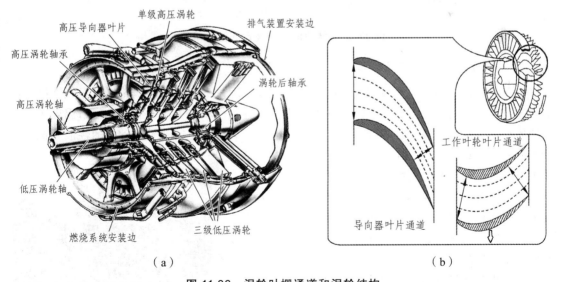

(a) (b)

图 11.36 涡轮叶栅通道和涡轮结构

发动机工作时,高温高压的燃气从燃烧室流出后进入涡轮导向器,在导向器收敛形的通道中流速增加,然后冲击涡轮转子叶片,并继续在转子叶片通道内膨胀,使转子叶片高速旋转。流过涡轮后,燃气的温度和压力大为降低但流速提高。

　　燃气流过涡轮转子叶片时，燃气的部分能量传递给涡轮。涡轮中转换出的能量用涡轮功率表示，涡轮功率越大，则发动机的推力就越大。影响涡轮功率的主要因素包括燃气的流量、涡轮进口燃气总温 T_3^*、涡轮的效率和涡轮落压比。涡轮落压比是涡轮进出口燃气总压的比值，落压比反映了涡轮中燃气能量转化的程度，落压比越大燃气能量转化越多，则涡轮功率越大；燃气的流量反映了发动机进口空气的多少；燃气总温 T_3^* 反映了供给发动机燃油的多少，供油多，则 T_3^* 就高。因此，当 T_3^* 增加、燃气流量增加或涡轮效率增加时，涡轮的功率就会增加。

　　为提高发动机的推力，目前采用了高强度的耐热材料、先进的空心涡轮叶片冷却技术和定向结晶、单晶叶片铸造技术，使涡轮进口燃气温度最高可达 1 977 °K，如图 11.37 所示。另外，还采用主动间隙控制技术降低涡轮中的流动损失，提高涡轮效率。

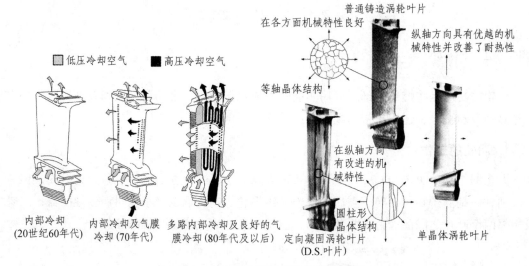

图 11.37　涡轮叶片的冷却和制造工艺

2. 排气温度和涡轮叶片失效

　　排气温度是指涡轮出口或涡轮级间的燃气温度。理论上应该测量涡轮进口燃气温度，但由于进口温度太高，不易测量，而且在发动机大部分工作状态下涡轮的进、出口温度基本呈线性关系，因此用排气温度间接表示涡轮进口温度。排气温度反映了发动机的性能和机件的热负荷程度，也是发动机工作中主要的限制参数，在发动机工作时要随时留意监控。

　　涡轮叶片处于高温热负荷，高气动力负荷和高离心力负荷的工作条件下，比较容易产生故障。统计数字表明，涡轮叶片产生的事故和由于涡轮叶片失效引起的提前换发率是比较高的。如果在使用过程中超出排气温度极限或超出最大转速极限或是在发动机最大状态下使用时间超出限制将导致涡轮转子叶片产生蠕变，最后的结果将使叶片产生裂纹甚至断裂。骤然的严重超温、超转或是外来物打伤也可能使涡轮叶片产生严重损伤，如图 11.38 所示。

图 11.38　涡轮叶片的损坏

防止涡轮叶片失效，必须使发动机转速，排气温度和最大状态工作时间限制在极限内。还应避免推油门动作过猛、喘振，正确使用反推装置，控制压气机引气量等。此外，在适当的转速下对发动机进行一定时间的冷、暖机，可避免涡轮叶片骤冷、骤热引起过大的热应力，损坏涡轮叶片。

另外，在发动机有较大的推力富余时可在保证飞机性能和飞行安全的前提下，降低排气温度使用，比如目前在波音 737NG 上采用的减推起飞技术。这样可以明显延长发动机热端部件特别是涡轮的使用寿命，还可降低起飞噪声，节省燃油，大大降低使用成本。

11.2.5　排气装置

排气装置的功用是将涡轮排出的燃气以一定的速度和方向排入大气，同时还可将燃气的剩余可用热能变成动能以获得更大的推力。

排气装置有亚声速和超声速两种，亚声速排气装置采用收敛形喷口，超声速排气装置采用收敛-扩散形喷口。对大型民用运输机的发动机来说，一般采用亚声速排气装置。

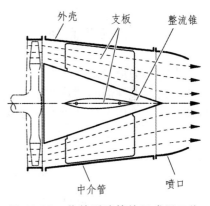

图 11.39　收敛型喷管的组成及工作

排气装置包括喷管、反推装置，有的涡扇发动机还包括内外涵气流混合器。喷管由中介管和喷口组成，如图 11.39 所示。中介管主要包括中心锥和支板。中介管的功能是降低燃气从涡轮流出后的旋涡损失和偏斜损失以减小发动机的推力损失。喷口可进一步提高燃气的流速以增加发动机推力。

反推装置主要用于减小飞机着陆后的地面滑跑距离，特别是在潮湿、结冰或被雪覆盖等受污染的跑道上。图 11.40 表示一种外涵反推装置的工作情况。在正推力状态，阻流门将叶栅盖住，喷管呈打开状态；在反推力状态，阻流门将喷管后向通道堵死，同时将叶栅打开，气流转向从叶栅处排出，产生反推力。

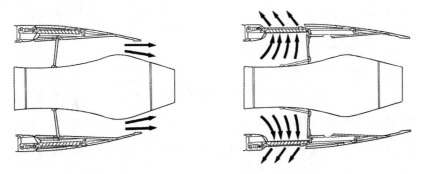

图 11.40　民用涡扇发动机常用反推装置的工作

反推通常包括热气流反推和冷气流反推。由于高涵道比涡扇发动机外涵产生大部分推力，所以一般使用外涵反推就能够产生满足需要的反推力。反推力可通过操纵油门或油门上的反推手柄获得，但只有在地面且油门在慢车位时才能进入反推状态。

在使用反推时应注意：飞机接地后因为速度较高，立即使用反推可获得较大的反推力；速度减小后应及时解除反推状态，否则容易引起涡轮超温或压气机喘振，喷流卷起的砂石等外来物可能重新被吸入发动机，打伤风扇叶片和压气机叶片。单发和大侧风着陆时，飞机易偏出跑道，使用反推应慎重。

11.3　航空燃气涡轮发动机的性能

航空燃气涡轮发动机主要的性能指标有发动机推力、经济性和加速性。这些指标会对飞机飞行性能、营运经济性和飞行安全产生直接影响。

11.3.1　发动机的推力及影响因素

发动机的推力是发动机最重要的性能参数，推力越大，飞机的速度就越快，同时也可改善飞机的起飞性能和爬升性能。对于涡喷发动机或涡扇发动机，飞行中发动机的推力无法准确测出，只能用发动机的工作参数间接表征发动机推力的大小。目前多用发动机转速或发动机的压力比来表征发动机的推力，如 CFM56 发动机用风扇转速 N_1 的大小间接表征发动机的推力，而 V2500 发动机用压力比表征发动机推力，如图 11.41 所示。发动机压力比 EPR，是指涡轮出口总压或风扇出口总压与压气机进口总压之比。

根据推力公式，流过发动机的空气流量和速度增量影响发动机的推力。在实际使用中，影响发动机推力的因素主要有：发动机转速、飞行速度、外界大气温度和压力等。

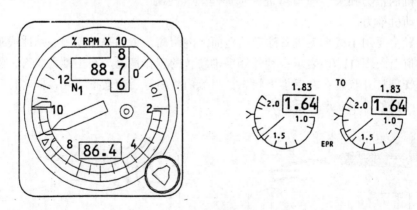

图 11.41　N_1 转速表和 EPR 表

1. 发动机转速对推力的影响

发动机的转速越大，则发动机的推力也越大，而且在高转速范围，推力随转速的变化更快，如图 11.42 所示。推力随转速的增加而增加的主要原因是发动机的空气流量和喷气速度均随转速的增加而增加。在操纵发动机时，飞行员是通过油门来控制发动机推力的。当前推油门时，供油量增加，使进入涡轮的燃气温度提高，则涡轮功率增加，发动机的转速也随之增加，推力增加；后收油门时，供油量减少，转速减小，推力也减小。

2. 飞行速度（马赫数）对推力的影响

单从速度增量来讲，当飞行速度增加后，发动机的推力将减小；但再考虑速度增加引起进气道的冲压效应增加，并使空气流量增加后，飞行速度对推力的影响就比较复杂。图 11.43 表示了涡轮发动机推力随飞行速度的变化关系。由此可见，涡喷发动机适合高速飞行。

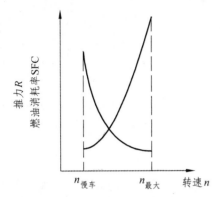

图 11.42　发动机转速对推力和燃油消耗率的影响

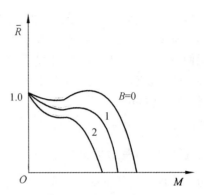

图 11.43　飞行速度对推力的影响

3. 外界大气环境对推力的影响

当外界大气温度变化后，进入发动机的空气密度和发动机部件的工作效率发生变化从而影响发动机的推力。当大气温度降低时，发动机的推力增加；大气温度增加时，发动机的推力减小。大气温度对推力的影响大约成平方反比关系，改变十分明显。比如在相同的条件下场温从冬天的 $-30\ ℃$ 变为夏天的 $+30\ ℃$，推力减小约 45%。因此，有些飞机在夏天时候的起飞爬升性能和载重明显变差。

虽然温度升高后，发动机的推力下降很多，但可由燃油调节器适当增加供油量以保证某一大气温度下发动机均能产生规定的起飞推力，超过这一温度后再继续增加供油将会使涡轮超温。这种发动机的推力随大气温度变化情况如图 11.44 所示。

另外，现代民用运输机的高涵道比涡扇发动机有较大的推力富余，在某些情况下可以不使用发动机的最大推力状态就能获得满意的起飞性能，这就是所说的减推力起飞技术。起飞推力的

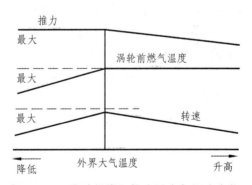

图 11.44　发动机实际推力随大气温度变化

减小可以通过假设温度方式实现，即根据当时的起飞重量，跑道状态和爬升性能要求等，选择一个较最大起飞推力小的推力按飞行手册提供的数据或曲线选择一个较当时场温更高的假设温度输入飞行管理计算机或推力管理计算机，则发动机按输入的假设温度产生推力，此时的发动机推力小于发动机可以发出的最大推力。这样既可以保证起飞性能，也可以节省燃油，降低噪声；长时间采用减推起飞技术，可大大延长发动机热端部件寿命，显著降低发动机使用成本。

大气压力对发动机推力的影响是由于压力改变引起大气密度的变化而使进入发动机的空

气流量发生变化。压力降低，流量减小，推力就减小；反之，压力升高，推力也增加。压力对推力的影响不如温度的影响显著，基本呈线性关系。在标高较高的机场起飞时，会由于发动机推力的减小影响飞机的起飞性能。

飞行高度变化时，大气温度和压力的变化将同时影响发动机的推力。当飞行高度增加时，虽然温度降低使发动机推力增加，但外界压力降低比温度快得多，因而发动机的推力是降低的。到 11 000 m 以上时，大气温度保持不变，发动机的推力下降更快，如图 11.45 所示。

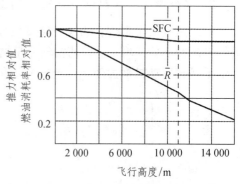

图 11.45　飞行高度对发动机推力和
燃油消耗率影响

4. 压气机引气对推力的影响

为了确保飞机和发动机各系统的工作正常，需要从压气机引出部分增压空气，主要用于飞机客舱和驾驶舱的空调、增压、发动机涡轮冷却、压气机防喘以及飞机及发动机防/除冰。压气机引气一方面使燃气流量减少，导致部分高压空气未对涡轮做功和在喷管中膨胀产生推力，发动机推力降低；另一方面引气量增加使涡轮功率下降，发动机转速将降低，此时发动机燃油调节器将自动增大供油量，使涡轮前温度升高，最终保持转速不变。由于涡轮前温度升高将使燃气排气速度增加，发动机推力得到一定恢复。总的来说，压气机引气，一方面可以使压气机的稳定工作范围变宽；另一方面也使涡轮前温度升高，燃油消耗量增加，发动机推力减小。燃油消耗率增加，对发动机推力及经济性均造成不利影响，发动机加速性也将变差。

5. 发动机维护质量对推力的影响

发动机在工作时始终暴露在空气中，随着工作时间的积累，空气中的灰尘、悬浮颗粒等污染物会进入发动机内部并附着在进气道、压气机叶片等零部件上，使其表面粗糙度以及几何形状产生变化，导致如压气机空气流量、工作效率降低、散热性能恶化等问题，严重时还会引起喘振，发动机推力和经济性变差，引起发动机性能衰减。根据航空公司和发动机生产厂家的经验总结，对发动机进行水洗已成为一种经济有效的改善此问题的手段。它能够在一定程度上恢复发动机性能，如降低燃油消耗、提高排气温度裕度，进而提高发动机可靠性，降低使用成本。

11.3.2　发动机的经济性

一般情况下，可以用发动机燃油消耗率（SFC）和发动机的总效率来衡量燃气涡轮发动机的经济性。燃油消耗率是从油耗的角度来衡量发动机的经济性，而总效率是从能量转换的角度来衡量发动机的经济性。发动机的经济性影响飞机的航程、续航时间和有效载重。

1. 发动机的效率

航空燃气涡轮发动机既是热机，又是推进器。作为热机时，它将燃油的化学能转变成流过发动机气流的功能增量；作为推进器，则将气流的动能增量转变成推进功。在热能的释放并转变成动能增量过程中，根据热力学第二定律，有部分热能排出到大气中。另外，还存在不完全燃烧等损失。为此，我们将气流的动能增量与加入燃料的理论放热量之比定义为发动机的热效率或内部效率，用来衡量发动机作为热机的经济性。影响发动机热效率的关键因素是压气机增压比，增压比越大，热效率越高。目前航空燃气涡轮发动机的热效率为 25% ~ 40%。

推进功是指发动机的推力与飞行速度的乘积，它与气流动能增量的比值称为推进效率或外部效率。推进效率用来衡量发动机作为推进器的经济性。影响推进效率的主要因素是离速损失，即排气流带走的气流动能。对涡喷发动机，排气速度大，离速损失也大，使推进效率较低。对涡扇、涡桨和涡轴发动机，排气速度依次减小，则推进效率越来越高。目前涡喷、涡扇发动机的推进效率为 50% ~ 80%。当飞行速度为零，即发动机在地面工作时，此时发动机的推进功为零，推进效率也为零，气体动能增量没有对飞机产生推进效果。

推进功与加入燃料的理论放热量之比为发动机的总效率，它可以准确衡量燃气涡轮发动机作为航空动力装置的经济性。目前燃气涡轮发动机的总效率为 20% ~ 32%。

2. 发动机的燃油消耗率

在一般情况下，我们还可用发动机的燃油消耗率来衡量发动机的经济性，但它不如总效率准确。在飞机座舱中并没有直接反映燃油消耗率的仪表，也没有反映总效率的仪表。但一般设有燃油流量表或累计表，用来表示发动机单位时间消耗的燃油质量，可以间接反映燃油消耗率和发动机的经济性能。在同等条件下，涡轴发动机的燃油消耗率最低，涡桨和涡扇发动机次之，涡喷发动机最高。

影响发动机燃油消耗率的因素主要有发动机的转速，外界大气温度和飞行速度等。

转速对燃油消耗率的影响如图 11.42 所示。在高转速时发动机的经济性明显好于低转速时的经济性，主要原因是高转速带来的压气机高增压比改善了发动机的热效率。

外界大气压力的变化并不影响发动机的耗油率，只有当大气温度变化后，耗油率才会变化。大气温度升高，发动机的耗油率也升高，经济性变差；大气温度降低，则发动机的耗油率也降低。因此，当飞行高度增加时，发动机的耗油率是降低的，这说明发动机的高空性较好。当高度到 11 000 m 以上时，大气温度不变，则耗油率基本不变，如图 11.45 所示。实际上，由于受到高空雷诺数减小的影响，使发动机部件效率变差，耗油率略有升高。所以，民用运输机的经济巡航高度选 11 000 m 为佳。

当飞行速度增加时，燃油消耗是增加的。但这并不表示发动机的经济性变差，因为总效率随飞行速度的增加也是增加的，所以经济性变好。

11.3.3　发动机的加速性

发动机的加速性是指快推油门时发动机推力上升的快慢程度。通常用慢车转速增加到最大转速的最短时间来衡量，时间越短，加速性越好。航空燃气涡轮发动机的加速性为 5 ~ 15 s。发动机的加速性明显影响飞机的起飞性能和复飞性能。

影响燃气涡轮发动机加速性的因素主要是空气流量，供油量和发动机转子的转动惯量及慢车转速的大小。在使用时，主要是空气流量的影响，空气流量的增加可使涡轮功率更大，转速上升就更快。因此，燃气涡轮发动机的加速性，高空比低空差，夏天比冬天差，低速飞行比高速飞行差。

发动机的加减速通过飞行员控制油门来实现。当前推油门时，供油量增加，使进入涡轮的燃气温度提高，则涡轮功率增加，发动机的转速也随之增加，发动机加速。需要注意的是加速过程时供油增加较快，易引起发动机超温和燃烧室熄火，加速过猛还易造成压气机喘振。因此，在设计燃油调节器时综合考虑了改善加速性和加速限制，确定出最佳供油曲线，一般快推油门不会造成发动机不正常工作，但仍需注意不能粗猛操纵油门。

11.3.4　发动机的常用工作状态

飞行中不同的飞行阶段对发动机的推力（功率）有不同的要求，因而发动机对应有不同的工作状态。燃气涡轮发动机常用的工作状态有：

1. 最大工作状态

在这一状态下，发动机的转速和涡轮前燃气温度都达到最大值，因而推力最大。最大工作状态一般用于起飞和复飞，但工作时间有严格限制，一般不超过 5 ~ 10 min，否则将烧坏热端部件。

2. 额定工作状态

通常规定推力为最大推力的 85% ~ 90%的状态为额定工作状态。额定工作状态一般用于爬升，此时由于发动机的机械负荷和热负荷仍较大，所以工作时间一般限制为 30 ~ 60 min。

3. 最大连续工作状态

规定发动机可长时间连续发出最大推力的工作状态为最大连续工作状态。最大连续工作状态的推力约为最大推力的 80%，一般用于爬升和大速度平飞。该状态连续工作时间不受限制。

4. 巡航工作状态

飞机作巡航飞行时发动机所处的状态为巡航工作状态。巡航状态时发动机推力范围较宽，可根据飞行手册选择正常巡航、远距巡航和最长时间巡航。该状态连续工作时间也不受限制。

5. 慢车状态

慢车状态是能够保持发动机稳定工作的最小转速状态。慢车状态主要是飞机着陆、快速下滑、地面滑行时使用，对现代大型民用涡扇发动机，也用慢车状态对发动机冷、暖机。一般慢车状态时，转速为最大转速的 25% ~ 35%，推力为最大推力的 3% ~ 5% 。

各种不同的发动机可能设置的状态不同，如一些英美制发动机中，没有规定专门的额定状态，而只有发动机最大连续工作状态。对高涵道比涡扇发动机，除最大状态和慢车状态外，其余状态并无十分明确的界线。

11.4　涡桨、涡轴和涡扇发动机

目前，在民用飞机上使用的燃气涡轮发动机主要有涡轮风扇发动机、涡轮螺旋桨发动机和涡轮轴发动机。本节介绍这些发动机的工作特点。

11.4.1　双转子发动机的特点

要提高发动机的推力和经济性，必须提高发动机的增压比。但增压比提高后将影响单转子发动机的工作稳定性。而采用双转子发动机可有效解决这一矛盾。目前民用飞机上使用的燃气涡轮发动机基本上都采用双（三）转子结构。因此，下面简单阐述一下双转子发动机的特点。

1. 双转子发动机的结构特点

双转子发动机的部件与单转子发动机一样，但压气机和涡轮分为两部分。前面几级压气机叫低压压气机，通过低压轴由后面级的低压涡轮带动并组成低压转子。后几级压气机叫高压压气机，通过套在低压轴外面的高压轴由前面级的高压涡轮带动，并形成高压转子，如图11.46 所示。低压转子与高压转子无机械联系，只有气动联系，因此两个转子转速不同，一般高压转子转速大于低压转子转速。

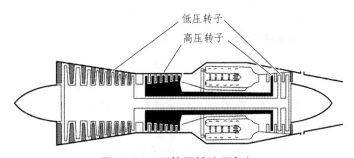

图 11.46　双转子轴流压气机

2. 双转子发动机的性能特点

双转子发动机的工作与单转子发动机的工作是一样的，只是压气机的增压比是两部分压气机的乘积。双转子发动机主要有以下几个性能特点。

（1）发动机的稳定工作范围大。当发动机的工作状态变化后，两个转子可以自动适应，调整转速使之在各自合适的转速下工作，这样使压气机内部气流不易分离，则压气机不易进入喘振。

（2）压气机效率较高。由于压气机内部气流不易分离，提高了压气机的效率，特别是慢车时的效率比单转子高得多，这样双转子发动机慢车时的涡轮前燃气温度比单转子发动机的要低得多。因此双转子发动机多用慢车转速进行冷、暖机，而单转子发动机用中转速冷、暖机。

（3）具有良好的起动性和加速性。起动双转子发动机时，通常起动机只带动高压转子，因而起动容易，而且对起动机功率要求小。此外，由于双转子发动机稳定工作范围宽，慢车转速时涡轮前燃气温度低，加速时可适当多喷燃油，增加涡轮功率，从而改善了加速性。

11.4.2 涡扇发动机

涡扇发动机是 20 世纪 60 年代发展出来的新型发动机,它的采用显著提高了飞机的速度、高度、航程和经济性。目前民航运输机绝大多数采用涡扇发动机。

1. 涡扇发动机的组成和分类

与涡喷发动机相比,涡扇发动机增加了风扇部件,风扇由低压涡轮带动,增加了流经发动机的空气流量。流过发动机风扇的空气分为两路,一路流经风扇后,不参与燃烧,直接排出,称为外涵; 一路流经压气机、燃烧室和涡轮后排出,称为内涵,如图 11.47 所示。外涵空气流量与内涵空气流量之比称为涵道比。流过发动机总的空气流量应是内外涵空气流量之和。

根据风扇的位置,涡轮风扇发动机可分为前风扇式和后风扇式;根据排气方式可分为分开排气和混合排气两种,根据涵道比的大小可以分为高涵道涡扇和低涵道涡扇。民航现多采用前风扇分开排气式高涵道涡扇发动机,其涵道比一般在

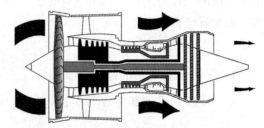

图 11.47　典型的涡扇发动机

5 以上。一般来说,民用涡扇发动机多用双转子结构,只有罗罗公司 RB211 系列和遄达系列发动机采用三转子结构。

2. 质量附加原理和涡扇发动机特点

涡扇发动机性能改善的根本原因是利用了质量附加原理。所谓质量附加原理是指：当从作为热机的发动机内所获得的机械能一定时,把这个能量传递给工质,如果工质的质量越大,也就是如果参与推进的质量越多,则发动机的推力越大。涡扇发动机将涡轮转换出的机械能通过风扇传递给外涵空气,则平均到每千克的空气所获得的机械能减少,使气体的速度增量减小,排气速度降低,从而提高了发动机的推进效率,降低了燃油消耗率。相比而言,风扇使整个发动机空气流量的增加大于气体速度增量的减小,使发动机的推力增加。由此可知,涵道比越大,空气流量就越大,发动机的推力也就越大,燃油消耗率也就越低。

涡扇发动机与涡喷发动机相比,具有以下几个特点：

1）起飞、复飞推力大

在起飞、复飞和爬升等阶段,飞机速度较低,涡扇发动机推进效率比涡喷发动机高很多。在相同的参数条件下,涡扇发动机比涡喷发动机空气流量大,因而推力更大。这将明显增加飞机的有效载重,改进起飞、复飞和爬升性能。特别是高涵道比涡扇发动机,这个性能更为突出。

2）发动机的总效率高,经济性好

对涡扇发动机,提高涡轮前燃气温度增加的能量可以传递给外涵气体,不会引起排气速度的增加或推进效率的降低;再加上材料技术和涡轮叶片冷却技术的进步,可使涡扇发动机的涡轮前燃气温度很高。另外,涡扇发动机内涵散失的热量和因防喘放出的增压空气,可以

在外涵产生推力，降低了损失。更重要的是内外涵结构和多转子结构可使压气机增压比大大提高后仍能保持稳定工作。高涡轮前温度，高压气机增压比，加上损失减小使发动机热效率明显提高，再加上较高的推进效率，使涡扇发动机具有良好的经济性。

3）排气噪声低

排气噪声与排气速度的 8 次方成正比，涡扇发动机的排气速度较低，因此产生的排气噪声就小。这样可减小对环境的污染和改善飞机座舱内的舒适程度。

3. 涡扇发动机的推力

涡扇发动机的推力包括外涵产生的推力和内涵产生的推力两部分。对高涵道比涡扇发动机，由于外涵空气流量大，所以外涵产生的推力也大，一般占总推力的 70%～80%，就发动机各部件而言，风扇是产生正推力最大的部件。因此驾驶舱中的推力表——压力比表或 N_1 转速表反映的是风扇产生的推力而不是整个发动机产生的推力，但它与总推力基本成正比。

影响涡扇发动机推力的主要因素是转速、外界大气的温度和压力、飞行速度和涵道比。由质量附加原理可知，涡扇发动机的涵道比越大，则发动机的推力越大。而转速、外界大气温度和压力对推力的影响与涡喷发动机是一样的。飞行速度对涡扇发动机推力的影响与对涡喷发动机的影响不同。特别对高涵道比涡扇发动机，飞行速度增加使流过发动机的速度增量减小很快，从而使发动机的推力下降很快，到巡航速度后，涡扇发动机的推力值比同参数条件下的涡喷发动机要小。因此，高涵道比涡扇发动机一般适合高亚声速飞行。

4. 涡扇发动机的噪声

飞机起落时的噪声成为污染环境的一个重要因素，而飞机主要的噪声源是发动机。发动机产生噪声的来源可分为内部噪声和外部噪声。内部噪声主要是转子部件工作及燃烧产生的噪声；外部噪声即喷气噪声是高速排气流与外界大气混合形成涡流后产生的。

对涡喷发动机，由于排气速度大，外部噪声是主要的噪声源。而对于高涵道比涡扇发动机，由于排气速度低，主要的噪声源是内部噪声，特别是风扇产生的噪声，如图 11.48 所示。

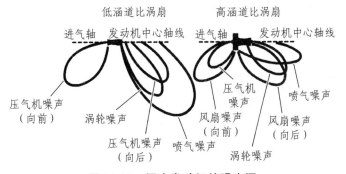

图 11.48　涡扇发动机的噪声源

对涡扇发动机的外部噪声可采用混合排气的方法进一步降低。对风扇噪声，可采用无进口导流叶片的单级风扇；加大风扇转子叶片与出口整流叶片之间的距离；合理选择转子叶片与静子叶片数目以及安装吸音衬垫等进一步减小。目前涡扇发动机总的噪声水平是逐步降低的，如图 11.49 所示。

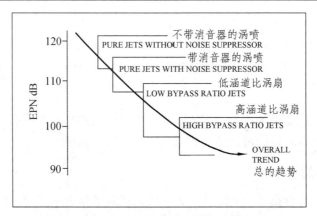

图 11.49 不同类型发动机的噪声水平比较

11.4.3 涡桨发动机

涡桨发动机是在涡喷发动机的基础上发展而来的，广泛使用在中、低速的运输机、轰炸机和支线民航飞机上。

1. 涡桨发动机的结构特点

如图 11.50 所示，涡桨发动机的基本组成与涡喷发动机一样，只是涡轮还要通过减速器带动螺旋桨。减速器的作用是将高转速低扭矩的涡轮功率变为低转速高扭矩功率并送到螺旋桨。减速器的减速比一般是 5 ~ 15。由于涡轮除带动压气机外还需带动螺旋桨，因此涡轮级数相对较多，如 WJ5A1 发动机为 3 级涡轮。

涡桨发动机可分为直接传动式和自由涡轮式两种类型，如图 11.51 所示。直接传动式涡桨发动机的压气机与螺旋桨在一根轴上，如 WJ5A1 发动机。自由涡轮式涡桨发机带动螺旋桨的涡轮与带动压气机的涡轮是分开的，如 PT6A 发动机。目前民航上的涡桨发动机多为双轴自由涡轮结构。

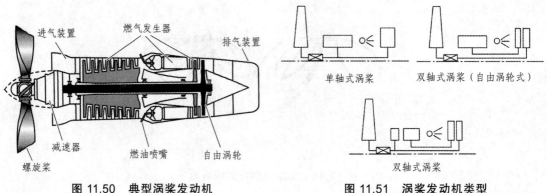

图 11.50 典型涡桨发动机　　　　**图 11.51 涡桨发动机类型**

2. 涡桨发动机的性能特点

涡桨发动机的推进力由两部分组成，一部分是螺旋桨产生的拉力，一部分是发动机的喷气推进力。螺旋桨产生的拉力占主要地位。涡桨发动机通常用当量功率来衡量发动机功率性能。当量功率包括涡轮输给螺旋桨的轴功率与喷气推进力的折合功率两部分，如 WJ5A1 发动机的当量功率最大值为 2 900 马力，其中轴功率为 2 654 马力，喷气推进力 270 kg，折合功率为 246 马力。座舱中，主要用扭矩表来间接反映涡桨发动机的功率，但扭矩表通常反映的是轴功率，并不包括喷气推进功率。

衡量涡桨发动机经济性的参数主要是总效率和当量燃油消耗率。当量燃油消耗率是指单位时间产生单位当量功率消耗的燃油质量。涡桨发动机的总效率比涡喷发动机高，这是由于它的推进效率较高的原因。涡桨发动机中大部分燃气可用能量（85%～95%）在涡轮中转换成机械能带动螺旋桨，螺旋桨对气流加速很小，因而螺旋桨的推进效率在中低速时较高；另外，剩余的少部分燃气可用能量提高喷气速度不多，使排气的离速损失小，因而喷气推进效率也较高。由此可知，在中低速以下范围，涡桨发动机的经济性较好，高速飞行时，螺旋桨效率急剧降低。所以，涡桨发动机适合中、低速飞行。

11.4.4　涡轴发动机

涡轴发动机主要用作直升机的动力装置，有的也可作为地面动力装置用来发电或用作坦克、火车、舰船等的动力装置。作为直升机的动力装置，它的主要特点是燃气的可用能量几乎全部（95%以上）在涡轮中转换成机械能用于带动压气机、直升机旋翼和尾桨及发动机附件。

如图 11.52 所示，目前采用的涡轴发动机多为自由涡轮式，而采用直接传动方式的较少。涡轴发动机的工作与涡桨发动机的工作一样，尾喷管几乎不产生推进力。座舱中用扭矩表表示发动机功率。

由于涡轴发动机的功率较小，而且用途很特殊，因此结构上有一些特殊之处：① 由于直升机飞行速度低，姿态和环境变化大，为保障发动机正常工作，进气装置一般是收敛形的，而且大多采用惯性粒子分离器以防止起降时砂粒、尘土、冰雪等外来物进入压气机。② 压气机多采用离心式或轴流离心混合式，可以减小发动机尺寸。③ 排气喷管大多采用扩散形，这样便于涡轮增加输出功率。

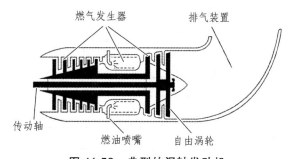

图 11.52　典型的涡轴发动机

根据直升机的实际飞行情况再结合发动机的特性，涡轴发动机的基本工作状态除起飞状态、额定状态、巡航状态和慢车状态之外还有应急状态，该状态功率比起飞状态功率大 5%～10%，主要用于多发直升机单发停车后，其他发动机发出更大功率以争取时间，保证飞行安全。有的涡轴发动机的应急状态还可细分为中间应急状态和最大应急状态，最大应急状态允许发动机工作 2～3 min，中间应急状态允许发动机最长工作时间为 30 min。

11.5 航空燃气涡轮动力装置的附件系统

燃气涡轮发动机的主要机件用于完成能量的转换和推力（功率）的产生，而附件系统是维持发动机正常工作的必要组成部分。发动机的操纵通常也是通过附件系统来实现。燃气涡轮发动机的主要附件系统有：燃油系统、滑油系统、防冰系统、防火系统和起动系统。本节介绍这些附件系统的基本功用、组成及工作、系统的监控和使用。

11.5.1 燃油系统

航空燃气涡轮动力装置燃油系统的功用是在发动机所有工作状态下，以适当的压力和流量向发动机供给清洁的燃油；同时还对发动机提供一定的安全保护。航空燃气涡轮动力装置燃油系统与飞机燃油系统的分界线是低压油泵，即低压油泵之后属动力装置燃油系统，之前属飞机燃油系统。

1. 燃油系统组成

燃油系统主要由低压燃油泵、高压燃油泵、油滤、滑油/燃油热交换器、燃油调节器、燃油关断活门、燃油流量分配器、喷油嘴及燃油管路等组成。不同发动机的燃油系统的组成略有不同。图 11.53 所示是 CFM56-3 发动机的燃油系统。

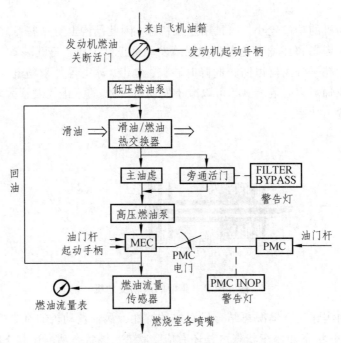

图 11.53　CFM56-3 发动机的燃油系统

2. 燃油系统工作

当发动机工作时，低压油泵将燃油压力提高到一定程度（40～50 PSI）以改善高压泵的效率并防止油路中出现的气穴。然后燃油进入滑油燃油热交换器，利用滑油提高燃油温度以防止燃油中出现冰晶，同时降低了滑油温度。接着燃油经油滤过滤后进入高压油泵。高压油泵将燃油压力提高到 700～900 PSI 后送到燃油调节器。

燃油调节器是燃油系统中的主要部件，其主要功能是根据发动机状态和飞行状态以及油门杆的位置调节燃油流量。具体来说，燃油调节器感受到发动机进口的空气温度和压力、发动机加速或减速状态、发动机的转速、涡轮进口燃气温度和压气机出口压力（或燃烧室压力）及油门位置计量出一个精确的燃油流量供给发动机。也就是说，飞行员操纵油门杆是通过燃油调节器控制发动机的。燃油调节器的另一功能是自动控制发动机的放气时机或压气机可调静子叶片偏转及涡轮叶片的间隙等，为发动机提供一定的保护措施。如防止涡轮超温，防止压气机超压，避免加、减速时燃烧室熄火及压气机喘振等。燃油调节器对发动机的控制包括机械式和电子式两种，目前先进的发动机普遍采用全权限数字电子控制技术（FADEC：Full Authority Digital Electronic Control），其工作原理与机械式工作原理一致，但控制参数更多，燃油控制更精确，而且系统更简单，还可提高发动机的经济性。

经燃油调节器精确调节后的燃油经燃油关断活门流到流量分配器后，再到燃油喷嘴。燃油关断活门受座舱中的起动停车手柄控制，用于起动供油和停车断油。燃油喷嘴的功能是将燃油雾化或汽化后喷入燃烧室以保证燃烧迅速和完全。

3. 燃油系统监控

为监控燃油系统的工作，飞机座舱中设置有监控仪表和警告信号。燃油系统的主要监控仪表有燃油流量表和燃油压力表。流量表指示的是每小时流经燃油喷嘴的燃油流量，飞行中可参考该表监控燃油消耗，检查发动机性能及判断发动机故障。燃油压力表通常测量低压油泵出口油压，主要用于判断燃油系统故障。燃油系统的警告信号在燃油系统相应部件出现故障时，向飞行员告警。

11.5.2　滑油系统

燃气涡轮发动机滑油系统的主要功用是对轴承、附件传动装置进行冷却和润滑以及对燃油进行加温。对于涡桨和涡轴发动机，滑油系统还供给滑油对减速器进行润滑和冷却，进行变距和扭矩测量。

1. 滑油系统的组成及工作

滑油系统的组成主要包括滑油箱、滑油泵、油滤、滑油散热器、滑油/燃油热交换器、油气分离器及金属屑探测装置等，如图 11.54 所示。当发动机工作时，滑油泵将滑油从油箱抽出后经滑油滤过滤进入系统进行冷却、润滑、变距、测扭等，然后经回油泵抽回送入滑油散热器或滑油/燃油热交换器。滑油散热器利用外界空气对高温滑油进行散热。滑油/燃油热交换器则利用燃油对滑油进行散热，但更重要的是借此可以提高燃油温度以防止燃油中的水分结冰，经散热后的滑油最后又返回滑油箱重新循环使用。

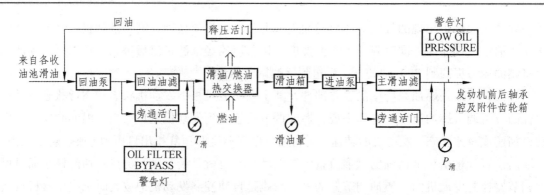

图 11.54　CFM56-3 发动机滑油系统

2. 滑油系统的监控

滑油系统工作正常与否，可以通过监控滑油压力、滑油温度、滑油量及相应警告信号进行判断。滑油压力表通常指示的是供油压力，它反映是否有足够的滑油供给系统工作。有的发动机的滑油温度表指示滑油回油温度，它可以直接反映发动机实际润滑的效果。有的发动机滑油温度表指示供油的温度，它反映了滑油本身的润滑和冷却能力，也可用来反映滑油散热器的工作是否正常。

滑油系统的警告一般包括滑油压力低警告、滑油温度高警告和金属屑警告以及油滤旁通警告。当滑油温度超出上红线限制，滑油压力低于下红线限制时，座舱中的滑油温度高或滑油压力低警告灯将亮。此时如果是发动机滑油系统本身故障造成，通常应该对发动机实施停车程序。金属屑警告主要通过探测滑油中的铁基金属颗粒来反映轴承、减速器及附件传动装置的磨损情况。油滤旁通警告灯在感受到油滤的旁通油路油压达到一定值时会亮，此时说明油滤出现堵塞现象。金属屑警告灯和油滤旁通警告灯亮后，通常将后收发动机油门，若警告不消除，应实施停车程序。

11.5.3　发动机防冰系统

1. 发动机结冰的危害

飞行中，在一定的大气条件下，发动机极易在进口导流叶片、进气锥、发动机吊舱、进气道前缘和螺旋桨等处结冰。一旦结冰后，发动机的空气流量会减小，造成推力下降，排气温度升高。严重的结冰情况甚至可能导致压气机喘振和燃烧室熄火；此外，脱落下来的冰块被吸入发动机后还可能造成进气道内部的损坏和压气机叶片的损坏。螺旋桨结冰后，轻者造成螺旋效率降低，拉力减小；重者造成螺旋桨振动。因此，燃气涡轮发动机一般在易结冰处采取防冰措施。

2. 发动机防冰措施

燃气涡轮发动机防冰措施包括热空气防冰、电加温防冰和喷液防冰，其中喷液防冰目前使用较少，常用的是前两种。热空气防冰主要用于涡扇和涡喷发动机，电加温防冰多用于涡桨和涡轴发动机。图 11.55 所示为常用的热空气防冰系统，当防冰电门接通时，从压气机引来的热空气进入易结冰区域进行加温，防止结冰。如 B737NG 飞机的 CFM56-7B 发动机从压气机高压第 5 级和第 9 级引出热空气对进气整流罩防冰。图 11.56 所示为典型的电加温防冰系统，当防冰电门接通时，电源系统向易结冰区域的电热元件通电加温，从而防止结冰。

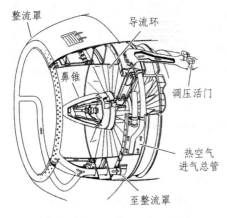

图 11.55　热空气防冰系统

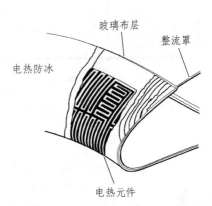

图 11.56　典型的电加温防冰系统

3. 发动机防冰系统的使用

发动机防冰系统通常是当外界有可见水气，气温低于一定值（CFM56-7B 发动机规定为 10 ℃）时接通。应该特别注意的是，防冰系统的主要目的是防止冰的生成，而不是待结冰后再除冰。特别是对涡扇发动机，在进入结冰区之前一定要打开防冰，不能结冰后再开。否则将使脱落的冰吸入发动机，打坏发动机部件。对多发飞机，一旦结冰后，不能同时开防冰，应依次打开。此外，热空气防冰系统接通工作后，将会使发动机的推力有所损失，排气温度有所升高。

11.5.4　发动机防火系统

飞行中，当发动机出现严重故障（燃油泄漏，电气着火，机件严重磨损等）时，可能诱发发动机出现过热或火警情形，若不加以控制，不仅将严重损坏发动机，还直接危及飞行安全。发动机防火系统的作用是对发动机的过热和火警情形进行监控，并可对发动机实施灭火，确保飞行安全。

1. 防火系统的基本组成及工作

CFM56-7B 涡扇发动机防火系统控制面板如图 11-57 所示，防火系统由探测系统、警告系统和灭火装置组成。

1）探测系统

探测系统通过热电偶探测发动机的温度（风扇和燃烧室外壳处），当温度超过一定值时，发出相应的信号。

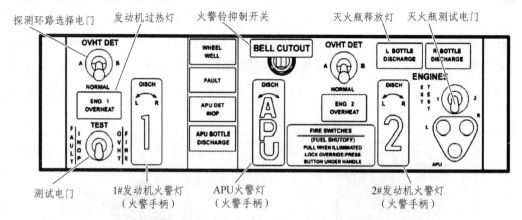

图 11.57　CFM56-7B 防火系统控制面板

2）警告系统

警告系统根据探测的发动机温度信号，当温度超过一定值（400 ℃ 以上）时，发出发动机过热警告；当温度超过一定值（600 ℃ 以上）时，发出发动机火警警告。发动机过热警告为主警告灯亮、过热信号牌亮、发动机过热灯亮。发动机火警警告除同样有过热警告外，还有主火警灯亮、发动机火警灯亮、火警铃响。

3）灭火装置

灭火装置是通过飞行员操纵发动机灭火手柄，对发动机进行灭火停车保护和实施灭火。当上提发动机灭火手柄时（发动机出现过热或火警警告时，灭火手柄开锁），对发动机进行灭火停车保护。此时发动机将断油停车，进入发动机的所有油路、气路、电路被切断，发动机灭火瓶工作预位等；当左或右转发动机灭火手柄时，氟利昂灭火剂将喷出（喷向内涵的外壳），对发动机实施灭火，同时灭火瓶释放灯亮。

2. 防火系统使用注意事项

（1）在起动发动机前，必须对防火系统进行测试，确认系统正常。

（2）及时抑制发动机火警警告。当发动机出现火警警告时，主火警灯亮、火警铃响，此时应按压主火警灯或火警铃抑制开关，使主火警灯熄火、抑制火警铃。否则，将严重干扰机组的判断和操纵。

（3）正确处置发动机的过热和火警警告。当发动机仅出现过热警告时，机组应首先明确故障发动机，然后减小该发动机油门。若过热警告消除，发动机可继续使用，否则，实施灭火程序；当发动机出现火警警告时，上提该发动机灭火手柄，发动机进行灭火停车保护；若该发动机的火警和过热信号都消除，无须释放灭火剂。否则，继续转动灭火手柄（左转或右转），释放灭火剂，实施灭火程序。同时与地面联系，选择就近机场着陆。

（4）对已实施灭火的发动机严禁空中起动。

11.5.5　发动机起动系统

发动机转子由静止状态开始转动并加速到慢车转速叫发动机的起动。由静止状态加速到慢车转速的过程叫起动过程。

发动机起动系统的功用就是在地面和空中起动包线内能安全可靠地将发动机从静止状态过渡到稳定的慢车工作状态。

1. 发动机起动系统的基本组成及工作

起动系统主要由起动机、起动供油系统，点火系统和自动程序机构组成，下面分别介绍它们的工作。

1）起动机

起动机的功用是在起动过程初期，带动压气机转子转动。对双转子发动机，起动机带动高压转子转动。起动机的类型包括电动起动机、空气涡轮起动机、燃气涡轮起动机和火药/气动涡轮起动机。后两种起动机起动方便、迅速，但经济性不好，多用于军用航空燃气涡轮发动机的起动。民用航空燃气涡轮发动机主要采用电动起动机和空气涡轮起动机。

电动起动机通常是直流电机（见图 11.58），由座舱中的起动电门控制。当起动电门接通后，机上电瓶或地面电源向起动电机供电。起动电机通过棘轮机构或离合器与发动机转子连接，当发动机达到自维持转速后，起动电机自动脱开。目前许多发动机采用的电动起动机多是起动/发电机，即在发动机起动时作为起动机用，当发动机起动完成，在慢车状态稳定工作后作为发电机用，为飞机电气系统提供电源。这种起动/发电机的组合减轻了动力装置的质量，提高了经济性。电动起动机多用于涡桨、涡轴和小推力的涡扇发动机起动。

空气涡轮起动机由于体积小、质量轻，能提供较高的起动扭矩，因而多用于大型燃气涡轮发动机。目前的民用涡扇发动机基本采用空气涡轮起动机起动（见图 11.59）。当起动电门接通时，地面气源或飞机辅助动力装置或起动好的工作发动机向起动机供给一定压力的空气，带动起动机的空气涡轮，然后通过减速器和离合器将扭矩输送到发动机，带动发动机转子转动。当发动机加速到自维持转速后，起动机自动脱开。

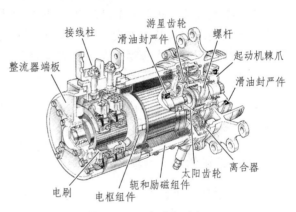

图 11.58　电动起动机

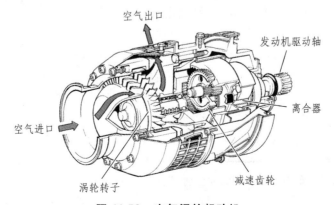

图 11.59　空气涡轮起动机

2）起动供油系统

起动供油系统在发动机起动时在自动程序机构和燃油调节器的控制下向燃烧室供给适量的燃油。供油油路只有在座舱中的起动手柄设置在起动位后才能通油。此外，起动手柄还同时控制起动点火。通常是点火电嘴先点火后再喷入燃油，这样可防止起动时超温。

3）起动点火系统

起动点火系统的功用是在发动机地面或空中起动发动机时提供点火能量点燃混合气，或者当发动机在恶劣的工作条件下提供连续的点火能量以防止燃烧室熄火。

航空燃气涡轮发动机采用高能电容式点火装置，点火能量为 4~20 J。每台发动机一般配两套点火装置，每个点火装置各有一个点火电嘴，两个点火电嘴位于燃烧室中的不同位置。如 CFM56 发动机两套点火装置的电嘴分别位于 8 点钟和 4 点钟位（从后向前看）。

点火系统由点火电门（或起动电门）再加上起动手柄控制，当点火电门放点火位且起动手柄放慢车位时，电源系统的电能通过点火装置中的点火激励器将低电压转变成高压电通过导线送到电嘴点火，点燃燃烧室中的混合气。一般电嘴每秒钟跳出 1~2 个电火花。

在发动机正常工作时，只有起动过程中电嘴才点火，当发动机达到一定转速后，点火系统自动退出工作不再点火。但是当发动机处于恶劣的工作条件下，为防止发动机熄火停车，应使点火电嘴连续点火。如 B737-300 飞机操纵手册说明，当起动电门在"连续"位时，可防止在吸入飞鸟或冰块及在关键飞行阶段中进气突然受到干扰时使发动机熄火；起动电门在"飞行"位时，可用于空中起动和在中度/严重颠簸、结冰、大雨、冰雹或冻雨条件下飞行。

4）自动程序机构

自动程序机构在发动机起动过程中控制有关的附件按规定的顺序和时间，自动地进入或退出工作，保证起动过程安全、可靠。

2. 发动机的起动过程

1）起动的 3 个阶段

航空燃气涡轮发动机的起动过程可分为 3 个阶段。第一阶段是从起动机接通到发动机内混合气点然为止。在这一阶段，起动机带动发动机转子转动达到一定转速后，接通点火系统，再喷入燃油点燃。这一阶段发动机转子只由起动机带动。第二阶段从涡轮开始工作开始到起动机停止工作为止。这一阶段发动机转子由涡轮和起动机共同带动。这一阶段起动机不能过早脱开，必须在发动机达到自维持转速或自加速后才能脱开。点火系统在这一阶段切断。第三阶段是从起动机停止工作到发动机达到慢车转速为止。这一阶段是发动机涡轮单独带动转子转动，自行加速到慢车转速。发动机的起动过程如图 11.60 所示。

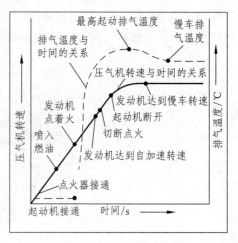

图 11.60　发动机起动过程

2）起动过程中常见的不正常情况

（1）悬挂起动。

起动过程中发动机转速上升到低于慢车转速的某一值时，转速不变或下降的现象叫悬挂起动。表明出现悬挂起动的现象是发动机转速达不到慢车转速甚至是自维持转速，或是转速下降。引起悬挂起动的因素主要是起动机功率不够或是起动机脱开过早，以及起动时供油过多或过少。

（2）热起动。

热起动是指起动过程中排气温度超过起动温度限制的现象。出现热起动的原因主要是起动时油气比例不协调，而且燃油相对过多。如起动时油门不在慢车位而是靠前，起动时发动机转速上升过慢，起动时压气机引气活门打开等。有时热起动和悬挂起动是伴随在一起发生的，通常称这种现象叫热悬挂。

（3）湿起动。

湿起动是指起动过程中混合气没有被点燃的现象。其主要现象是无排气温度指示，发动机转速不上升。引起湿起动的主要原因是点火系统或燃油系统故障，出现只喷油不点火或是只点火不喷油的情况。

当起动过程中出现上述 3 种失败起动时，应立即终止起动。同时在下次起动前要进行冷转排油，即排出发动机内的沉积燃油以防止下次起动出现超温。

3）典型发动机的起动

我们以 B737NG 型飞机发动机起动为例来说明发动机的起动过程（注：B737NG 型与 B737-300 型飞机发动机起动过程类似，主要是发动机起动参数不同）。

（1）起动前准备。

完成飞机飞行前外部检查，完成驾驶舱内的准备工作，特别注意检查燃油量、滑油量和停留刹车以及油门和起动手柄的位置。

（2）发动机的起动。

在得到起动许可并观察发动机周围无人员活动或障碍物后，可进行发动机起动。首先将起动电门放"地面"位，此时"start valve open"灯亮，表明起动机活门打开，地面气源、辅助动力装置或工作发的引气使空气涡轮起动机转动。当 N_2 转速达到最小 25%且观察到有 N_1 指示时，将发动机起动手柄提到慢车位。此时起动点火系统向发动机提供点火能量，起动供油系统向燃烧室喷油并点燃。当 N_2 达到 56%时，起动电门自动从"地面"位跳回"关断"位，此时注意管道压力上升，"start valve open"灯灭，表明起动机脱开。这一阶段注意观察 N_1、N_2 转速、EGT、燃油流量和滑油压力应正常上升。若出现湿起动、热起动和悬挂起动应及时终止起动。当发动机自加速到慢车转速并稳定后，检查慢车时发动机参数。图 11.61 所示为 B737-NG 飞机发动机的起动系统。

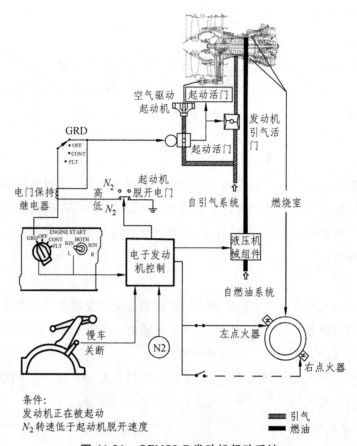

图 11.61　CFM56-7 发动机起动系统

3. 发动机的空中起动

当发动机空中停车后需要重新起动时，可进行发动机的空中起动。但在发动机起动前必须明确引起发动机空中停车的原因及发动机的损坏情况。当发动机出现空中停车后，首先最重要的是控制飞机的姿态、方向和高度。当飞机的状态稳定后，判断失效发动机，然后保护工作发，完成失效发动机的空中停车程序并向地面报告。接着可进行发动机失效的原因分析。对失火后停车的发动机和伴有严重损坏及异常声响的发动机不能进行空中起动。通常因燃油管理错误，进入颠簸气流后熄火等失效的发动机可进行空中起动。起动前应检查飞机是否在空中起动包线内，如图11.62 所示。

发动机的空中起动包括有起动机辅助的空中起动和无起动机辅助的空中起动。是否采用起动机辅助由当时的飞行速度、飞行高度以及发动机转速决定。起动机辅助的空中起动，其起动方法与地面起动方法一样，但由于空中温度低，压力小，点火相对比地面困难，因此可使用双点火器或采用连续点火方式。

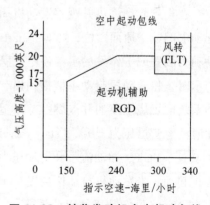

图 11.62　某些发动机空中起动包线

11.6　辅助动力装置

在中、大型飞机上，通常在飞机尾部装有一台小型燃气涡轮发动机，称为辅助动力装置（Auxiliary Power Unit, APU）。飞机辅助动力装置是装在飞机上的一套独立的小型动力装置，辅助动力装置在地面主发动机关车后，向飞机提供电源，增压空气（空调和主发动机起动），有些情况下经由整体驱动泵提供液压力，使飞机减少对地面支持设备的依靠。在飞行中某些情况下，APU 用于提供应急能量，特别是在 ETOPS 营运中。目前，大多数辅助动力装置可同时输出机械功和压缩空气。

APU 通常安装在飞机的非增压部分，一般在飞机的尾部，如图 11.63 所示。这个部分通过防火墙与飞机的其他部分隔开，APU 通过橡胶防震安装设备安全的固定在飞机上。通过铰链连接的整流罩板可以进入这个部分。

图 11.63　APU 安装位置示意图

11.6.1　辅助动力装置的组成

APU 主要由燃气涡轮发动机及其所传动的负载压气机和附件齿轮箱组成。另外，为保证正常工作，APU 还设有独立的燃油系统、润滑系统、点火和起动系统以及冷却系统等。

APU 是一套相对独立的动力装置，通常安装在飞机尾部一非增压防火舱内，结构如图 11.64 所示。APU 以及相关部件包容在几个舱里面，如设备舱、APU 舱和消音器舱。进气门动作器、引气导管、燃油供油管和灭火瓶等 APU 设备安装在设备舱。APU 在安装在 APU 舱，由防火墙包围，阻止火焰传播到飞机机身。

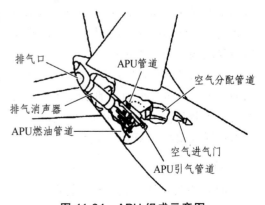

图 11.64　APU 组成示意图

APU 进气门位于飞机尾部右侧。当 APU 工作时，APU 进气门自动开启，可为 APU 发动机供气和为 APU 附件系统提供冷却空气，APU 停车时，APU 进气门自动关闭。APU 排气经排气消声器从尾部排气口排出。APU 发动机由压气机（通常为离心式压气机）、燃烧室、涡轮、进排气装置等部件组成，外界空气进入 APU 后，大部分空气经过负载压气机增压，通过引气活门进入飞机气源系统，少部分空气进入 APU 发动机压气机增压，然后在燃烧室与燃油（通常来自飞机油箱）混合燃烧，高温高压燃气驱动涡轮旋转，涡轮转子所产生的功率，一方面用来带动压气机叶轮，另一方面带动附件齿轮箱，通过附件齿轮箱带动交流发电机及发动机附件。APU 附件齿轮驱动的风扇为 APU 部件（交流发电机和 APU 滑油散热器）提供冷却和通风。

11.6.2　辅助动力装置的系统

1. 辅助动力装置系统构成

1）进气系统

辅助动力装置压气机的空气由进气门进入。进气门由电气作动器控制其开与关，有的作动器还可手动控制。作动器电路与 APU 主控电门相连，以确保在起动和停车期间的正确操作程序。进气门的位置由位置电门监视。进气门要防止飞鸟和碎片进入 APU 并在飞行中减少气动阻力。APU 发电机、滑油冷却器等的冷却空气也由进气门进入，并沿着分开的通道流动。进气通道通常为扩张形状，引导空气到 APU，增加气流静压。

2）燃油系统

APU 燃油来自飞机油箱，由燃油控制组件调节。该组件负责起动、加速和稳态的燃油流量供给，并保证发动机稳定工作在要求的转速下。燃油系统相关部件有燃油箱中燃油增压泵、燃油关断活门、供油管路以及燃油加热器、燃油滤、燃油泵、调节器和用于燃油通/断的电磁活门。有的型号 APU 上有压力电门监视供油管路压力，如果压力太低会发出警告。控制 APU 燃油系统工作的有：APU 主电门、APU 灭火电门和 APU 地面停车电门。一些飞机上 APU 燃油增压泵在起动程序期间连续运转，当 APU 转速达到 95%时断开。现代飞机上 APU 燃油增压泵自动断开，由于泵仅在需要时运转，延长了 APU 增压泵寿命。

3）滑油系统

APU 内部的所有轴承及齿轮的润滑由自身的滑油系统完成。系统包括滑油箱、滑油滤、滑油泵（进油泵和回油泵）、滑油冷却器、磁屑探测器、滑油喷嘴和管路。由指示灯和仪表进行系统工作的监控。有的利用齿轮箱的较低部位储存滑油，在齿轮箱上有加油管、观察镜、压力加油接头和溢流接头。

现代 APU 有滑油冷却的交流发电机，这些发电机连接到滑油供油系统，具有独立的滑油回油系统。发电机滑油回油系统有回油泵，分开的滑油回油滤和回到齿轮箱的回油管。滑油温度传感器装在 APU 发电机上，监视发电机滑油温度并送信号给 APU 控制组件。如果发电机滑油温度太高，APU 自动停车。

4）空气系统

APU 空气系统分成冷却系统和引气系统。引气系统有 3 个主要任务：引气供应、防喘保护和负载压气机控制。APU 引气是当到达稳态工作点后，由驾驶员操纵，使气体经引气活门供到飞机气源系统。引气负荷过大时，引气活门会关闭一些，减少引气量，避免涡轮超温。喘振保护可以防止 APU 压气机出现任何喘振情况。负载压气机的控制是控制进入负载压气机的空气量满足飞机气源系统引气要求，它也防喘。冷却系统用进气门来的空气冷却 APU、APU 舱以及滑油冷却器、交流发电机等部件。

APU 引气活门，也有称作引气隔离活门或负荷控制活门，通常是电磁线圈控制、气动操作的。打开 APU 引气活门需要两个条件：APU 引气电门在"ON"位，APU 起动程序必须完成即 APU 转速达到或高于 95%。APU 主电门置于"OFF"位，正常停车，APU 引气活门关闭，APU 控制组件时间延迟器起作用。该时间延迟确保 APU 在冷却期间无负荷运转。

5）点火系统和起动系统

APU 起动所需部件为：APU 控制电门、APU 控制组件、APU 起动机、飞机电瓶、电源导线和 APU 起动继电器。起动机类型通常有电动起动机、起动-发电机、空气涡轮起动机。电动起动机可由飞机电瓶或地面直流电源供电，电动起动机带动发动机转子旋转。达到一定转速时，起动点火装置点燃燃烧室内的燃油混合气，使 APU 加速进入工作转速。在有的机型中，由独立的 APU 起动机电瓶供电。点火系统为高能点火，通过离心电门控制。有的 APU 上使用起动-发电机，在起动时作电动机用，正常工作时作为发电机。起动机的工作限制必须遵守的内容包括：起动机工作时间、起动机冷却时间和起动机循环次数，确保起动机不过应力和过热。部分大型飞机的 APU 使用空气涡轮起动机，例如 B777。在这种情况下，仍需要提供外部的压缩空气气源。

典型的 APU 点火系统主要部件是：APU 控制组件、点火激励器、点火导线和电嘴。直流电供给点火激励器，激励器转换成高压供给电嘴。有些类型的 APU 上点火系统由 APU 转速信号接通，其他一些类型的 APU 上点火直接由起动命令接通。如果 APU 到达足够的转速，点火由转速电门或 APU 控制组件断开。

6）冷却系统

APU 冷却系统通过向 APU、APU 舱、滑油冷却器和交流发电机供应持续流动的冷却空气来实现。它有 4 个主要部件：冷却空气关断活门、冷却风扇、冷却空气分配管和机外排气。APU 起动期间，当压气机给出足够的压力时，活门打开；APU 停车时活门关闭。这对于 APU 着火时防止氧气进入 APU 舱是必要的。冷却风扇由附件齿轮箱机械传动，帮助进行冷却。

7）防火系统

APU 防火系统通常使用一单环路的火警探测系统和一灭火瓶进行 APU 火警的探测和灭火。当探测环路探测到火警信号时，可提供火警警告。此时上提 APU 火警电门（为便于地面人员对 APU 及时灭火，通常在飞机主轮舱也设有 APU 灭火装置），将实施 APU 自动停车保护（关闭 APU 燃油关断活门、引气活门、进气门、断开 APU 发电机控制继电器等）和灭火预位（APU 灭火瓶电路预位、灭火电门开锁），转动灭火电门，将释放灭火瓶，对 APU 实施灭火。

8）控制和显示

在驾驶舱中有 APU 的工作监控仪表，包括排气温度表、电流表以及各种指示灯，如指示滑油温度高、滑油压力低、超转停车灯以及滑油量不足的维护灯等，如图 11.65 所示。APU 还使用时间指示器（小时表），来记录已连续使用的小时数。新型 APU 工作控制采用电子控制组件（ECU）或 FADEC，功能更加完善，可从控制显示组件（CDU）查找相关数据，保护措施更为充分。例如，电子的 APU 控制组件有 3 种分开的工作方式进行控制。起动方式控制从起动到 100%转速：正常转速方式控制是不管负荷如何变化保持在 100%转速；停车方式控制是监视和控制 APU 停车。

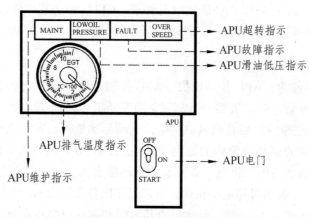

图 11.65　APU 监控指示

2. 辅助动力装置的使用注意事项

辅助动力装置可为飞机气源系统提供增压空气和飞机交流电源系统提供备用电源。飞行使用中，应严格遵守飞机《飞行手册》中关于 APU 使用的相关限制，确保 APU 安全稳定工作和使用寿命。APU 起动后，为了确保 APU 发动机使用寿命，通常要求 APU 稳定工作 1～2 min（便于 APU 暖机），才能接通 APU 引气电门，为飞机气源系统提供增压空气，为主发动机起动系统、飞机空调增压系统提供气源（通常在地面，APU 可为两组空调组件供气，在空中只能为一组空调组件供气）。

在民航大型飞机飞行使用中，如 B737NG，为确保 APU 发动机安全工作和使用寿命，要防止 APU 超载。在主发动机起动时，APU 将优先确保起动气源（必要时，一些电气载荷将自动卸载）；不在发动机起动阶段，APU 将优先确保电气负载（必要时，APU 将自动减少引气量）；当 APU 仅提供电气负载时，若电气负载过大，APU 将自动卸载（如厨房载荷）。

APU 停车前，通常要求 APU 无引气负载工作 1～2 min（便于 APU 冷却），才能实施 APU 停车程序。

在 APU 稳定工作中，出现下列任一情形，APU 将自动停车：APU 超转；APU 滑油压力过低；APU 滑油温度过高；APU 排气温度超限；APU 出现火警警告；超过特定的空速或高度限制。在地面工作时，将飞机电瓶电门置"OFF"位。

11.6.3　冲压空气涡轮

在一些大、重型民航飞机上装有冲压空气涡轮装置（Ram Air Turbine，RAT）。RAT 是一种空气驱动涡轮，当飞机所有系统失效后，冲压空气涡轮装置可利用冲压气流向飞机提供应急液压源，用于飞机飞行控制系统等。RAT 通常被安装在机身的后下部，如图 11.66 所示。在飞行中可由人工控制其工作，如果飞机所有液压系统压力下降，RAT 将自动展开投入工作。地面传感器控制冲压空气涡轮禁止在地面工作。RAT 还可以提供应急电源。当大部分常规发电系统故障或因某些原因不可应用时，冲压空气涡轮（RAT）就展开，由流经涡轮的空气流驱动一台容量有限的小型应急发电机，其容量一般足以给驾驶员的基本飞行仪表和其他少量的重要用电装置供电。

图 11.66　冲压空气涡轮示意图

RAT 包括一气流驱动的可变距螺旋桨，通过自身的配重和弹簧控制螺旋桨桨叶角，从而保持其恒定的转速。当 RAT 开始工作的时候，桨叶在最小距，便于螺旋桨转速尽快增加到工作转速。当转速接近工作转速（4 000 r/min）时，桨叶桨距逐渐增大，防止超速。螺旋桨输出轴直接驱动一液压泵。当冲压空气涡轮开始展开时，系统先自动卸载（液压油出油管通回油管路），便于液压油充填 RAT 液压泵容积室。当容积室充满后，连接到回油管路的端口关闭，液压泵产生的所有压力液压油被直接导入飞机主液压系统。从 RAT 展开到液压建立大约需要 3 s。座舱中 RAT 控制与显示包括：RAT 人工操纵电门，RAT 展开信号灯（通常为琥珀色），RAT 压力升高信号灯（通常为绿色）。

复 习 题

11-1　民用航空常用的燃气涡轮动力装置有哪几种？各适用于什么速度范围和哪种飞行器？

11-2　什么叫航空燃气涡轮发动机的推力？影响推力的主要因素有哪些？

11-3　航空燃气涡轮发动机主要由哪些部件组成？其中哪些是核心机？它是怎样工作的？

11-4　压气机有哪些类型？试简述轴流式压气机的增压原理。增压比的提高对发动机经济性有何影响？

11-5　什么是压气机喘振？喘振对发动机有何危害？发动机什么条件下工作时易出现喘振？

11-6　燃烧室的工作特点是什么？在什么时候易造成燃烧室熄火？熄火后应该如何处置？

11-7　涡轮前燃气温度增加后对涡轮功率有什么影响？为什么涡轮功率增加后发动机推力会增加？

11-8　排气温度的定义是什么？有何意义？为什么超温对涡轮叶片的工作不利？

11-9　涡扇发动机的反推装置常用什么形式？使用中应注意什么问题？

11-10　涡扇和涡桨发动机用何参数表征其推力/功率，其物理意义如何？

11-11　影响发动机推力的因素有哪些？为什么高温高原机场发动机的起飞推力要减小？

11-12　衡量发动机经济性的参数有哪些？受什么因素的影响？

11-13　什么是发动机的加速性？加速性对飞机性能有何影响？为什么说发动机冬天的加速性好于夏天？

11-14　涡扇发动机有何特点？

11-15　利用质量附加原理对涡扇、涡桨和涡轴发动机的起飞推力进行比较。

11-16　简述燃油系统的功用和基本工作。

11-17　滑油系统的功用是什么？滑油压力和滑油温度有何物理意义？

11-18　发动机防冰系统的功用是什么？如何正确使用发动机防冰系统？

11-19　发动机防火系统的功用是什么？如何正确处置发动机过热和火警警告？

11-20　什么叫发动机的起动？民用发动机常用什么方式进行起动？常见的失效起动有哪些？

11-21　发动机起动分为几个阶段？举例说明发动机的起动过程。

11-22　辅助动力装置功用是什么？主要由哪些部件组成？

11-23　冲压空气涡轮的功用是什么？

参考文献

[1] 傅强，左渝钰. 航空燃气涡轮动力装置[M]. 2 版. 成都：西南交通大学出版社，2016.

[2] 安德瑞·林克-迪辛格. 民用涡扇发动机系统[M]. 北京，航空工业出版社，2015.

[3] 中国人民解放军总参陆航局军务科装处编. 国内外涡轮轴发动机性能、结构特点及其技术发展[M]. 北京：蓝天出版社，1990.

[4] 李卫东，侯甲栋. 航空活塞动力装置[M]. 2 版. 成都：西南交通大学出版社，2016.

[5] 廉筱纯，吴虎. 航空发动机原理[M]. 西安：西北工业大学出版社，2005.

[6] 赵明，邓明，刘长福.航空发动机结构分析[M]. 西安：西北工业大学出版社，2016.